国家自然科学基金项目资助（51278430）

束筋微型抗滑桩群加固边坡分析理论与工程实践

肖世国　曾锦秀　蒋楚生　著

西南交通大学出版社
·成　都·

图书在版编目（C I P）数据

束筋微型抗滑桩群加固边坡分析理论与工程实践／
肖世国，曾锦秀，蒋楚生著. —成都：西南交通大学出
版社，2023.1
ISBN 978-7-5643-9114-0

Ⅰ. ①束… Ⅱ. ①肖… ②曾… ③蒋… Ⅲ. ①抗滑桩
– 边坡加固 Ⅳ. ①TD824.7

中国版本图书馆 CIP 数据核字（2022）第 254474 号

Shujin Weixing Kanghuazhuangqun Jiagu Bianpo Fenxi Lilun yu Gongcheng Shijian

束筋微型抗滑桩群加固边坡分析理论与工程实践

肖世国　曾锦秀　蒋楚生　**著**

责任编辑	韩洪黎
封面设计	GT 工作室

出版发行	西南交通大学出版社
	（四川省成都市金牛区二环路北一段 111 号
	西南交通大学创新大厦 21 楼）
邮政编码	610031
发行部电话	028-87600564　028-87600533
网址	http://www.xnjdcbs.com
印刷	成都蜀通印务有限责任公司

成品尺寸	185 mm×260 mm
印张	17.25
字数	409 千
版次	2023 年 1 月第 1 版
印次	2023 年 1 月第 1 次
定价	86.00 元
书号	ISBN 978-7-5643-9114-0

前 言

　　抗滑桩作为治理滑坡与防治工程边坡灾害的重要技术手段之一，国内外已逐渐由传统的大截面人工挖孔桩向小截面机械成孔桩方向发展。特别是在滑坡或边坡灾害应急抢险工程中，具有结构轻型、施工快捷且施工人员安全性高、低碳环保性良好等特征的微型桩组合结构，往往成为能够快速解决问题的重要工程技术措施。

　　束筋微型抗滑桩群（简称微型桩组合结构）是指数根微型桩在顶部用一块钢筋混凝土板固定连接的组合式抗滑结构，具有结构轻型、施工快捷、施工人员安全性高、低碳环保、经济性好等突出优点，适合于中小推力滑坡或边坡工程治理，尤其适于边（滑）坡的快速应急抢险工程。然而，由于微型桩结构加固边坡的力学机制（尤其是该组合结构与坡体的相互作用机制）和计算理论尚未较合理地建立，现有实践中均基于简化的 Winkler 弹性地基模型近似分析，相关规范中建议的设计方法涉及诸多公式与参数，且公式极其繁杂，许多参数又无法准确确定，在实际工程中大多难以操作，其原因在于未能实质性地把握微型抗滑桩组合结构与周围岩土体的相互作用机制及其加固坡体的整体稳定性特征，相关理论研究滞后于工程实践，以至于限制了这种具有显著优越性的抗滑结构的广泛使用。

　　本书依托国家自然科学基金项目"板连式束筋微型抗滑桩群加固滑坡机制及计算理论研究"（项目编号：51278430）的相关研究工作，系统论述了微型桩组合结构的理论分析、设计计算、施工工艺和检测技术。针对工程实践中的两种典型边坡，即均质土坡与基岩-覆盖层式边坡，采用弹塑性理论分析、三维数值模拟、室内模型试验等多种手段，对微型桩组合抗滑结构加固边坡机制、组合结构内力与位移、加固边坡稳定性等问题进行论述，阐明了微型桩群加固边坡的抗弯与锚固两种作用机制，以及微型桩组合抗滑结构的受力特点及其主要因素影响特征；基于两种加固作用机制，分别建立了微型桩组合结构的分析理论与设计计算方法，以工程实例说明其具体应用，并阐述了两种方法的使用注意事项。此外，本书还论述了多级微型桩群的结构分析方法及其模型试验结果，并阐述了微型桩结构的施工技术与检测方法。书中所论述的微型桩组合结构的分析理论、设计计算方法、施工工艺及检测技术，在四川省广元至巴中高速公路、云南省广通至大理电气化铁路等实际工程中得到成功应用，可为中小型滑坡和工程边坡的快速治理与应急抢险工程的设计与施工提供重要理论与技术依据。基于本微型桩组合结构的理论与技术方法，相较于传统大截面钢筋混凝土抗滑桩治理滑坡与工程边坡，既可节省大量工程材料，又可实现滑坡的快速治理，避免施工过程中的人员安全隐患，具有良好的社会效益和显著的经济效益。

在内容组成方面，本书针对顶板（或梁）连接的数根由钢筋束构成的微型桩组合结构，从微型桩组合结构整体加固作用和顶板（或梁）作用机制出发，阐明此类结构的抗弯与锚固两种作用机制；针对抗弯作用机制，论述了两类典型坡体结构情况下的微型桩组合结构内力分析方法，以及主要因素对结构受力影响特征和结构的优化选型；从理论分析和数值模拟角度，分别阐述了加固边坡整体稳定性分析的新方法；针对抗弯作用机制存在的问题，从锚固作用机制角度，阐述了微型桩组合结构的分析理论与设计计算方法，并说明了其使用特点；对于既有文献鲜见报道的多级微型桩群结构，论述了多级微型桩群的结构分析方法及其模型试验结果；阐述了微型桩结构的施工技术与检测方法；最后，综合总结了本书主要的结论性成果。本书形成了包括微型桩结构的理论分析、设计计算、施工工艺和检测技术在内的完整内容体系。

本书重点强调所建立的新分析理论与计算方法，在分析微型桩组合结构加固滑坡或工程边坡的作用机制的基础上，建立了包含结构受力分析、加固坡体整体稳定性分析在内的相关计算新理论，其中包括了可分别用于不同实际条件的基于结构抗弯与锚固两种作用机制的设计计算方法。本书所建立的主要理论分析方法有：基于极限分析理论的微型桩组合结构内力分析方法，基于强度折减技术的快速收敛优化算法，基于双滑面的塑性极限分析上限法，基于变形能与极值原理的能量法，基于锚固作用机制的微型桩组合结构简单设计计算方法，以及多级微型桩群计算分析方法。

近年来，随着山区工程建设的推进，相关滑坡和工程边坡地质灾害频发，亟须合理的应急抢险技术。本书所述的微型桩组合结构，作为一种滑坡及工程边坡治理和应急抢险技术手段，有广阔的应用前景。书中所述的分析理论、设计计算方法、施工工艺和检测技术可为实际工程提供重要指导。本书内容全面，涵盖完整的微型桩结构技术体系，可应用于地质灾害防治工程、道路工程、土木工程等领域。本书可作为岩土工程、地质工程、道路与铁道工程等专业的高校师生、科研院所研究人员、设计院及施工单位的工程技术人员的技术参考资料，也可作为相关专业研究生辅助参考教材。

作　者

2022 年 7 月

目 录

第1章

绪 论

1.1 研究背景及意义

我国的山地分布广泛，山区面积约占陆地面积的三分之二。随着国民经济的快速发展，"西部大开发"国家战略和"一带一路"倡议逐步推进，必然涉及山区的铁路工程、公路工程、水利水电工程等基础设施建设，在这些工程建设中经常遇到滑坡（边坡）治理问题。尤其在西部地区，由于地质条件复杂，滑坡问题尤为突出（见图 1-1）。据统计，滑坡灾害在我国地质灾害中占绝大多数，中小推力滑坡（本书将桩后滑坡推力为 300~700 kN/m 的滑坡定义为中小推力滑坡）灾害在滑坡灾害中占比较高，以西南地区的重庆市为例，根据 2009 年排查结果，滑坡灾害占全部地质灾害的 80%左右[1]。对于这类滑坡的治理，目前常用的措施主要有普通的大截面抗滑桩和预应力锚索桩。但是，这两类措施都存在一定的缺点。普通抗滑桩（例如：1.5 m×2 m）因截面尺寸较大，使得开挖成孔时对坡体的扰动效应强，不利于施工期坡体的稳定性，同时施工工期较长，不能满足某些实际问题要求快速完成施工的需要（例如：滑坡或边坡工程应急抢险），而且对于滑坡推力较小的中小推力滑坡，此种措施显得过强，造成工程造价提高，故而经济性无法得到保证。因此，对于中小推力滑坡采用普通的重型抗滑桩结构未必合适，且存在开挖成孔过程中施工人员的安全问题。预应力锚索桩虽然通过桩顶施加锚索拉力改善了桩体的受力条件，可使桩体截面尺寸适当减小，但是近些年来工程实践中发现这类结构存在一定程度的风险，其显著缺陷在于锚索的锈蚀和松弛问题，锚索的长期寿命未得到验证，在耐久性和可靠性方面存在明显的不利之处，使得此类结构使用频率越来越小[2]。

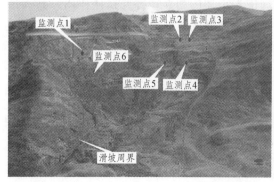

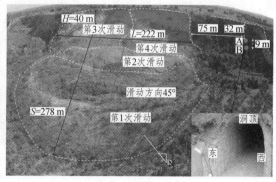

（a）青海省省道 S101 线 DH1 滑坡[3]　　　　（b）泾阳南塬典型黄土滑坡[4]

（c）九寨沟震区公路（上四寨村）滑坡[5]　　　　（d）溪洛渡水电站黄坪滑坡[6]

图 1-1　典型滑坡灾害照片

有鉴于此，可以考虑采用耐久性及可靠性均较好、结构轻型、施工快捷且施工人员安全性高、具有低碳环保特征的微小直径抗滑桩组合结构来治理中小推力滑坡，而"束筋微型抗滑桩群"是较为适用的一种。所谓"束筋微型抗滑桩群"是指数根微型桩在顶部用一块钢筋混凝土板（或梁）固定连接的组合式抗滑结构，其中微型桩为在直径为 110 ~ 150 mm 的孔中用几根钢筋组成的束筋（如 3 根焊接成一束）作为骨架，再在其周围注入水泥砂浆的桩体，如图 1-2 所示。在加固边坡时，一个这样的组合式抗滑结构作为一个抗滑结构单元，其底端深入滑面以下一定深度，沿着坡体走向以一定的间距布置若干个这样的单元，从而实现其整体加固坡体的作用。以下把"束筋微型抗滑桩群"简称为"微型桩组合结构"，而把"抗滑结构单元"简称为"单元微型桩群"，以方便阐述[7]。需要说明是，本书中的微型桩有别于钢管压力注浆型微型桩[8]，后者是在坡体的适当位置置入钢花管进行压力注浆用以加固坡体，使密排的钢花管微型桩及其间的岩土体形成一个坚固的连续整体，共同起抗滑挡墙作用，如图 1-3 所示。

微型抗滑桩组合结构具有上述显著优点，近几年来在一些滑坡治理实践中有所应用。但是，由于其加固边坡的力学机制（尤其是该组合结构与坡体的相互作用机制）和计算理论尚未较合理地建立，现有实践中均采用较为简单的 Winkler 弹性地基模型近似设计计算，未能实质性地把握微型抗滑桩组合结构与周围岩土体的相互摩擦与挤压作用，其理论研究滞后于工程实践，以至于限制了这种具有显著优越性的抗滑结构的广泛使用。因此，为了让这种具有较好的施工快捷性（尤其适于应急抢险工程）、耐久性、可靠性、抗震性、安全性、环保性等明显优点的结构能够广泛合理地用于实际，本书依托国家自然科学基金项目"板连式束筋微型抗滑桩群加固滑坡机制及计算理论研究"（项目编号：51278430），研究微型抗滑桩组合结构治理滑坡的力学作用机制并建立起合理的计算分析理论，这对于安全可靠、经济合理且迅速快捷地治理中小推力滑坡具有极为重要的理论意义与工程实用价值。

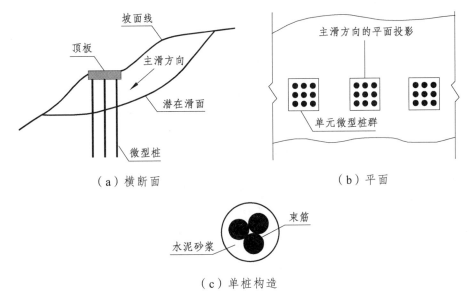

（a）横断面　　　　　　　　　　　　　（b）平面

（c）单桩构造

图 1-2　板连式束筋微型抗滑桩群加固边坡示意图[7]

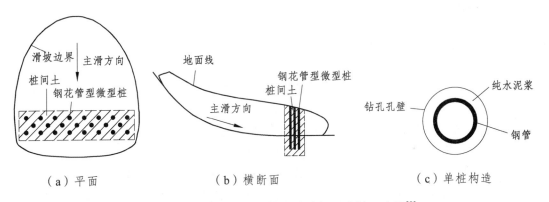

（a）平面　　　　　　　　（b）横断面　　　　　　　（c）单桩构造

图 1-3　钢管压力注浆型抗滑挡墙加固边坡示意图[8]

1.2　国内外研究现状

滑坡防治经过几十年的发展，逐渐完善并形成了一套行之有效的防治措施体系。微型桩组合结构作为其中一种具有多方面优势的防治措施，要更好地发挥作用，必然要吸收继承其他防治措施的长处，因此有必要先对滑坡防治技术进行综述。此外，本书在研究微型桩结构与滑坡体相互作用时考虑滑带土因应变软化而存在的残余强度问题，因而对与滑带土残余强度相关的研究现状也作叙述。这样，本书从中小推力滑坡防治技术、微型桩加固技术及土体残余强度 3 个方面阐述国内外相关研究现状，其相互关系如图 1-4 所示。

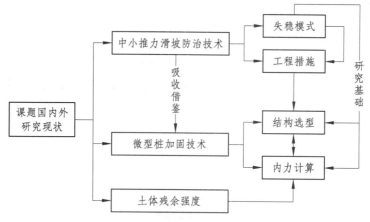
图 1-4　相关研究现状的相互关系

1.2.1　中小推力滑坡防治技术

1. 滑坡失稳模式

一般来讲，滑坡失稳模式指的是滑面形态、滑体内部变形及运动特征、诱发因素的总和。确定岩土体变形破坏模式具有判断坡体所处演变阶段、预测其发展变化及变形破坏方式、判定变形破坏的关键部位（应力集中、地质营力活跃部位）、提供定量评价与制定治理方案的可靠依据等重要意义[9]。

截至目前，不少国内外学者对于滑坡失稳模式的研究进行了富有成效的探索，并取得了较为丰硕的成果。其中具有代表性的研究成果包括：

Baltzer（1875）提出滑坡失稳破坏的 3 种基本模式——崩塌、滑动、流动，这种分类后来通过加上"倾倒"和"扩离"加以完善并被沿用至今[10]。

Varnes[11]将滑坡（landslide）失稳模式分成 7 类基本类型——崩塌、倾倒、旋转滑动、平行滑动、侧向扩离、流动以及复杂型，并指出其在不同坡体材料（岩质滑坡、碎屑、土）下的失稳模式，共计 29 种。

Hungr[10]指出：影响滑坡力学行为的最重要因素之一就是构成坡体的材料。Hungr 于2014 年对 Varnesd 在 1978 年的研究成果进行了补充修订，将滑坡失稳模式（运动类型）分成 6 种——崩塌、倾倒、滑动、侧向扩离、流动以及坡体变形，将原先 Varnes 提出的 3 类坡体材料合并成岩石和土两大类，列出了这两类材料各自的失稳模式，总计 32 种。

边坡（滑坡）失稳模式及其特点与构成坡体的材料密切相关，因此下面按照构成坡体的材料的不同，将滑坡主要失稳模式进行归纳总结。

岩质滑坡中主要失稳模式及特点如下：

（1）旋转面滑动。

旋转面滑动指滑体沿着旋转面（圆柱面或近似圆柱面）发生旋转式滑动的失稳模式，一般只发生于非常软弱的岩体中（且经常在坡顶的强加载条件下发生），由于这种失稳模式的不稳定力矩随着转动位移的增大而减小，加之材料在剪应力作用下的流变特性[12]，因此失稳时一般速度较小，但也有例外[13, 14]，如图 1-5（a）所示。

（2）平面滑动（块体滑动）。

平面滑动发生于具有陡直拉张裂缝的岩体中，通常具有较大的速度，因而具有极强的破坏性。一些地球上最大且最具破坏性的滑坡的失稳模式均为平面滑动，如发生在伊朗的扎格罗斯山脉的史前赛德马雷滑坡[15]。平面滑动失稳破坏通常涉及由于侵蚀与开挖导致的坡脚破坏，若这种破坏不够彻底，则需要经过坡脚的破裂发展才能形成平面滑动，如图1-5（b）所示。

（3）楔形体滑动。

楔形体滑动通常沿着两个平面构成的破裂面发生，类似于平面滑动，两个平面的交线向下坡方向倾斜，抵抗力主要与控制面的倾角、强度及孔压有关，往往伴随着极大的速度，如图1-5（c）所示。

（4）复合型滑动。

复合型滑动的滑面由几个面或一个不均匀的弯曲面构成，滑动过程中通常伴随着显著的内部变形，通常存在水平或缓倾的软弱面，滑动面在剖面上表现为双直线或曲线（非圆弧形），速度范围从慢到快，如图1-5（d）所示。

（a）岩质边坡（滑坡）旋转面滑动破坏

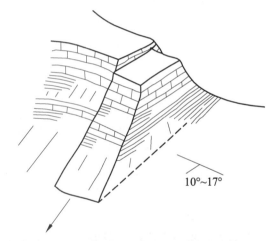

（b）岩质边坡（滑坡）平面滑动破坏

（c）岩质边坡（滑坡）楔形体滑动破坏

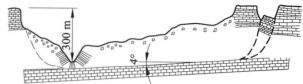

（d）岩质边坡（滑坡）复合型滑动破坏

图 1-5　岩质边坡（滑坡）主要失稳模式[10]

土质边坡（滑坡）中主要失稳模式及特点如下：

（1）旋转式（曲面）滑动。

大型均质黏土堆积物受到坡脚掏蚀或人工开挖时常常诱发旋转滑动失稳，由于是旋转滑动，整体性极强，滑体内部几乎不发生变形破坏，在速度方面，除了在灵敏度很高的黏土中表现出高速运动外，一般都以较小的速度发生滑动失稳。在颗粒较细的低渗透性饱和土坡中极易产生深层旋转滑动模式[不排水破坏（undrained failure）]。

（2）平面型滑动。

在具有倾角大于摩擦角的软弱层或不连续面的黏性材料坡体中易形成平面型滑动，巴拿马运河盖亚尔渠斜坡破坏[16]和意大利北部山麓地带发生在第三系黏土中的滑坡均属此类失稳模式[17]，前者发生在受先期剪切膨润土缝控制的黏土页岩中，如图 1-6（a）所示。

（3）浅表层平面滑动。

常发生于干燥均质的粗粒土中，构成颗粒流的初始阶段；同时，浅表层平面滑动经常由极端降雨条件诱发[18]，如图 1-6（b）所示。

（4）沿着基覆界面的滑动。

由于接触面的抗剪强度通常小于上覆材料，岩屑滑动往往沿着崩积层与基岩之间的接触面或残积土的风化层中发生[19, 20]。

（5）复合型滑动。

在黏土、粉砂土边坡（滑坡）中，可能发生复合型滑动失稳，此时滑面由几个面或者一个变化曲率的曲面构成，往往伴随显著的内部变形，形成多个内部剪切面，如图 1-6（c）所示。

（a）土质边坡中平面型滑动　　　　　　（b）土质边坡中浅表层平面滑动

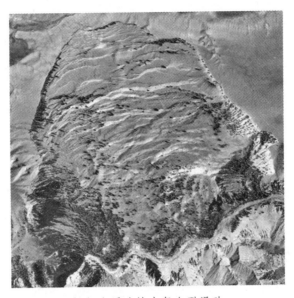

（c）土质边坡中复合型滑动

图 1-6　土质边坡（滑坡）主要失稳模式[10]

国内对滑坡失稳模式研究较为系统的当属张倬元教授。张倬元等[9]将岩体变形机制分为 5 种模式——蠕滑-拉裂、滑移-压致拉裂、弯曲-拉裂、塑流-拉裂、滑移-拉裂，并对每种失稳模式的形成条件与演变过程及特点做了详细的总结。王恭先（2005）在谷德振关于坡体结构分类的基础上，提出按照坡体结构类型（6 大类、18 小类）将滑坡的失稳模式分成 15 种[21]，但若将不同坡体结构中相同的失稳模式进行合并，则只有旋转、顺层、切层、顺层-切层以及顺构造面滑动 5 种，本质是按照滑面与不连续面的空间关系来分类。

综上所述，国内外对滑坡失稳模式的分类大体相同，影响失稳模式的因素主要有地貌、材料（岩土体物理力学性质）、坡体结构、含水量[22]等。

我国西部地区特殊的地理环境，造就了众多的覆盖层滑坡（一般为黏性土和碎石土），其失稳破坏模式主要为旋转型滑动和沿基覆界面的滑动[23-25]。有鉴于此，本书选取这两种典型失稳模式的边坡（滑坡）作为研究对象。

2. 防治工程措施

随着经济的高速发展，人地矛盾日益尖锐，生活生产中遭遇滑坡的事件日益增多，常常造成重大的生命财产损失，故而需对其进行防治。边坡（滑坡）的防治是一个系统工程，Terzaghi[26]曾指出，制定阻止滑坡发生滑动的方案要在弄清导致滑坡发生的原因（失稳模式）的基础上进行，这样才具有针对性。对于滑坡的防治，能进行规避的可以选择规避处理，规避不了且危害性不大的可以与之共生（定期调查），不能与之共生的要制定工程治理措施防治，若治理费用过于高昂，可以选择放弃处理[27]。随着安全可靠的工程场地日益减少，使得可采取规避的机会越来越少，因而在很多情况下必须采用工程措施对滑坡进行治理，但治理方案的制定必须基于对滑坡失稳模式的足够了解[28]，不同的失稳模式应采用不同的治理措施。于是，针对滑坡的各类工程治理措施就应运而生了。

经过几十年的发展，国内外学者已经形成了一整套行之有效的治理滑坡的工程措施

（表 1-1、表 1-2）。由表 1-1 和表 1-2 可知，国内外治理滑坡的工程措施基本相同，只是在分类上有些许差别：国外将国内修改几何外形的工程措施（坡率法）单独归为一类，而国内将其归到力学平衡法一类中。与此同时，国内外对于这些工程措施的选用原则也基本相似。现分述如下：

排水和修改几何外形（坡率法）是边坡治理中最广泛使用的两种工程措施，同时也是各类工程中最为廉价的，这也成为它们得到广泛应用的原因之一。但并非所有的滑坡都可以用这两种工程措施进行防治。

排水措施一般分为坡面排水、浅层排水和深部排水[29]三大类，不同的排水措施具有不同的用途，由于费用较高以及复杂性等因素的制约，排水井和排水隧洞一般只在特殊情况下使用。与其他工程措施相比，排水措施显得十分经济有效，尤其在大型滑坡的治理工程中[30, 31]。作为一种重要的加固技术，它具有易受外界环境影响的特点，目前工程上均将它作为滑坡防治工程中的辅助措施，一般与其他治理措施结合使用。

修改几何外形（坡率法）常被认为是最有效的滑坡治理措施，然而它的有效性不仅与修改几何外形的方量和形状有关，还取决于它的位置。同时，此措施在以下几种情况不太适用：无明显坡脚、坡顶的长条形平面滑动式滑坡、几何外形受工程约束的滑坡、修改几何外形会引发其他区域失稳的复杂区域[28]。

第二次世界大战结束初期，人们将滑坡视为工程问题，开始出现应用结构技术来防治滑坡的方法，起初主要为挡土墙，随后逐渐开始多元化，被动桩[32, 33]、现浇混凝土墙、锚索桩、锚杆、预应力锚索等支护结构以及上述支护的组合形式[34-38]应运而生。工程实践表明，只要运用得当，这些防治措施是十分有效的。20 世纪 60 年代末期，抗滑桩技术在我国铁路建设中首次应用并取得成功，随后在各地铁路建设中推广应用。抗滑桩治理边坡的实现，使得一些难度较大的边坡（滑坡）治理成为可能，由于这项治理技术相对于挡土墙等大方量工程措施而言，具有布置灵活、施工简便且速度较快、对坡体扰动小、开挖断面小、承载能力大等优点，因而在全国得到广泛应用。但抗滑桩治理边坡存在在某些情况下显得过强或者与防治对象的防护价值不相适应的问题[39]。

随着对环保（如景区和地质保护）的逐渐重视，被国外学者称为"软工程"的诸如石灰/水泥加固、灌浆或土钉支护[40, 41]、微型桩支护[42-44]、生物防护[45, 46]等防治措施逐渐得到应用[47, 48]，其中的生物防护措施由于利弊并存性[49]，一般作为滑坡防治的辅助措施。

微型桩是在 20 世纪 50 年代由意大利的 Lizzi 提出并取得专利的，由 Foudedite 公司首先开发利用，最初的目的是加固在二战中受到破坏的历史性建筑物和纪念碑。在此后的 20 年中，小桩主要应用于欧洲的基础托换工程。随着世界各地房屋修缮扩建的日益增多，尤其是自 1972 年小桩的首批专利期满后，小桩在世界各地获得更多的推广和应用[50-55]。小桩作为一种小直径钻孔灌注桩[又称树根桩（root-pile）]，一般桩径在 70 ~ 300 mm 之间，长细比较大（一般大于 30），采用钻孔、强配筋和压力注浆工艺施工。由于其孔径较小，钢筋较多，施工工艺和锚杆类似，因此在工程上也常被称为大锚杆。其主要优点有：施工机具小，适用于狭窄的施工作业区；对土层适应性强；施工振动、噪声小，在环境公害受到严格控制的市区作业尤其适用；桩位布置形式灵活，可以布置成垂直或斜桩；采用二次注浆，与同体积灌注桩相比，承载力较高[56]。鉴于传统结构支护在某些情况下的不适宜性，而微型桩（群）作为滑坡加固工程措施具有较好的施工快捷性、耐久性、可靠性、抗震性、安全性、环保性等明显优点，因而微型桩（群）便成为一种具有广泛使用前景的边坡治理工程措施[7, 57]。

表 1-1　国外治理滑坡的工程措施[28]

工程措施	具体方法
1. 边坡几何形状的修改	1.1 将物质从引起滑坡的区域移除（用小重度填充物代替） 1.2 添加物质到抗滑段（反压） 1.3 减小边坡倾角
2. 排水	2.1 表面排水来防止水进入滑动区（集水沟或排水管道） 2.2 用可以自由排水的物质来填充的深或浅的沟渠排水（粗颗粒填充或土工合成材料） 2.3 粗粒材料的支撑护墙（水文效应） 2.4 垂直的（小直径）水井、泵或自行排水 2.5 利用重力排水的垂直的（大直径）水井 2.6 水平或竖直的水井 2.7 排水隧道、地道或排水平硐 2.8 真空排水 2.9 虹吸排水 2.10 电渗排水 2.11 植被种植（水文效应）
3. 支挡结构	3.1 重力式挡墙 3.2 叠块墙 3.3 石笼墙 3.4 被动桩、码头和沉箱 3.5 现浇钢筋混凝土墙 3.6 用条带/薄片-聚合物/金属-加固成分的钢筋挡土墙结构 3.7 粗粒材料的支撑护墙（机械效应） 3.8 岩石边坡的表面加被动网 3.9 岩石崩落衰减或停止系统（落石槽、长椅、栅栏和拦石墙） 3.10 保护岩块或混凝土块不受侵蚀
4. 内部边坡加固	4.1 岩栓 4.2 微型桩 4.3 土钉 4.4 锚（预应力或非预应力） 4.5 灌浆 4.6 石灰石/水泥系列 4.7 热处理 4.8 冻结 4.9 电渗锚 4.10 植被种植（齿根强度机械效应）

表 1-2　国内防治边（滑）坡的工程措施[21]

工程措施	具体方法
1. 绕避边（滑）坡	1.1 改移线路 1.2 用隧道避开边（滑）坡 1.3 用桥跨越边（滑）坡 1.4 清除边（滑）坡
2. 排水	2.1 地表排水系统 （1）边（滑）坡体外截水沟 （2）边（滑）坡体内排水沟 （3）自然沟防渗 2.2 地下排水工程 （1）截水盲沟 （2）盲（隧）洞 （3）水平钻孔群排水 （4）垂直孔群排水 （5）井群抽水 （6）虹吸排水 （7）支撑盲沟 （8）边坡渗沟 （9）洞-孔联合排水 （10）井-孔联合排水
3. 力学平衡	3.1 坡率法 3.2 减重工程 3.3 支挡工程 （1）抗滑挡墙 （2）挖空抗滑桩 （3）钻孔抗滑桩 （4）锚索抗滑桩 （5）锚索 （6）支撑盲沟 （7）抗滑键 （8）排架桩 （9）钢架桩 （10）钢架锚索桩 （11）微型桩群 （12）格构加固
4. 边（滑）坡土改良	4.1 滑带注浆 4.2 滑带爆破 4.3 旋喷桩 4.4 石灰桩 4.5 石灰砂桩 4.6 焙烧

1.2.2 微型桩加固技术

1. 结构选型

由于微型桩与岩土体构成的加固体系承载能力不仅受土的特性、压密程度、强度以及饱和度的影响，还受桩型、桩的布置位置和设置方法的影响[58]，因而在滑坡治理中必然要求对微型桩的结构型式、布置位置及方式进行充分考量，以获得技术上可行、经济上节约的加固设计方案。一般来讲，微型桩结构型式的合理选取应建立在深入分析所获资料的基础之上，并充分考虑使用目的、现场条件、施工可能性和造价合理性等因素综合确定[59]。对此，国内外学者进行了许多富有成效的探索并取得一定的研究成果，这对于本研究的开展具有一定的参考作用，下面将其中的主要成果进行简要评述。

周德培等[60]按照微型桩在坡体中的布设位置，将微型桩组合抗滑结构分为 3 种形式，即坡面加固型、平台加固型和坡脚加固型，对每种类型又给出了几种组合结构形式，讨论这些结构在设计计算时应考虑的一些关键问题以及适用条件（见图 1-7、表 1-3），指出作为平台加固型一种型式的顶梁加固型微型桩结构型式中的关键问题为：微型桩的数量、每根桩的截面积与长度、布置形式及纵横间距、组合桩的桩间距等。顶梁加固型微型桩组合结构在顶梁形状为矩形、方形或圆形等时即称为顶板式（板连式）微型桩组合结构。虽然后者看似是前者的延伸，但相较于前者，具有结构在空间布置更加灵活、土石方工程小、对坡体扰动小以及施工方便快捷等优点。这是对微型桩结构型式选取进行的初步探讨。

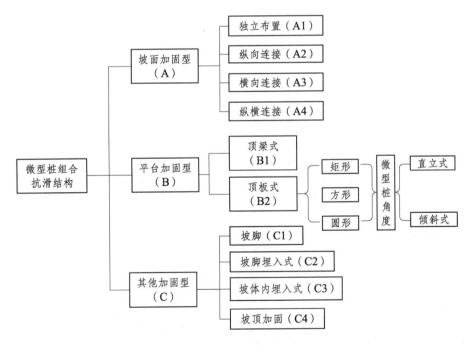

图 1-7　微型桩组合抗滑结构型式分类[60]

表 1-3　微型桩组合抗滑结构适用性汇总[60]

组合结构型式	适用性
A1	每层较为完整的顺层坡体
A2	每层岩体较为破碎的坡体
A3	浅表层容易产生滑移破坏的坡体
A4	用以加固较为破碎而又容易发生浅表层滑移破坏的坡体
B	一般适用于多级开挖具有平台的边坡
C1	应结合坡面防护，如需采用植被防护，增加更多的景观效果
C2	同上
C3	同上
C4	—

肖世国等[61]提出一种新的针对边坡（滑坡）加固的微型桩组合结构型式，即本书所要研究的顶板式（板连式）微型桩组合结构（见图 1-8），阐述了该结构的独特优点和适用性，同时提出一种十分简单的受力分析方法并直接应用于工程实际，根据该方法所得到的分析结果，指出该结构具有桩体主要承受轴向力（拉与压）、顶板主要承受弯矩的受力特点，但并未就微型桩组合结构型式相关的问题进行讨论。

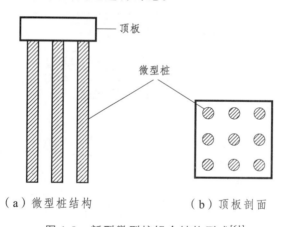

（a）微型桩结构　　　　　　　（b）顶板剖面

图 1-8　新型微型桩组合结构型式[61]

王唤龙[2]根据微型桩的布置型式将其分为独立布置、平面布置和空间布置三种，并简述了各种布置型式的工作原理（受力变形特点）及适用条件。从本质上看，这种分类存在不完善之处，因为这三种型式均属于文献[60]中的坡面加固型。王唤龙同时指出在边坡加固中的几种典型的微型桩布置型式及受力特点（见图 1-9），在微型桩布置型式方面虽提及承台（顶板）式微型桩组合结构，但同样没有专门针对此类型结构进行深入探讨。

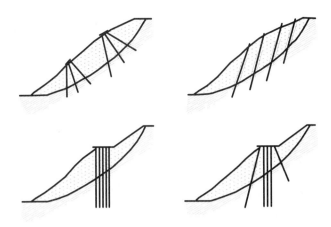

图 1-9　边坡加固中典型微型桩组合结构布置型式[2]

　　孙书伟[62, 63]将微型桩群加固土坡的设计具体分为：微型桩群布设位置、微型桩的截面类型、微型桩的桩长、微型桩群的断面设计、微型桩的平面设计以及顶梁设计 6 个方面，但并未进行微型桩结构型式及作用特点的探讨，其设计步骤与计算方法同 *Micropile Design and Construction Reference Manual*（美国运输部与联邦公路局，2005 年出版）的设计理念及设计方法十分类似，该报告（手册）介绍了微型桩（群）加固边（滑）坡的两种方法（见图 1-10），这两种方法的本质区别在于第一种方法侧重于加固体各根微型桩的独立性作用，第二种方法则强调微型桩与桩周岩土体形成的加固体系的整体性作用，并着重介绍了第一种加固方法的详细设计步骤[59]。

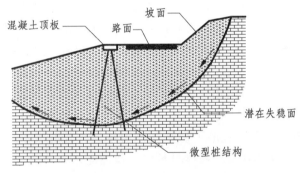

（a）方法一中的微型桩体系

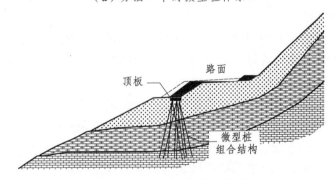

（b）方法二中的微型桩体系

图 1-10　边坡加固中两种微型桩组合结构型式[59]

Bruce 等[51, 64]根据微型桩的工作机理将其分为直接受荷型（轴向或侧向）和桩土共同受荷型。前者在当时（20世纪50年代）的应用远远超过后者（几乎占据了北美全部的应用，在国际上也至少占据了90%）；而后者则应用有限，一般用于基础托换、加固和土体支挡，且由于是整体受力，所以每根桩所承受的力较小。他随后于2005年[65]针对许多微型桩设计中未解决的某些细节和分歧，提出微型桩设计的详细步骤，指出在最后设计中应包含岩土强度极限状态设计、结构强度极限状态设计、其他结构设计考量、使用极限状态设计、防腐设计五个部分，这与 *Micropile Design and Construction Reference Manual* 的设计理念完全一致，但针对的是结构基础（Structural Support），并未涉及微型桩在边坡加固中的设计，且不涉及结构型式的论述。

Howe[66]等利用极限平衡软件和有限元软件对顶梁连接式微型桩群在坡体不同位置、桩体与竖向成不同角度的情况进行求解，得到微型桩群的最优桩位（断面设计）以及最优倾斜角。但作者并未对不同的结构型式进行探讨，对于其他型式的微型桩组合结构是否具有共性更是不得而知。

Sharma[67]等通过室内模型试验，进行不同长径比（L/D）、不同倾角及不同方向荷载情况的桩体响应规律研究。结果表明，对于竖向和倾斜微型桩，当长径比分别超过30和48后，桩体的侧向极限承载力不再显著增加。同时他指出，无论是轴向受荷桩还是侧向受荷桩，其极限承载力和失稳模式均是桩体倾角、倾向及长径比的函数。这些研究成果对于桩体长径比的合理选取具有积极意义，但存在未考虑桩顶的连接及不同连接型式所带来的影响等问题，尚属单桩研究范畴。

不难看出，对于微型桩倾角优化的研究多集中在基础托换工程中，且近些年无论是研究内容还是研究手段均无本质差别，研究得到的结论亦类似[68]，且普遍存在将土体设置为弹性不符实际的问题，针对滑坡加固中微型桩的倾角优化研究少见报道。

王猛[69]依托云南广通——大理铁路工程中的某微型桩加固边坡工程，进行具体的应用分析研究，依据数值模拟结果比较分析不同组合结构型式的差异性及参数影响性，指出对于微型桩组合结构，根据"桩体位移小、内力可能大，桩体位移大、内力反而可能小"这一基本规律，以"选择一个合理的平衡点"作为较为合理的微型桩组合结构型式选型原则，可保证组合结构不仅充分发挥桩体材料的工作性能，而且又具有良好的经济性，但并未涉及顶梁式与板连式微型桩组合结构两者在受力变形方面的对比，更未对顶板式微型桩结构布置型式进行研究。

闫金凯[70]等通过模型试验对微型桩加固滑坡体的承载机理、受力情况及破坏模式进行研究，总结归纳了微型桩与坡体不同接触部位内力的分布规律，同时针对桩周配筋和桩心配筋的顶梁连接式微型桩对滑坡加固效果进行了对比分析，表明桩周配筋比桩心配筋更多地提高边坡稳定性系数，进而得出桩周配筋微型桩治理滑坡效果优于桩心配筋微型桩的结论。但上述研究同样未涉及单元微型桩的布置型式以及桩顶连接型式对桩身内力影响规律的研究。

综上所述，国内外学者对于顶梁连接式微型桩组合结构具有一定的研究成果，但对顶板连接式微型桩组合结构的研究却少见报道。由于后者所具有的明显优点，近年来逐渐得到学者们的关注[3, 7, 71, 72]，但研究成果仍然不多。微型桩选型过程中主要涉及桩位的选取、排间距、横向纵向间距、桩长（受荷段+嵌固段）、桩的倾角、截面形状及尺寸、桩顶连接设计、微型桩的数量等内容。根据上述学者的研究成果，将微型桩组合结构布置型式进行归纳总结，如图 1-11 所示。关于抗滑桩的布置型式对桩身内力的影响已见报道[73, 74]，而针对板连式微型桩结构型式的研究则较少，且缺乏系统性。同时，以往多根据经验对桩间距进行假定，而对结构内力验算的方法，也主要局限于弹性地基梁范畴。因此，对于板连式微型桩组合结构，无论从研究方法还是研究的系统性方面来讲，以往的研究都亟须改进和完善。

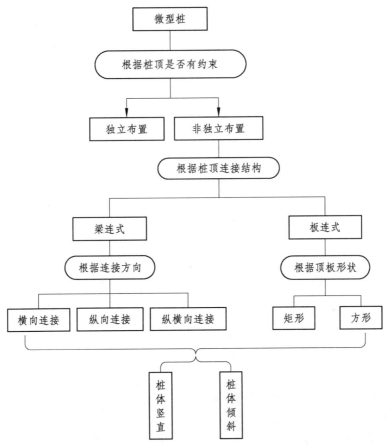

图 1-11　微型桩（群）在滑（边）坡加固中的主要结构型式

2. 内力计算

目前国内外关于微型桩内力计算主要有三种方法：① 基于普通抗滑桩计算理论的方法；② 等效法；③ 数值模拟方法。它们具有各自的适用范围和优缺点。

（1）基于普通抗滑桩计算理论的方法。

基于普通抗滑桩计算理论的方法适用于微型桩布置较为稀疏，不能与土体形成一个整体结构的情况，此时，荷载主要由桩承担，微型桩的作用相当于普通抗滑桩。

普通抗滑桩（侧向受荷桩）计算理论经过多年的发展已形成一套较为完整的体系（见图 1-12），根据地基的不同状态主要分为弹性理论法、地基反力法以及数值分析法。根据桩侧土体的不同假设将地基反力法分为极限地基反力法、弹性地基反力法以及复合地基反力法，同时它们均有各自不同的子分类（见图1-12），并具有各自的特点及适用范围，在此不再赘述。

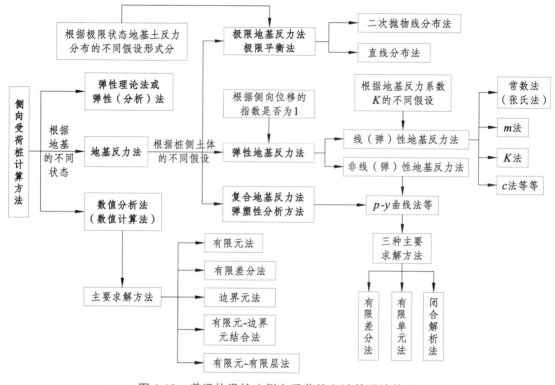

图 1-12　普通抗滑桩（侧向受荷桩）计算理论体系

　　根据给定的计算起始条件的不同，普通抗滑桩计算理论又可大致分为基于位移的方法与基于压力的方法。前者是直接依据桩土相对位移分布计算桩体侧向土压力、桩体位移及内力的分布情况，此法用于分析桩土相互作用更为合理，但前提是必须已知无桩时土体自由侧向位移的分布，然后将其叠加到桩上[75-79]；后者是在一定的假设前提下，确定桩与桩间土的相互作用模式，得到桩侧土压力的分布模式，然后经过计算确定桩身最大弯矩和桩顶位移或弯矩和位移沿桩身的分布情况[60, 80-87]。

　　① 弹性理论法假定桩埋置于各向同性的半无限体中，并假定土体的弹性系数为常数或随深度按一定规律变化，计算时将桩分成若干微段，同时根据半无限体中受水平力并发生位移的 Mindlin 方程估算微段中心处桩周土位移，根据桩的挠曲方程求桩的位移，并通过有限差分表达，由桩、土位移相等条件求解方程，从而得到桩体变形和内力[76]。Poulos[88]提出了弹性土体中单桩的有限差分边界元分析法：桩用弹性薄条模拟，且桩与土的相互作用由半无限弹性体的 Mindlin 方程计算，作用于桩上极限压力要计入桩周土体的塑性屈服。该法考虑了土体的连续性和性状随深度变化，得出了单桩计算的各种图式，并将考虑了桩的刚度、边界条件、土的屈服等因素的计算图式，与现场实测结果进行了比较。但这种方法只能考虑均质介质中单桩的情况，且未考虑桩的塑性变形及土体的应变软化。

　　赵明华等[89]基于桩土共同工作机理推导出横向受荷桩桩侧土体内位移与应力分布的弹性解析解，可用于分析土体中某点在水平力作用下位移及应力应变的变化规律。根据土体变形模量与位移的近似关系获得桩侧地基土体的模量分布与加权模量，将其用于有限元-有限层法进行横向受荷桩的受力变形分析，可近似考虑土体的非均质与非线性等特性，并编制出计算程序。最后，结合工程实例讨论了不同桩侧土体变形模量分布模式对桩身内力变形的影响规律。对比分析的结果表明，基于地基加权刚度的有限元-有限层法能更合理地分析桩土共同工作。诚然，因计算时未考虑桩身材料与桩土接触面的非线性等因素，所编制的有限元-有限层计算程序有待进一步改进。

②地基反力（系数）法中地基反力系数亦称地基反力模量，是指土反力同其相应的位移的比值，它是一个计算参数，随有关因素的变化而变化，不是土的一个固有属性。基于地基反力函数考虑方法的不同可大致分为：极限地基反力法、弹性地基反力法以及复合地基反力法三种。

a. 极限地基反力法是根据经验事先假定土处于极限状态时的地基反力分布形式，然后由作用于桩上的外力平衡条件，推导桩的水平抗力，显然该法属于上述的基于压力的方法。根据所假定的土抗力分布形式的不同分为按二次抛物线分布的恩格尔（Engel）-物部法以及按直线分布的冈部法、雷斯（Raes）法、斯奈特科（Snitko）法和布罗姆斯（Broms）法，其中以 Broms 法应用较广泛。另外，还有土反力任意分布的方法，如挠度曲线法[90]，但该法只适用于刚性短桩，不宜用于弹性长桩分析[91]，另外由于此法不考虑地基的变形特性，因而不适用于一般桩结构物变形问题的研究[92]。

b. 弹性地基反力法（弹性地基梁法）是将土体视为弹性体，用梁的弯曲理论求解桩的水平抗力。此类方法中通常将地基反力表达为地基系数随深度变化的比例系数 m、与深度有关的量的 n_1 次幂以及侧向位移的 n_2 次幂这三者的乘积再乘以桩的计算宽度（地基系数可以表达为地基系数随深度变化的比例系数 m 与和深度有关的量的 n_1 次幂的乘积），根据 n_2 是否为 1，可将此法分成线（弹）性地基反力法和非线（弹）性地基反力法，其中前者在实际中应用较多。根据地基系数的不同假设可以将线（弹）性地基反力法分为：常数法、"m" 法 "k" 法和 "c" 法等。由于土体作为一种弹塑性体，即使在小位移条件下，力与位移也很难满足线弹性关系，因此尽管弹性地基梁法在实际工程中的应用十分广泛，但它无法反映土体抗力与位移的非线性关系，于是只适用于水平位移较小的桩。对于长细比较大的微型抗滑桩，在侧向受荷时将产生较大的位移，土的非线性特征突出，基于侧向土压力与位移为线性关系的求解方法所产生的误差较大。因此，国内外学者提出了多种非线（弹）性地基反力法。与线弹性分析相比，非线性分析显然更符合实际，但求解往往非常困难。

戴自航等[93]于 2004 年提出了地基系数按双参数抗力模式表达下的水平梯形分布荷载桩位移和内力计算的有限差分数值分析方法，并详细推导了桩身位移的差分格式。基于这些公式，编制了可适用于滑坡抗滑桩和深基坑悬臂支护桩设计计算的全桩位移、内力及侧向土抗力的计算和图形处理程序，通过算例表明，该方法方便可靠，当有限差分段划分得足够小时，可使数值解接近于真实解。通过调整地基系数可实现桩身位移及内力计算结果与实测值较好吻合，从而为有试桩资料的条件下反算地基抗力系数提供了一种验算方法。计算程序的自动图形处理有助于桩身结构设计的优化和经济效益的提高。为适应抛物线分布荷载推力桩的设计和计算的需要，戴自航等[94]又于 2007 年提出和探讨了地基水平抗力系数按双参数模式表达下桩身位移和内力计算的有限差分法和弹性地基杆系有限单元法，并编制了全桩位移、内力计算和图形处理的有限差分程序。通过实例计算表明，这两种数值计算方法所得结果十分接近，并从原理上解释了误差产生的原因。根据试桩实测资料试算确定地基抗力双参数后，两者可高效、可靠地对承受抛物线分布荷载推力桩进行设计计算与分析。

冯君等[95]利用空间桁架微型桩体系加固顺层岩质边坡，认为可将微型桩的力的边界条件和位移边界条件等效为以下形式：滑面以上桩与桩之间用弹簧相连，用于模拟桩-岩土-桩之间的相互作用，根据桩间岩土体的力学性质按"k"法或"m"法计算出地基弹性抗力系数 k；滑面以下为稳定基岩，因此滑面以下各桩分别施加弹性支承，模拟滑床对桩-岩土体复合型结构的弹性支承作用，地基弹性抗力系数根据滑床岩体的力学性质按"k"法或"m"法计算。该方法实际是把桩周岩土体视为 Winkler 地基模型，没有考虑对侧向受荷桩也较为重要的桩土界面的摩擦作用，且仅按平面问题近似处理，并未充分考虑桩间岩土体的空间传力机制。

周德培等[60]结合模型试验结果将微型桩组合结构简化为平面刚架，假定滑面以下各微型桩固定在基岩内，滑面处为固定端，滑面以上滑坡推力为均布荷载，根据受横向约束的弹性地基梁考虑桩-土相互作用。该方法无法考虑桩的塑性变形，且假设滑坡推力为均布荷载与实际不符，加之采用的是平面简化模型，也就无法考虑各桩与桩周岩土体的空间传力机制，故而难以合理有效地应用于实际。户巧梅[96]分别对独立微型桩体系、平面刚架微型桩体系、空间微型桩体系的内力计算进行了探讨，在对平面刚架微型桩体系进行分析时，桩在滑面处采用固定端的处理方式，假设滑坡推力为梯形分布，然后通过传统结构力学中的矩阵位移法对刚架进行内力分析；而对空间微型桩体系分析时将其整体看作一个复合桩，计算出整体的 EI 后按照单桩进行后续分析；对嵌固段采用基于 Winkler 假定的弹性梁进行计算。上述两种方法都没有考虑对侧向受荷桩也较为重要的桩土界面的摩擦作用，且未能考虑或合理考虑桩土之间的空间传力作用特性。

肖世国等[97]根据板连式微型桩组合结构的一般受力特征，提出在计算桩体内力时，将结构在滑面以上的部分视为在滑坡推力作用下的刚架结构，等效分解后对各桩按弹性地基梁利用"m"法进行解析，其间考虑了受荷段桩间岩土体对桩的推力作用，各桩体在滑面以下的部分视为弹性桩，利用"k"法进一步计算，按照先分析上半部分再计算下半部分的方法可确定出该结构内力。分析结果表明，各微型桩承受的轴力、弯矩和剪力中，轴力作用更为主要。由于作者简单按平面问题处理，没有考虑桩土界面的摩擦作用以及桩间岩土体的空间传力作用机制，同时对受荷段桩间土作用力采用了近似的线性分布处理，可能还存在某些问题。

c. 复合地基反力法（或称弹塑性分析法）主要针对长桩，当桩顶受力后，桩侧土从地面以下的一定区域扩展为塑性区，该区域以下仍为弹性区。塑性区和弹性区分别采用极限地基反力法和弹性地基反力法进行计算，同时考虑两者边界上的连续条件，从而解得桩身变位与内力。p-y 曲线法是复合地基反力法中应用较广的一种，它综合考虑了桩周土与桩侧向变形的非线性特性，但其求解较为复杂，一般需通过差分数值法求解[90]。p-y 曲线法考虑了土的非线性反应，既可用于小位移情况，也适用于较大的位移情况。但该法将桩周土体假设为非连续体，因而不能很好地反应土体的连续性，而且要得到合适的 p-y 曲线，只能通过现场荷载试验或者采用标准的曲线形式，而这些标准形式的曲线只适用于特定的土体类型。此外，p-y 曲线法没有统一完整的表达式，也就不可能给出统一的形式解，所以在用 p-y 曲线法求解时必须结合数值分析方法才能使用，这些不足之处都限制了 p-y 曲线法的应用。

基于非线性地基反力法思想，一些学者提出了水平受荷桩的紧凑解析解，为了简化推导过程，p-y 曲线由理想弹塑性曲线代替，如图 1-13 所示。对于大变形下的水平受荷桩基，桩周土体可以分为两部分，达到土体极限抗力的塑性区域以及较深层的弹性区域土体，在这两个区域分别求解桩身挠曲控制方程，在临界深度 x_p 处引入变形协调条件，最终求解得到水平受荷桩的分析结果，这是闭合解析求解法的核心思想。不难看出，上述方法与复合地基反力法十分类似，因而可将其归入复合地基反力法中，但也有学者直接将其划入非线性地基反力法中。不同学者假设的地基反力模量及土体极限抗力不同，也导致所得解的适用性的存在差异。Guo[98]提出了土体的统一极限抗力公式，通过调整公式中的系数，可以使解析结果与实验结果吻合，得到的闭合解析解适合于任何土质，其地基反力模量为一常量，与桩周土体的剪切模量和泊松比相关。

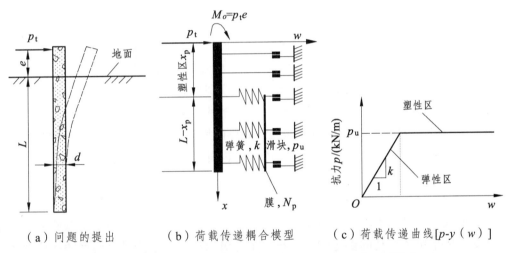

图 1-13　桩头自由时侧向受荷桩荷载传递耦合分析[98]

孙书伟[99]按弹性桩计算了微型桩单桩的内力和位移，从结构力学的角度利用力法、位移法对微型桩平面刚架体系"Π"形单元进行内力计算，并对空间刚架结构进行了力学分析。他所采用的方法在对平面刚架进行内力分析时没有考虑作用在微型桩刚架体系上的岩土荷载，更没有考虑微型桩与周围岩土体的相互作用机制，由于采用的是传统的结构力学分析方法，因而该方法只适用于完全弹性以及小变形组合结构，所得到的内力计算公式难以合理地应用于实际工程中。

肖维民[100]通过两种方法得出微型桩单桩抗剪能力计算公式，并分别建立了相应的边坡稳定性分析计算表达式，给出了独立布置微型桩加固顺层边坡的简易设计流程。首先，建立力学模型对平面刚架微型桩体系加固顺层边坡的抗滑机理进行研究，结果表明，平面刚架微型桩体系可以增加局部不稳定岩体的抗滑力，但对于其加固范围内的所有岩体来讲，其所能提供的总抗滑力不会增加；其次，分别对独立布置微型桩体系和平面刚架微型桩体系建立位移模型，分析体系中单桩的桩顶位移，通过比较得知平面刚架微型桩体系对减小坡体位移更加有利，更能控制桩间岩体裂隙的产生、发展，对边坡稳定性有更加积极的作用；最后，针对工程中常用的微型桩群桩组合结构，以 3×3 微型桩群桩为例，分加锚杆和不加锚杆两种情形，建立计算模型分析结构的内力和稳定性。另外，他还在 Winkler 弹性地基理论的基础上建立了桩与土体的相互作用模型。上述研究主要采用传统结构力学方法（力学位移法）以及材料力学方法（受横向作用梁的挠曲问题），按平面问题考虑，忽略了桩间岩土体的空间传力作用特征，也没有考虑桩土界面的摩擦特性及滑带土的应变软化效应，同时建立的桩土相互作用模型没有考虑地基的变形连续性。

吴文平[101]以 3×3 的抗滑微型桩组合结构为例，针对结构的受力特点，通过合理假设和简化，得到计算模型，给出了微型桩内力的两种估算方法：线性位移假设法和抛物线位移假设法，给出了受荷段的微型桩内力表达式。采用的也是传统结构力学方法，将微型桩组合结构简化为平面刚架，不考虑组合结构与桩间岩土体的三维空间传力作用，同时没有考虑组合结构前部的抗力作用（即最前排桩前抗力）、桩土界面的摩擦特性以及滑带土的应变软化效应。

孙宏伟[102]以 3×3 刚性帽梁微型桩组合结构为例，从组合结构的内力计算方法推导入手，提出具有顶梁固定微型桩的组合结构可按横向约束的弹性地基梁法计算其内力，针对不同类型边坡采用"k"法或"m"法进行结构内力计算。通过数值模拟和模型试验对计算理论进行验证，结果表明，数值模拟分析结果和模型试验结果均与所提理论计算结果具有一定的相似性，在一定程度上说明其计算理论的合理性。

向波[103]对考虑桩土复合作用的平面刚架计算模型，分别采用弹性地基梁法、$p\text{-}y$ 曲线法进行内力变形计算，通过与实测资料对比分析，表明 $p\text{-}y$ 曲线法计算结果与实测值吻合较好。

刘鸿等[104]对以空间桁架微型桩体系的组合结构采用了分级加载的方法，通过新的地质力学模型试验，研究滑坡推力引起的微型桩体系内力变化规律，并根据试验方法和空间桁架微型桩体系中各排桩的受力状态，导出了分级加载条件下受横向约束的弹性地基梁的结构分析解。试验结果表明，在碎石土地质条件下，连系梁可以有效限制微型桩顶位移，并减小桩身弯矩，滑体中桩前土压力分布相对较为均匀，各排微型桩桩体的弯矩大小分布比较接近，最大弯矩位于滑面处；基于受到横向约束的弹性地基梁的结构分析解，可以较好地描述空间桁架式微型桩在分级加载后的内力变化及其分布规律。研究结果对正确分析微型桩的抗滑机制和微型桩抗滑设计具有较高的参考价值。

Turner 等[105]对于不考虑桩顶约束的微型桩，提出了在微型桩设计中以轴力为第一控制量，剪力和弯矩次之的设计理念，并给出了简单的设计步骤，其本质上将问题简化为结构力学问题（见图 1-14），没有考虑桩间土对桩体的作用，也未考虑桩土界面的摩擦特性等，理论上存在明显的不足。

图 1-14　微型桩墙体（横向联系梁垂直于主滑方向）及计算模型简图[105]

安孟康等[106]沿用桩的一般工程设计思路，将滑面以上微型桩结构体系（见图 1-15）简化为承受荷载的刚架，采用传统结构力学方法计算滑面处的内力，比较不同顶部连接方式对计算结果的影响。该计算模型只适用于完全弹性以及小变形组合结构，同时还要求滑坡推力简单假设为矩形分布并按一定比例分配在前后桩上，不考虑轴向力产生的变形，滑面处为固定端约束，这些假设虽简化了公式推导，但毕竟与实际不符，且未考虑桩土相互作用及桩的塑性变形，难以有效合理地应用于实际。

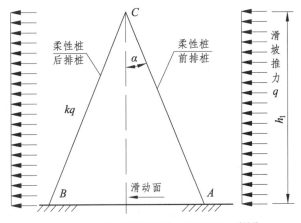

图 1-15　微型桩结构体系计算简图[106]

综上所述，基于普通抗滑桩计算理论的方法由于其本身都具有各自的适用性以及理论上的某些缺陷，普遍存在无法合理考虑桩土界面的接触作用以及桩间土的空间传力特性等问题，因此难以直接合理有效地应用于微型桩组合结构的计算分析中。

（2）等效法。

等效法适用于桩间距较小，微型桩与其所包围的土体形成一个整体结构共同承担荷载的微型桩群，在计算时可将其作为一个复合结构整体等效为传统的挡土结构，然后按传统挡土结构的计算方法进行计算。根据等效方法的不同，又可分为钢筋混凝土梁法、加筋土挡墙法、等效截面法以及等效刚度法[87]。户巧梅[96]提出的空间微型桩体系处理方法正是基于这种等效思想建立的一种分析方法。

丁光文[107]在总结国外树根桩文献的基础上，初步分析了梁式连接的微型桩在治理滑坡时的作用特征，讨论了在工程设计时应该注意的主要问题，认为在进行微型桩处理滑坡的设计时需要考虑以下破坏机理：① 相邻微型桩之间土体的塑性变形；② 滑面以上被加固土体的滑动；③ 复合截面上结构的破坏，同时也给出了粗略的设计步骤。但是，该方法并未深入涉及微型桩与周围岩土体的相互作用机制，在实际应用过程中还是先根据经验估计一个桩间距，然后根据微型桩间土体塑性变形的稳定性分析来验算间距是否符合要求，若符合要求则进行结构分析。因此，该方法实际上仍没有脱离经验试算法的范畴[7]。

史佩栋[108]等讨论了顶梁连接式网状微型桩承受横向荷载时的设计方法，把网状微型桩与土的复合结构当作"有筋土墙"，给出完全不考虑桩土黏结和考虑桩土完全黏结的理论计算公式，也给出了考虑桩土部分黏结的经验计算公式。在完全不考虑桩土黏结的情况下，将总荷载平均分配给单桩；在桩土完全黏结的情况下，利用钢筋混凝土梁的计算方法计算"有筋土墙"，梁中的"钢筋"就是桩，"混凝土"就是地基土，并认为地基土的抗拉强度为零。但是所给出的算法实为两种"极端"模型，前者完全不考虑桩土相互作用明显不符合实际，后者采用的常规计算钢筋混凝土矩形断面梁的方法也与实际存在较大的差异，因为桩土模量相差太多。

朱宝龙[8]从微型桩单桩角度，应用 Winkler 弹性地基梁力学模型对钢花管压力注浆微型桩的单桩进行了有限元分析，并对钢花管压力注浆微型桩加固后的路堑边坡进行稳定性分析，提出了微型桩从单桩角度进行设计的方法；采用等效抗弯刚度法，对微型桩桩排间力的分配进行了探讨；通过有限元方法模拟了微型桩群桩间土拱效应，分析了微型桩群桩间排列方式不同对桩间土拱效应的产生及桩排间的荷载分担比的影响；将由单排或多排钢花管压力注浆微型桩构成的钢管压力注浆型抗滑挡墙，按抗弯刚度相等的原则等价为一定厚度的地下连续墙，采用地基反力法（"m"法）进行抗滑挡墙结构的内力计算，并对钢管压力注浆型抗滑挡墙加固后的滑坡进行了稳定性分析；最后，提出了钢管压力注浆型抗滑挡墙的设计方法，以及抗滑挡墙强度校核方法、抗倾覆稳定与抗滑动稳定验算方法。这实际上是将等效法与弹性地基梁法结合起来，但同样没有考虑桩土间的摩擦作用及滑带土的应变软化效应。

Lizzi 对微型桩群的模型试验表明：微型桩群对荷载的反作用是由加筋土作为一个整体提供的，受荷载发生的破坏是整个桩-土复合体的破坏，而不是单根桩的破坏[58]。可见采用等效法更符合微型桩群的实际受力情况，但如何对桩土复合体进行合理地等效则是利用等效法计算微型桩群的一个有待深入探讨的关键问题。

（3）数值模拟方法。

随着计算机处理大规模模型能力的显著提高，越来越多的研究人员采用数值模拟方法来进行微型桩相关问题的研究。目前存在一些关于顶梁连接式微型桩组合结构的研究，但针对板连式微型桩组合结构内力的计算研究成果则少见报道。

Juran 等[109]同时利用离心模型试验和数值模拟技术两种手段对不同倾角微型桩在不同密实度土中施加不同等级地震的地震加载响应和上部结构-桩-土的相互作用进行深入研究，并对其中的主要参数进行了参数研究，结果表明当桩身倾角在 10°和 30°时，上部结构加速度只是桩身竖直时的 40%。

Sadek 等[110]利用三维有限元模型分别对均匀刚度的土和随着深度变化刚度的土中倾斜微型桩动力响应进行模拟研究，指出倾斜微型桩在地震作用下具有较小的剪力和弯矩，但模型中土用的是弹性本构模型，且未考虑桩土界面的相互作用。

同时，Sadek 等[111]通过三维有限元模型对微型桩桩顶联系与桩端约束对动荷载响应进行研究，结果表明微型桩桩顶联系能够使桩身（尤其是倾斜桩）轴力和弯矩减小，而桩端（桩尖）的约束（进入较硬土层）则导致桩体内力的急剧增加（最大轴力是桩尖不进入硬层情况的 27 倍），因而建议在震区应避免将桩尖设置在硬层中，尤其是倾斜桩。但研究对象局限于顶梁连接式组合结构中，同时在模型中假设土为弹性且不考虑桩土间的接触作用亦与实际不符。

Noorzad[68]等利用有限元软件对不同倾角微型桩在竖向荷载作用下的桩身内力进行研究，表明在动力荷载作用下，随着微型桩倾角的增大，桩身轴力增大而剪力和弯矩减小，但针对的是顶梁连接式微型桩组合结构在动力作用下的响应研究。

Isam[112]等利用三维模拟软件将微型桩和上部建筑用梁单元模拟，探索桩体在不同倾角下的地震响应，得出微型桩的倾斜设置能更好地调动桩体轴向力并减小桩身剪力与弯矩的结论。

陈正等[113]运用有限元软件 ABAQUS 对现场柔性微型桩（桩长与桩径之比一般大于 50）试验进行数值模拟，探讨了微型桩在水平载荷作用下的工作性能，分析了微型桩模型中各个参数对其水平承载力及桩身各点水平位移的影响，给出了桩长、桩径、桩身弹性模量的合理取值。研究结果表明，较大的桩径、较高的土体摩擦角对提高柔性微型桩水平承载力具有显著作用。

杜衍庆等[72]对矩形布置的集约式微型桩群支护体系采用分级加载的方法，进行水平荷载原型试验及数值计算，研究滑坡推力作用下集约式微型桩群抗滑作用机制，并分析桩间土体参数、桩身强度、桩排间距等设计参数变化对桩群水平承载性能影响的敏感程度。结果表明，在滑体介质为粉质黏土的地层中，当滑坡推力超过某一定值时前排桩才会发挥支挡作用，桩群前方土压力峰值的位置深于桩群内部，微型桩群与土体水平荷载分担比约为7∶3；控制最佳排间距，相比优化其他设计参数对提高集约式微型桩群水平承载力、减小桩顶位移效果更明显。试验成果为深入分析集约式微型桩群的抗滑机制和优化工程设计提供了参考。

不难看出，由于数值模拟法在对微型桩受力分析、机理研究中具有显著的优势，因此越来越受到国内外学者的青睐，但国外关于微型桩内力的研究主要偏重于其动力特性方面，且有些针对的是竖向受荷情况下的分析[114-116]。因此，静力条件下侧向受荷微型桩体系内力计算分析的研究还有待进一步深入。

苏媛媛等[87]分别从微型抗滑桩的受力特征、桩间距的确定和现有设计计算方法的适用性 3 个方面对微型抗滑桩的设计计算理论进行了初步探讨，认为合理的桩间距应尽可能减小微型桩群由于群桩效应而产生的不利影响，但同时也应兼顾微型桩与岩土体整体协调作用的发挥程度，以求得最佳的承载能力。

虽然电子计算机的发展和广泛应用使得计算力学在结构分析中起到了越来越重要的作用，但是实验力学分析仍是研究各类结构问题极其重要且十分有效的途径之一。作为实验应力分析的一种重要组成部分，模型试验也仍然发挥着自己独特的作用，尤其对一些复杂的、各相关物理量之间的数学模型尚未建立的结构（按现在岩土力学的观点，岩土本身也是一种结构），通过模型试验往往可以取得较好的结果，同时模型试验也是对新建立的计算模型或理论的一种十分重要的验证手段，也正因如此，国内外一些大型工程项目在使用计算机进行分析的同时，通常也要进行模型试验研究。因此，除了上述方法之外，不少学者也通过试验的方法对微型桩受力机制进行探索。

White 等[117]通过大型加载试验（用大型剪切盒的平移来模拟桩土相对位移，试验中包含 2 种不同桩径的细长桩以及 3 种不同类型的黏性土）对微型桩的响应进行研究，并利用试验结果使用 p-y 曲线法刻画侧向受荷桩在不同阶段的响应。

朱本珍等[3]通过原位试验对微型桩群加固堆积层滑坡的加固效果和受力特性进行研究。滑坡不同位置的监测结果表明，微型桩群可较好限制加固范围内坡体的位移，保障线路的正常运营。滑坡推力作用下，不同排微型桩之间的荷载分担关系具有较大的差异，当滑体产生较大位移时，前排微型桩受到较大的外荷载，后排微型桩次之，中排微型桩受到外荷载较小；当滑体趋于稳定后，各排微型桩的荷载分担关系趋于一致。此外，测试值与理论值对比分析结果表明，弹塑性荷载-位移曲线分析方法可以较好地反映出滑坡推力作用下微型桩群的横向受力特性；固定约束使微型桩顶部产生较大的应力集中，从而使地面以下 2 m 深度范围内微型桩桩身产生较大弯矩，建议实际工程中将微型桩与刚性顶梁之间设为铰接。

向波等[118, 119]通过 3 组不同组合的钢管排桩原型结构堆载试验，获取了加载至极限破坏过程的桩土变形、桩身应变、土压力等实测数据，总结了该支挡结构受力、变形规律，分析了钢管桩排数、排距、间距对承载能力的影响特征，得到了推力作用下各排桩承受土压力比值。试验成果为微型钢管排桩的理论分析和工程应用提供了较为系统的基础资料。

综上所述，在微型桩（体系）的内力计算研究中，学者们利用不同的方法从不同的角度出发进行了一些卓有成效的探索。但不得不承认还存在一些问题，主要包括：普遍存在不考虑桩的塑性变形以及桩土界面摩擦的缺点；对于普通抗滑桩的内力计算研究成果已较为丰富[76, 82, 120-127]，但微型桩组合结构内力计算的研究则较为少见。因此，关于微型桩群内力计算方法也将作为本研究的一个重要组成部分。

1.2.3 滑带土残余强度及其影响

由于岩土体材料的强度并非一成不变，它受风化、降雨等条件的影响作用，在漫长的地质作用过程中逐渐发生变化，因此在工程实践中，设计周期内的岩土体的强度往往也不是恒定不变的，尤其是具有应变软化特性的岩土体，随着剪切位移的增加，其抗剪强度将逐渐降低，并最终达到一个相对稳定的量值（残余强度）。这种变化往往导致原先稳定的边坡发生失稳破坏。由于岩土抗剪强度的变化而引发滑坡的报道并不少见，比如1976年香港的秀茂坪滑坡即为降雨入渗导致土体抗剪强度弱化而发生造成 18 人死亡的滑坡，又如2000年由于降雨导致堆积体抗剪强度弱化所引发的迫使5 000人搬迁的云南兰坪滑坡[128]。

滑带土作为滑坡的重要组成部分，是滑坡形成、发育、演化的最主要控制因素之一。滑带土的抗剪强度参数的取值是否合理对边坡（滑坡）稳定性的合理评价与抗滑工程的合理设计都具有重大影响[129]。因此，开展滑带土的剪切强度特性研究对于滑坡灾害的防治具有重要的现实意义。

滑带土的抗剪强度特性可用其峰值抗剪强度、残余抗剪强度、滑坡启动强度、完全软化强度以及流变研究中的长期抗剪强度等 5 个特征强度进行表述，对这些特征强度的研究也构成了滑带土强度特性研究的主要内容[130]。实践表明，滑坡滑动后其稳定性往往和滑带土残余强度有关[131]。因此，目前在滑坡研究领域中对滑带土残余强度的研究较多，成果也较为丰硕。

在自然界中，天然边坡以及库岸边坡中滑带土的应力应变关系往往表现出应变软化的特性，即随着剪切位移的增加滑带土的抗剪强度逐渐衰减，最终达到一个稳定的残余剪应力值（残余剪切强度，残余强度），呈现出"渐进式"破坏的特点。值得注意的是，土体的应变软化关系一般只有在大位移排水剪切的条件下才能够获得，一般把剪应力的峰值称为峰值强度，最终达到的稳定值称为残余强度。对于密砂和绝大多数黏性土一般都会呈现应变软化特性。其中，正常固结黏土随着剪切位移的强度软化往往与颗粒之间胶结作用的破坏、土颗粒的定向性排列等因素有关。因此可以相信，对于土质滑坡，渐进性破坏是一种非常普遍的破坏形式，在进行边坡的稳定性验算及其治理过程中，考虑滑坡的渐进性破坏过程对于进行合理有效的滑坡防治具有重要的理论和实际意义。国内外学者对边坡（滑坡）渐进式破坏已进行了很多探索[128, 132-140]，其中一些学者将考虑应变软化的边坡稳定性分析简化为考虑滑体（滑带）的强度直接由峰值降到残余强度的边坡稳定性分析[134, 139, 140]。

对于土体的残余强度进行全方面的研究，最早开始于 Skempton[141]对伦敦黏土的抗剪强度所进行的深入研究，他提出了峰值强度和残余强度的概念，通过试验分析了土体抗剪强度在大剪切位移条件下的衰减规律，并且首次对影响土体抗剪强度的因素进行探讨，认为在自然条件下边坡发生滑动时，土体能提供的抗剪强度接近残余强度。自此对于滑带土的残余强度的研究一直持续到今天，研究成果大体可以分为两类：残余强度的确定方法、残余强度的影响因素及发挥机理。

从 20 世纪 60 年代土体残余强度研究兴起之后发展至今，目前被广泛采用的用于确定土体抗剪强度的方法主要有：现场原位剪切试验法、室内试验法以及反演分析法（见图 1-16），各种方法均有各自的优缺点，要根据具体问题的实际选用。

学者们在对残余强度的确定方法进行了广泛研究之外，还对残余强度的影响因素和发挥机理进行了深入探索，并取得了较为丰硕的研究成果。Skempton 等[141, 142]在对伦敦黏土的残余强度进行详尽研究的基础上，认为土体的残余强度与土体的初始结构、应力历史等无关。Ramiah 等[143]通过试验探讨了土体的化学成分对残余强度的影响，并认为初始含水率对土体的残余强度基本没有影响。Moore 等[144]认为土体残余强度是受到黏土矿物种类以及孔隙水的化学成分影响的，建议残余强度在工程中应作为一个随着周围环境而变化的动态变量提供。Maksimovic 等[145]对 17 处滑坡的残余强度试验进行了统计分析，重点关注了法向有效应力的影响，并建立了残余内摩擦角和法向有效应力之间的相关公式。Tika 等[146, 147]通过环剪试验特别关注了剪切速率对于残余强度的影响，指出当剪切速率大于 100 mm/min 的时候，获取的残余强度值相比于慢剪条件下会有大幅度的下降，甚至只有慢件条件下的 60%左右。Dewoolkar 等[148]对美国科罗拉多州的 7 处不同地点的黏土进行了残余强度的研究，分别采用反复直剪试验和环剪试验测定土的残余强度，通过试验发现残余强度与塑性指数的相关性比与液限的相关性要好，并建议在给出残余强度的时候要同时出给相应的塑性指数来进行参照。Kaya 等[149]对处于夏威夷的一处滑坡的滑带土进行了反复直剪试验时试图确定土的残余强度与土性指标的关联性，发现对于这种崩积土，残余内摩擦角与土性指标没有明显的相关性，并认为这种相关性的强弱可能与土体的矿物成分有关。

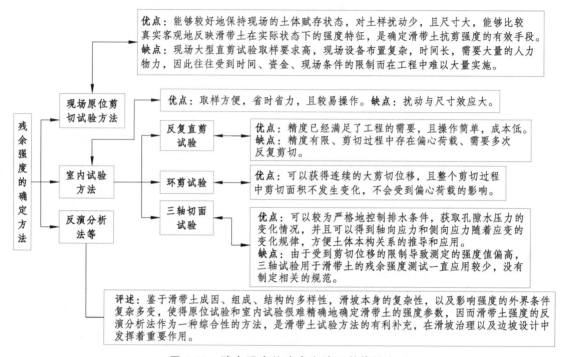

图 1-16　残余强度的确定方法及其优缺点

在国内，戴福初等[150]在对香港的老滑坡进行残余强度研究时，关注了残余强度的影响因素，指出土的黏粒含量越高，塑性指数越大，土体残余强度越小，并分析了剪切速率以及法向有效应力对残余强度的影响。刘小丽等[130]对滑带土强度特性的研究方法进行了概括，并总结分析了影响滑带土残余强度的主要因素，包括黏粒含量、塑性指数、矿物比表面积、孔隙水化学特征以及剪切速率等。陈晓平等[151]针对库岸古滑坡滑动带中的含粗粒细粒土，进行了滑带土强度特性的试验研究：通过现场大剪试验和室内固结快剪试验分析了滑带土的剪切性状，确定了再生强度、现场折减强度和固结快剪强度；根据现行反复剪切试验在确定含粗粒细粒土残余强度时的不足，对试验方法和试验仪器进行了改进，提出了滑带土的残余强度指标，并与其他剪切条件下的强度指标进行了比较；基于试验结果的统计分析，探讨了土体含水率、塑性指数及粗粒含量对剪切强度指标的影响，并总结了含粗粒细粒土与一般黏性土或砂土在剪切性状方面的诸多不同。

这些研究成果对于我们深入理解岩土体应变软化特性、残余强度的影响因素及其间接确定方法（通过建立残余强度与其他参数的相关性）等都具有重要作用，并为简化分析时能够抓准主要部分忽略次要部分提供指导作用。

Zhang 等[133]基于坡体位移分布假设对简化毕肖普条分法进行改进，提出可考虑应变软化的加桩边坡的稳定性分析方法，并将该方法应用于一边坡实例讨论边坡稳定性影响因素。由于该方法基于简化毕肖普条分法，而后者只适用于圆弧状滑面，因而其应用范围有限，同时该计算方法也未考虑剪胀效应且假设滑带厚度在整个滑面都保持不变，并将桩及桩周土等效为刚性块体而与实际不相符，因此难以合理有效地应用于实际。

Chen 等[74]（2002）通过有限差分软件对抗滑桩群加固滑坡中桩土相互作用进行了深入研究，将桩上荷载-位移曲线与土拱效应联系起来，从而从土拱效应的角度揭示了应力如何从土传递到桩上的。在模型中考虑了桩土相对位移、桩的形状、接触面性质及土体剪胀角对桩土相互作用的影响，但并未考虑滑体（滑带）强度的弱化对桩土相互作用的影响。

孙书伟等[152]基于强度折减技术研究了微型桩群加固边坡安全系数的数值计算方法，并对微型桩群加固均质土坡和含软弱夹层土坡的稳定性进行了对比分析。结果表明，微型桩群加固均质土坡的破坏模式与其布设位置关系密切，采用传统非耦合方法假定滑动面位置不变进行微型桩群的工程设计值得商榷；对于均质土坡，微型桩群嵌固深度较小时，桩身变形以刚性旋转为主，随着嵌固深度的增加，微型桩群的变形由刚性倾斜转化为柔性弯曲变形，对于含软弱夹层边坡，微型桩群的变形主要是弯曲变形；微型桩群最优嵌固长度约为滑面以上自由段长度的 1.5～2.0 倍。虽然该计算方法考虑了桩土界面摩擦作用，但模型中未考虑桩体的塑性变形以及滑体尤其是滑面的抗剪强度的弱化（软化）作用，因而这种计算方法无法保证在不利的外界条件下（例如强降雨）仍能充分发挥抗滑功能以维持坡体稳定。

郑振通[153]基于强度折减技术采用能量分析法和有限差分法两种方法对微型桩加固边坡稳定性进行分析。但利用能量分析法时未考虑微型桩桩顶之间的联系作用，同时两种方法均未考虑滑体以及滑带土的强度弱化特性。

纵观国内外文献，应变软化效应广泛地存在于天然边坡以及库岸边坡中（密砂和绝大多数黏性土一般都会呈现应变软化特性），目前在微型桩组合结构加固边坡（滑坡）结构内力计算中考虑滑体（尤其是滑带土）应变软化所带来的强度弱化特性的研究少见报道。有鉴于此，在本研究课题中，考虑滑带土的抗剪强度弱化特性对结构内力的影响，以便更为合理有效地开展微型桩加固滑坡机制及内力计算等相关研究。

1.2.4　边坡稳定性分析方法

综观国内外相关研究，边坡稳定性评价经过了一个由定性分析到半定量、定量分析发展的过程，且可视化的程度越来越高，评价方法大体上分为定性分析法、半定量分析法、定量分析法。

定性分析法包括自然（成因）历史分析法（运用发展、变化的观点弄清滑坡实质，揭示其发展趋势）、工程地质类比法[154]、数据库和专家系统[155, 156]。定性分析方法具有可以综合影响边坡稳定性的因素进行快速评价与预测的优点，但只能判断边坡是否处于稳定状态，而且主观性较大。

半定量分析方法有图解法（诺模图法和赤平投影法[157]，后者由于其考虑的因素较少，只能归为半定量方法）和 SMR[158-162]（根据边坡岩体质量的最终得分）法等。

定量分析方法又分为确定性分析法和非确定性分析法。确定性分析法包括极限平衡法

（相对比较成熟的是 Fellenius 法[163]、Janbu 法[164]、简化 Bishop 法[165]、Spencer 法[166]、Morgenstern-Price 法[167]和不平衡推力法[168]等）和数值分析法[包括有限单元法（FEM）[169, 170]、边界元法（BEM）[76, 171]、离散单元法[172-174]（DEM）、不连续变形分析法[175, 176]（DDA）、数值流形法[177]、有限差分法[178, 179]等]。非确定性分析法包括可靠性分析法[180, 181]、模糊分级评判法[182, 183]、人工智能法（包括遗传算法[184-186]、专家系统法[187, 188]和神经网络法[189, 190]等）。

法国的 Coulomb 于 1776 年建立的 Coulomb 土压力理论被公认为极限平衡法的雏形。此后，经过 Bishop[165, 191]、Janbu[164]、Morgenstern 和 Price[167, 192]、Spencer[166, 193]、Sarma[194, 195]等人的努力，逐渐形成了 Bishop 法、Janbu 法、Morgenstern-Price 法、Spencer 法、Sarma 法以及目前被广泛使用的不平衡推力传递法等，丰富和完善了极限平衡法的理论体系。

为了更好地适应工程及科研的需要，近年来国内仍有不少学者在边坡的稳定性评价方面作出积极探索。陈祖煜等[196]将 Spencer 法从二维扩展至三维，形成边坡稳定分析三维极限平衡方法的一个新解法。郑宏等[197]利用理想弹塑性矩阵的奇异性证明了"当边坡达到极限平衡状态时，坡内必存在一个由坡底贯通到坡顶的单元层，该单元层内的所有单元全都进入塑性状态"，从而为利用等效塑性应变或塑性功的等值线图来判别边坡的极限状态找到了力学依据。

张均锋[198, 199]（2004、2005）对三维简化的 Janbu 法进行了扩展，使其可适用于任意形状的滑面，还可对孔隙水压力、地质体分层、上覆载荷以及地震力等其他形式的外载进行分析，并可通过进一步分析得到坡体各部分的安全系数和潜在滑动方向，同时提出将Spencer法扩展到三维的新思路，该方法不需预知主滑方向并假定横向力及其方向，结果仍能够给出各条块的安全系数与潜在滑动方向。郑宏等[200]针对边坡稳定性分析的极限平衡法中存在的 3 种安全系数的定义：定义 1 将安全系数定义为剪切强度比剪应力；定义 2 将安全系数定义为强度储备系数，当土体抗剪强度除以安全系数后，边坡将处于临界平衡状态；定义 3 将安全系数定义为沿某一特定滑面的抗滑力比滑动力。他们讨论了定义 3 与定义 1 之间的关系，给出了在进行有限元边坡稳定性分析时确定对应于定义 3 和定义 2 的临界滑面的统一算法，最后通过算例证明了一般情况下基于定义 3 所求得的安全系数和临界滑面不同于基于定义 2 所求得的结果，同时指出基于定义 3 的计算结果会表现出一些不合理的现象。

朱大勇等[201]（2007）通过严密的论证发现，简化 Bishop 法是特殊的严格条分法，阐明了简化 Bishop 法计算安全系数时精度高的原因。张雪东等[202]（2003）利用 FLAC^{3D} 软件对滑坡在天然和蓄水两种状态下的稳定性进行了数值模拟研究，从而对该滑坡的稳定性做出评价，为滑坡的治理提供必要的数值依据。刘礼领等[203]（2003）根据三峡库区秭归县下土地岭滑坡现场勘查和室内试验，建立离散单元法的物理力学模型，定量研究了在自重力、地下水动水压力作用下滑坡体的稳定性。

孙书勤等[204]（2006）运用 FLAC^{3D} 数值模拟软件对天台乡滑坡进行三维模拟分析，评价预测了滑坡体在暴雨、前缘河道疏浚开挖影响下变形的发展趋势和稳定程度。章广成等[205]（2007）提出了土水特征曲线的多项式约束优化模型和一种新的溢出面边界条件约束条件，采用 ANSYS 的 APDL 语言编制的饱和-非饱和渗流程序来深入模拟分析赵树岭滑坡在水位以不同速度下降时的稳定性。刘茂[206]（2011）将有限元与极限平衡条分法结合（有限元极限平衡条分法），对土质滑坡的稳定性进行数值分析研究，指出该方法对于土质滑坡的稳定性评价是合理与精确的。陶丽娜等[207]在考虑多种外部因素的情况下建立了能模拟各种极限平衡方法的改进通用条分法理论体系，编写了相应的计算程序，并指出不平衡推力法在使用时应注意的问题。

Xiao 等[208]基于变形能与极值原理，提出了安全系数的新定义及滑面搜索的新方法，同时指出该定义与简化 Bishop 法以及 Morgenstern-Price 法具有一致性，通过多个算例证明了采用所提的方法可以得到与现有方法相近的结果。上述研究成果丰富了边坡稳定性评价方法体系，有助于各种评价方法的改进及其在工程上的广泛应用。

综上所述，对于板连式束筋微型抗滑桩群加固边坡或滑坡问题，以往尽管取得了一定的研究结果，但是，在板连式束筋微型抗滑桩群加固滑坡的力学作用机制、结构计算分析、滑体（含滑带）残余强度对组合结构内力影响、加固边坡整体稳定性等重要方面，尚未形成系统深入的研究成果。因此，本书主要针对这些问题进行深入研究。

1.3　研究内容与研究方法

1.3.1　研究内容

微型抗滑桩是一种具有施工快捷、对坡体扰动小等诸多优点的轻型支挡结构，其应用前景十分广阔。由前述国内外研究现状可见，专门针对微型桩加固边坡，同时给出结构内力计算与边坡稳定性分析方法的研究少见报道。组合结构内力计算以及边坡加固稳定性分析是微型桩组合结构设计的关键，以往的相关研究主要存在如下问题：

（1）将滑面处桩身截面假设为固定端，对滑坡推力荷载在各排桩（受荷段）的分配比例进行假定；

（2）侧重于顶梁连接式微型桩组合结构，对结构布置型式的研究较为少见，缺少顶板作用机制的定量研究；

（3）没有充分考虑桩土相互作用合理地评价桩后净推力，鲜见涉及与滑带土应变软化效应相关的结构计算分析；

（4）适合于中小推力滑坡的微型桩群结构型式还存在一定的不合理性，基于桩坡系统整体稳定性的相关计算分析还有不足（几乎未充分体现），微型抗滑桩群设计计算方法尚存在缺陷。

鉴于以往相关研究存在的主要问题，确定本书的研究内容主要包括 4 个部分，即：束筋微型抗滑桩群加固边坡机理分析；顶板（或梁）作用机制分析；组合结构内力计算方法；组合结构内力影响因素分析；组合结构加固边坡整体稳定性分析方法。因而，本书主体内容与章节安排如下：

（1）介绍相关研究背景及国内外现状（第 1 章）；

（2）揭示板连式束筋微型抗滑桩群加固边坡机理（第 2 章）；

（3）研究在不同桩体竖向倾角情况下，设置与未设顶板（顶梁）连接对桩身内力与位移的影响，揭示组合结构的顶板（或梁）作用机制（第3章）；

（4）针对工程实践中两种典型的边坡：均质土坡与基岩-覆盖层式边坡（基岩上覆松散堆积体，简称基覆式边坡），分别建立合理的理论计算分析模型，导出组合结构内力与位移的计算公式（第4、5章）；

（5）研究具有应变软化特征的坡体（尤其是滑带土）的弱化抗剪强度取值对微型桩组合结构中桩身内力的影响规律（第6章）；

（6）针对不同的滑床地层中的微型桩群，分析判断出较为适合中小滑坡推力的几种更合理的组合结构型式（第7章）；

（7）建立微型桩加固边坡整体稳定性分析方法（第8章）；

（8）建立基于锚固机制的微型桩组合抗滑结构设计方法（第9章）；

（9）多级微型桩结构分析方法（第10章）；

（10）微型桩结构施工与检测（第11章）；

（11）总结主要结论性成果（第12章）。

1.3.2 研究方法

根据以上研究内容，制定本研究的主体技术路线如图1-17所示。

所采用的主要研究方法具体如下：

（1）首先，通过收集中小推力滑坡相关资料，建立中小推力滑坡典型失稳模式：近似圆弧形破坏（均质土坡）和沿着基覆界面的滑动破坏（基覆式边坡）。确定本书研究的两种典型边坡模型：均质土坡与基覆式边坡。然后，根据微型桩组合结构的施工工艺及特征，提出微型桩组合结构加固边坡机理，为后续建立合理的理论计算模型奠定基础。

（2）针对上述两种典型边坡，建立相应的结构内力计算方法，具体方法如下：对于均质土坡，通过极限分析上限法求出作用于组合结构上的滑坡净推力，然后采用平面刚架理论与弹性地基梁理论（"m"法）相结合的方法，对组合结构内力进行求解；对于基覆式边坡，借鉴传递系数法的思想，分别求出作用于组合结构上的桩后推力与桩前抗力，然后采用平面刚架法与弹性地基梁理论（"k"法）相结合的方法，对组合结构内力进行求解。针对所提方法，同时采用数值模拟与室内模型试验的方法进行验证。

（3）在此基础上，利用上述所提计算方法，研究具有应变软化特征的坡体（尤其是滑带土）的弱化抗剪强度取值对单元微型桩群中桩身内力的影响规律。

（4）针对两种典型边坡，建立反映结构与岩土体相互作用的三维数值计算模型，分别研究不同桩体竖向倾角情况下，设置与未设顶板连接对桩身内力与位移的影响特征，从而深入揭示组合结构的顶板作用机制。

（5）在此基础上，针对不同的滑床地层（对应于均质土坡与基覆式边坡）中的微型桩群，采用数值模拟方法，建立岩土与结构相互作用的三维数值模型，分别研究其桩间距、桩体竖向倾角、单桩刚度、结构布置型式（桩数）以及嵌固深度变化情况下，在中小滑坡推力作用下单元微型桩群的受力特征，分析桩间距（包括沿坡体滑动方向和沿坡体走向）、桩体竖向倾角、布置型式（桩数）、单桩刚度以及嵌固深度等因素对组合结构受力的影响特点，分析判断出较为适合中小滑坡推力的几种更合理的组合结构型式。

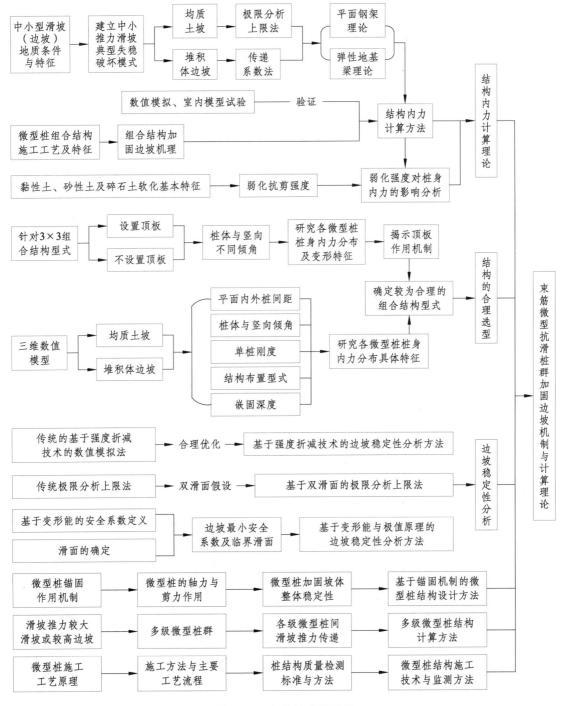

图 1-17　主体技术路线图

（6）然后，针对目前微型桩加固边坡稳定性分析方法的不足，提出 3 种微型桩组合结构加固边坡稳定性分析新方法：基于强度折减技术的数值模拟法、基于双滑面的极限分析上限法、基于变形能与极值原理的方法。

（7）然后，针对基于抗弯机制设计微型桩抗滑结构可能存在的问题，提出基于锚固机制的微型桩结构设计计算方法，其主要立足于加固边坡的整体稳定性和微型桩的锚固作用，采用传递系数法分析微型桩设计轴力与剪力。

（8）进一步地，考虑实践中可能存在的使用多级微型桩群的情况，提出多级微型桩结构的计算分析方法，其间关键环节在于排间滑坡推力传递计算方法，主要基于弹性地基梁法和传递系数法计算。

（9）最后，针对微型桩结构的工程施工，从施工操作流程和关键施工工艺角度阐述施工技术方法，并针对微型桩结构特征，给出其施工质量检测的操作方法和控制指标。

第 2 章

微型桩组合结构加固边坡机理

2.1 概 述

作为边坡加固的轻型防治工程措施，微型桩与传统的大直径抗滑桩明显不同，数根微型单桩在顶板的组合作用下，使得此种结构加固边坡的受力机制更加复杂，传统抗滑桩加固边坡机理显然无法直接应用于微型桩组合结构中。为了合理有效地将微型桩组合结构应用于边坡加固工程中，有必要弄清其加固边坡的机理，以便为组合结构内力理论计算模型的合理建立提供依据。而只有对微型桩自身的特点及其施工工艺有足够清晰的认识，才能准确全面地把握边坡与组合结构相互作用的主要规律，从而对微型桩组合结构加固边坡机理有较为正确的认识。因此，本章将介绍微型桩组合结构的特点及其施工工艺，进而揭示其加固边坡的作用机理。

2.2 微型桩结构特征

微型桩，是指小直径钻孔灌注桩，往往被称作为树根桩，通常是指桩径在 70 ~ 300 mm 之间，长细比大于 30，通过采用钻孔、强配筋以及压力注浆的工艺施工而成的一种小直径桩[209]。由于微型桩普遍孔径较小，钢筋较多，且其施工工艺与锚杆类似，因而工程中也常称之为大锚杆。

本书所论述的微型桩组合结构（板连式束筋微型抗滑桩组合结构）是指数根微型桩在顶部用一块钢筋混凝土板（或梁）固定连接的组合式抗滑结构，其中微型桩为在直径 110 ~ 150 mm 的孔中用几根钢筋组成的束筋（如 3 根焊接成一束）作为骨架，再在其周围注入水泥砂浆的桩体（见图 1-2）。在加固边坡时，一个这样的组合式抗滑结构作为一个抗滑结构单元，其底端深入滑面以下一定深度，沿着滑坡走向以一定的间距布置若干个这样的单元，从而实现其整体加固坡体的作用。这种轻型结构有别于钢管压力注浆型微型桩[8]，后者是在坡体的适当位置置入钢花管进行压力注浆用以加固坡体，使密排的钢花管微型桩及其间的岩土体形成一个坚固的连续整体，共同起抗滑挡墙作用（见图 1-3）。

典型的套管微型桩施工顺序如图 2-1 所示，主要由钻孔、清孔、筋材料的安放及灌浆、压力注浆等几个步骤构成。其中，钻孔采用轻型钻机进行，这样可以减少对岩土的扰动，且便于移动钻进设备，对于自稳定较差的岩土，应在钻进的同时加入套管；清孔可以通过水、空气、泥浆和泡沫，具体采用哪种应视岩土环境而定，以不破裂岩土、不新增裂隙、不引起地面隆起，且不影响后续浆体与岩土的黏结力为原则；清孔后应及时安放钢筋，并在孔中灌浆（初次注浆）；通常在初次注浆液达到初凝后由二次注浆管向孔中压入浆液，一般由底部向上分层注浆，边注浆边以一定的速度往上拔，若上拔速度太快则水泥浆不能充分溢出，甚至不能顶开橡皮套，达不到挤压效果，上拔速度太慢则大量的水泥浆沿桩体向上溢出，造成材料的浪费；拔管后应立即在桩顶填充碎石，并在 1~2 m 范围内补充注浆。由于微型桩施工中采用压力注浆，有效保证了浆体和岩土之间的紧密结合，同时压力水泥浆液还能够在桩周围的土质中扩展，提高桩的承载力，改善桩周围土质力学性能，当灌注浆硬化并成型之后，能够承载拉（压）应力。

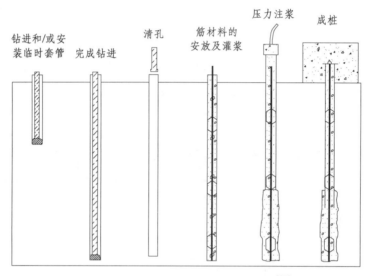

图 2-1　典型的套管微型桩施工顺序[59]

因此，微型桩相对于其他加固方法，主要具有以下优点：① 所需施工场地较小，可采用小型钻机施工，在平面尺寸和净空高度等方面的要求都较传统工程手段低，无论是单桩还是组合桩，在空间布置上都较少受到限制，与工程地质环境和生态环境容易协调；② 桩孔直径小，因而对边坡几乎都不产生附加应力，施工时对场地影响也较小；③ 相比传统桩型，微型桩施工噪声和引起的震动很小，不会给原有结构物带来危险；④ 能穿透各种岩石和障碍物，适用于各种不同的土质条件；⑤ 耐久性及可靠性均较好；⑥ 结构轻型、施工快捷且施工人员安全性高；⑦ 低碳环保，成本低廉，布设灵活多变，工期较短；⑧ 如需将小口径钻孔组合桩与其他边坡防护工程（如挡板、挡墙、锚索、锚杆、轻型网状防护工程和生物护坡工程等）配置使用也十分灵活方便；⑨ 对设备的选择和要求不高，可尽量小型化和轻便化，充分利用现有钻探设备，安装搬迁和成孔都较为快捷简便，可钻深度和岩芯采取率也较大。

由于板连式束筋微型抗滑桩组合结构的上述特征与优势，将其用于治理中小推力滑坡应该是较为适用的。因此，近年来逐渐引起不少国内外学者的关注与研究[51, 97, 99, 110, 112, 114, 115, 210, 211]。美国交通运输部联邦高速公路管理局还专门编写了关于微型桩施工技术的参考手册——《微型桩设计与施工》[59]，对微型桩在基础支护与边坡加固工程应用领域中的设计步骤、施工工艺及需要注意的问题进行了详细的阐述。

2.3　加固作用机理

微型桩组合结构加固边坡机理，是指为实现组合结构加固边坡的功能，组合结构与边坡所组成的系统中各要素的内在工作方式及其相互之间的联系、作用规律。由于数值模拟可对桩-边坡相互作用进行较为合理地分析，因而这里针对均质土坡和基覆式边坡两种坡体类型，采用数值模拟的方法分析微型桩组合结构加固边坡的主要作用机制。

为便于阐述问题，这里规定与坡体主滑方向平行的平面为横断面[见图 2-2（a）]，而与坡体主滑方向的水平投影方向相垂直的平面方向为横断面外方向（简称横断面外）；同时，将在坡体横断面内桩体与竖向之间的夹角定义为桩体倾角，将微型桩在坡体横断面内、外的桩间距分别定义为排间距与列间距。

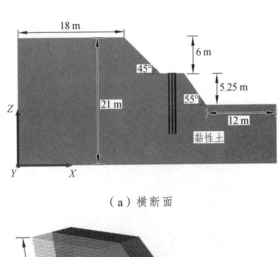

（a）横断面

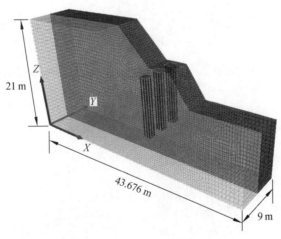

（b）三维数值模型

图 2-2　均质土坡实例

西南某铁路工程沿线一均质土坡的横断面如图 2-2（a）所示，其中，微型桩均竖直布设，边坡土体为黏性土，上级边坡（45°坡角）与下级边坡（55°坡角）高度分别为 6 m、

5.25 m，横断面外以 3 m 间距布置 3 个 3×3 型组合结构单元[见图 2-2（b）]，排间距、列间距均为 4d（d 为微型桩孔径，d = 0.13 m），桩长为 10 m，单根微型桩含 3 根直径为 32 mm 的螺纹钢（见图 1-2）。岩土体与抗滑结构（弹性体）的物理力学参数如表 2-1 所示。

表 2-1 边坡土体及结构物理力学参数

项目	γ /（kN/m³）	c/kPa	φ/（°）	E/MPa	v
土体	19.8	23	10	50	0.35
微型桩	78	—	—	210 000	0.3
顶板	24	—	—	30 000	0.2

边坡在加桩与不加桩情况下的水平位移云图以及最大剪应变增量云图分别如图 2-3、图 2-4 所示。由图 2-3 可知，边坡通过微型桩组合结构进行加固后，水平方向位移由 18.45 cm 降至 3.35 cm，降低约 82%，可见组合结构可有效降低边坡的变形。由图 2-4 可知，边坡在不施加支护（微型桩组合结构）时，潜在滑面几乎贯通；当采用微型桩组合结构对边坡进行加固后，潜在滑面只形成于前部，并未形成贯通滑动面。由图 2-5 可知，微型桩在潜在滑面位置产生较大的挠曲变形，使得此部分的受力模式可能由受剪逐渐转化为受拉。当潜在滑面继续发展，微型桩将可能在潜在滑面附近产生塑性铰，达到其抗力极限状态。

（a）不加微型桩结构

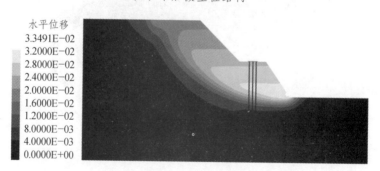

（b）施加微型桩结构

图 2-3 均质土坡位移云图

（a）不加微型桩结构

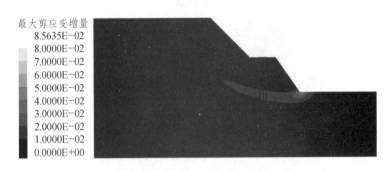

（b）施加微型桩结构

图 2-4　均质土坡最大剪应变增量云图

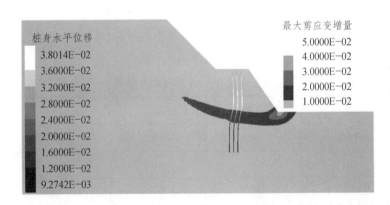

图 2-5　桩身变形图

　　西南地区某高速公路工程一基覆式边坡工点横断面如图 2-6（a）所示，其中，微型桩竖直布设，边坡为松散破碎状坡体结构：覆盖层为黏土夹块碎石，下伏基岩为微风化泥质粉砂岩。边坡岩土体物理力学性质如表 2-2 所示。上级边坡（45°坡角）与下级边坡（34°坡角）高度分别为 8 m、7 m，横断面外以 3 m 间距布置 3 个 3×3 型式的组合结构单元，排间距、列间距均为 4d（d 为微型桩孔径，d = 0.13 m），桩长为 10 m，单根微型桩含 3 根直径为 32 mm 的螺纹钢（见图 1-2）。

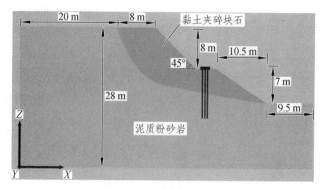

（a）横断面

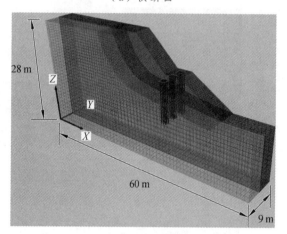

（b）三维数值模型

图 2-6 基覆式边坡实例

表 2-2 岩土及结构物理力学参数

项目	$\gamma/$（kN/m³）	c/kPa	$\varphi/$（°）	E/MPa	v
覆盖层	19.8	20	15	80	0.35
下伏基岩	25	100	40	300	0.3
微型桩	—	—	—	210 000	0.3
顶板	—	—	—	30 000	0.2

　　边坡在加桩与不加桩情况下的水平位移云图以及最大剪应变增量云图分别如图 2-7、图 2-8 所示。由图 2-7 可知，边坡通过微型桩组合结构进行加固后，水平方向位移由 8.41 cm 降至 2.52 cm，降低约 70%，可见组合结构可有效降低边坡的变形。由图 2-8 可知，边坡在不施加支护（微型桩组合结构）时，潜在滑面几乎贯通；当采用微型桩组合结构对边坡进行加固后，只在局部形成潜在滑面，并未形成贯通滑动面。由图 2-9 可知，微型桩在潜在滑面位置产生较大的挠曲变形，使得此部分的受力模式可能由受剪逐渐转化为受拉。随着滑坡推力的增大，微型桩同样可能在潜在滑面附近产生塑性铰，从而达到其极限状态。

（a）不加微型桩结构

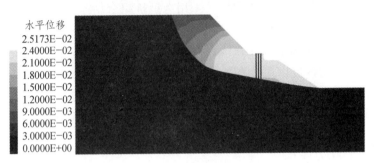

（b）微型桩结构加固

图 2-7　均质土坡位移云图

（a）不加微型桩结构

（b）微型桩结构加固

图 2-8　均质土坡最大剪应变增量云图

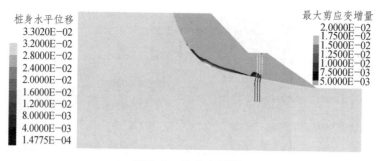

图 2-9　桩身变形图

　　因此，对于均质土坡与基覆式边坡，采用微型桩组合结构对边坡进行加固均能有效降低边坡的变形，阻碍潜在滑面贯通。同时，由于微型桩的单桩刚度相对于传统抗滑桩较小，因而在滑坡推力的作用下往往在潜在滑面附近形成塑性铰，这样，此部分的受力模式由受剪转化为受拉，而这可以充分发挥桩体中钢筋的抗拉性能。

　　根据上述数值模拟结果，并结合板连式束筋微型抗滑桩的施工工艺及特征，可确定微型桩组合结构主要通过 4 种作用机制对边坡实施有效加固，具体分述如下。

2.3.1　复合加筋作用

　　本书所研究的微型桩组合结构是指数根微型桩在顶部用一块钢筋混凝土板固定连接的组合式抗滑结构，其中微型桩为在直径 110 ~ 150 mm 的孔中用几根钢筋组成的束筋（如 3 根焊接成一束）作为骨架，再在其周围通过压力注浆所形成的桩体（见图 1-2）。由微型桩的施工工艺不难看出，在压力注浆过程中，浆体挤压周围的破碎岩土体并将其胶结，从而改善桩周岩土体的力学性能，形成以桩体为中心的桩-岩土复合体，其中的微型桩作为复合体的骨架相对于桩周岩土体而言，具有较大的刚度和强度，对后者起到有效的约束作用，使微型桩与桩间岩土体形成整体共同抵抗外荷载（见图 2-10）。复合体通过应力传递，将不稳定岩土体内的部分应力传递至稳定地层并分散在较大范围内，降低应力集中的程度[86, 97, 212]。这种复合加筋作用起到了"一加一大于二"的力学效能[153]。因此，在实际工程中，常将此种组合结构当作复合挡墙进行设计计算。

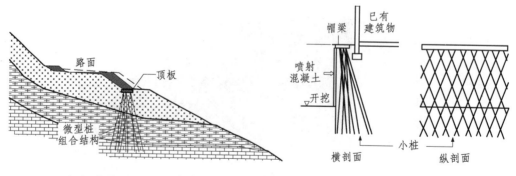

（a）微型桩群加固边坡[59]　　　　　（b）承受水平荷载的微型桩体系[108]

图 2-10　典型微型桩群

郑瑜[58]指出：以往，桩总是按支承全部施加荷载而设计的，忽视了连续的桩承台和全部桩之间土承载力所带来的影响；而近来兴起的微型桩，与其说通过微型桩把全部基础荷载传递到下层地基土，不如说是作为对地基的加筋，以达到控制地基稳定与沉降的目的。因此，微型桩通常能减少要求的用桩数量，且桩径较小。

Lizzi 对微型桩群的模型试验表明：微型桩群对荷载的反作用是由加筋土作为一个整体提供的，受荷载发生的破坏是整个桩-土复合体的破坏，而不是单根桩的破坏[58]。

2.3.2　抗弯与抗剪作用

微型桩组合结构加固边（滑）坡时，组合结构在侧向滑坡推力的作用下，会在桩体内部产生一定的弯矩与剪力，显然，组合结构的正常使用必须依靠其所具有的一定的抗弯及抗剪能力，在这种情况下，微型桩组合抗滑结构类似于"普通抗滑桩"的抗弯作用，可称之为"抗弯作用机制"。在桩长较大且桩位直立的情况下一般多呈现为此种作用机制。

周德培等[60]指出：微型桩桩体在弯矩作用下，在桩体内部产生弯拉应力（弯曲正应力），恰恰可以充分发挥钢筋的抗拉优势。因此，通过微型桩中钢筋的抗拉作用可以使得组合结构具备抵抗弯矩作用的能力，从而达到加固边坡的效果。冯君[95]也针对顺层岩质边坡中的微型桩在结构面上的抗剪能力做了较为详细的探讨。

正如第 2.3.1 节中所述，一方面，微型桩组合结构对加固边坡具有复合加筋作用，这种作用使得边坡整体性加强，其中的钢筋使得边坡具备更强的抗剪能力；另一方面，由微型桩施工工艺所决定的压力注浆体对桩周岩土体的胶结作用，使得桩周岩土体的抗剪能力得到加强。这样，在组合结构与桩周岩土体的共同作用下，坡体的整体抗剪能力得到了增强。

同时，值得指出的是，传统抗滑桩的抗剪能力往往只由材料的抗剪强度提供，而微型桩组合结构的抗剪能力除了由桩体材料的抗剪强度提供之外，还由加筋体的抗拉强度提供。在滑面（潜在滑面）处桩体常常由于受剪而形成两个塑性铰，随着两个塑性铰之间的微型桩桩体倾角（与竖向的夹角）的增大，使得此部分的桩体受力模式由受剪转化为受拉，此时微型桩中的钢筋所具备的抗拉能力正好可以得到有效发挥，这在无形中也增大了微型桩组合结构的抗剪能力。因此，微型桩组合结构是可以通过这种增强的抗剪作用来加固边坡的。

肖世国等[97]提出在计算板连式微型桩组合结构桩体内力时，将结构在滑面以上的部分视为在滑坡推力作用下的刚架结构，等效分解后对各桩按弹性地基梁利用"m"法进行解析，各桩体在滑面以下的部分视为弹性桩利用"k"法进一步计算，按照先分析上半部分再计算下半部分的方法可确定出该结构内力。分析结果表明，各微型桩承受轴力、弯矩和剪力，其中轴力作用更为主要（见图 2-11）。作者利用刚架结构进行等效且在滑面上下两部分均采用弹性地基梁理论进行解析，正是抓住了组合结构主要承受弯矩剪力的一般受力特征。

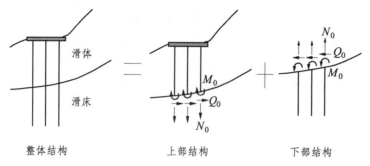

整体结构   上部结构   下部结构

图 2-11   微型桩组合结构拆分计算模型[97]

综合而言，通过钢筋的抗拉作用，可以提高微型桩抵抗弯矩和剪力的能力。因此，微型桩组合结构通常可以承担较大的弯矩和剪力。换言之，微型桩组合结构能通过抗弯与抗剪作用来达到加固边坡的目的。

2.3.3   抗拉压作用

采用微型桩组合结构加固边（滑）坡时，在（潜在）滑面处桩体常常由于受剪形成两个塑性铰，两个塑性铰之间的微型桩桩体倾角（与竖向的夹角）增大，此部分的桩体受力模式由受剪转化为受拉，因此微型桩在加固边（滑）坡工程中除了受到常规抗滑桩所受到的剪切与弯曲作用之外，还受到张拉与压缩的作用。这种情况类似于锚杆的锚固作用，可称之为"锚固作用机制"。对于桩长较短且桩位倾斜的情况，一般多属于此种加固作用机制。

对于具有刚性顶梁固定微型桩的组合结构[60]，其抗滑机制除了表现在增强滑面的抗剪强度外，桩-土共同作用形成的抗滑体还具有较强的抗滑能力，此抗滑能力是通过发挥微型桩的抗拉和桩土联合抗压优势来实现的（见图 2-12）。肖世国等[97]指出：由于组合结构由较为细长的数根桩和在顶部与其牢固连接的顶板构成，因而在侧向滑坡推力作用下，微型桩组合结构虽然会在桩体内部产生一定的弯矩与剪力，但细长的桩体将主要起着抵抗轴向拉力或压力的作用，以此来保证结构本身在下部滑床中的稳定性，从而有利于其与桩周岩土体一起抵抗边坡滑动。这些都明确地指出了微型桩组合结构在加固边（滑）坡工程中所具有的抗拉压作用。

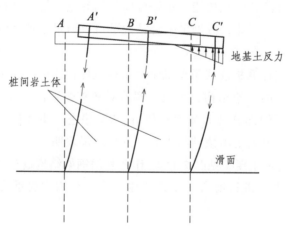

图 2-12   微型桩组合结构变形[60]

Turner 等[105]针对美国联邦公路管理局（FHWA）发布的关于微型桩施工与设计手册[59]中所存在的不考虑桩顶约束的情况，提出了在微型桩设计中以轴力为第一控制量，剪力和弯矩次之的设计理念。

Noorzad[68]等利用有限元软件对不同倾角微型桩在竖向荷载作用下的桩身内力进行研究，表明在动力荷载作用下，随着微型桩倾角的增大，桩身轴力增大但剪力和弯矩减小。Isam[112]等利用三维模拟软件将微型桩和上部建筑用梁单元模拟，探索桩体在不同倾角下的地震响应，得出微型桩的倾斜设置能更好地调动桩体轴向力并减小桩身剪力与弯矩的结果。

由于微型桩施工中采用压力注浆，有效保证了浆体和岩土之间的紧密结合。同时，具有压力的水泥浆液还能够在桩周围的土质中扩展，提高单桩的承载力，改善桩周岩土体力学性能，且桩体内部含有加强的筋条，当灌注浆硬化并成型之后，能够承载一定的拉（压）应力。因此，微型桩组合结构具备了通过抗拉压作用来加固边坡的条件。通过发挥微型桩的抗拉和桩土联合抗压优势可以实现组合结构加固边坡的目的。

所以，对于长细比较大的微型桩（单桩），相对于其轴向抗力效应而言，其抗弯及抗剪效应有时（例如短桩）可能不起控制作用，即桩体的稳定性主要由轴向抗拉或抗压作用决定。因此，在对微型桩进行力学分析时除了考虑类似于普通大尺寸抗滑桩的受弯和受剪作用外，还应考虑其作为细长构件的可能的轴向受力特征，即实际工程中此类结构的轴向受压或受拉以及相关的横向抗剪稳定性。

2.3.4 顶板（梁）组合作用

板连式微型桩组合结构的每个单元在数根桩的顶部用一块顶板（或梁）固定连接，由于顶板（或梁）一般由钢筋混凝土组成，其刚度相对微型桩而言很大，因此可将顶板（或梁）视为刚体。因此在顶板（或梁）的约束下，各桩体的位移和转角可视为相等。前人在板连式束筋微型桩组合结构顶板（或梁）方面的研究主要包括：

Xiao 等[61]采用结构力学方法对微型桩组合结构进行内力分析，表明组合结构中各单桩不仅受弯矩作用，还受轴向力作用，而顶板主要受弯矩作用。鲜飞[209]通过模型试验发现桩顶与顶板之间存在较大的弯矩。

孙宏伟[102]通过室内模型试验研究微型桩组合结构在滑坡推力作用下的位移变化规律。试验表明：当组合结构受到不太大的荷载作用时，顶梁主要发生水平方向上的平动，而当荷载较大时，还伴随着竖向的平动与空间上的转动。鲜飞通过数值模拟也得到了类似的结论[209]。

杨静[213]通过 FLAC 软件，研究不同顶板厚度情况下微型桩的动力响应特征，得出顶板厚度对桩板内力影响很小，且边坡的稳定安全系数不会随顶板抗弯刚度变化的结论。

上述研究表明，由于顶板的存在，桩顶出现较大的弯矩作用，同时，由于顶板的刚度较微型桩很大，因此可以看作刚体，且在不太大的荷载作用下，可以看作顶板只有水平方向的平动与转动。

刘鸿等[104]对以空间桁架微型桩体系的组合结构采用了分级加载的方法，通过新的地质力学模型试验，研究滑坡推力引起的微型桩体系内力变化规律，并根据试验方法和空间桁架微型桩体系中各排桩的受力状态，导出了分级加载条件下受横向约束的弹性地基梁的结构分析解。试验结果表明，在碎石土地质条件下，连系梁可以有效限制微型桩顶位移，并减小桩身弯矩，滑体中桩前土压力分布相对较为均匀，各排微型桩桩体的弯矩大小分布比较接近，最大弯矩位于滑面处；基于受到横向约束的弹性地基梁的结构分析解，可以较好地描述空间桁架式微型桩在分级加载后的内力变化及其分布规律。研究结果对正确分析微型桩的抗滑机制和微型桩抗滑设计具有一定的参考价值。

Poulos 等[214]通过模型试验结果（见图 2-13）指出，在桩体受到约束时，可以减小桩身的最大弯矩[当土表面位移为 65 mm 时，相对于桩顶自由的情况，可降低 17%的最大弯矩，如图 2-13（a）所示]。因此，微型桩组合结构在顶板的约束下，不仅能将数根桩连接形成一个"整体"协同受力以抵抗侧向推力，同样也能在一定程度上减小桩身的最大弯矩。但同时也要注意的是，在顶板约束下，桩顶将产生类似图 2-13（b）所示的反向弯矩，应通过相应的措施降低此负弯矩带来的不利影响。

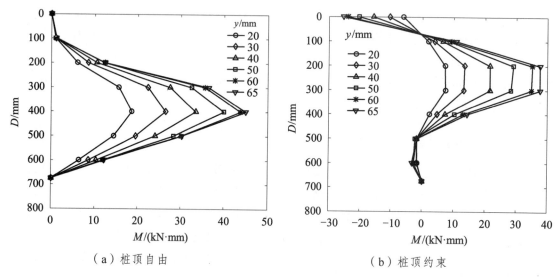

（a）桩顶自由   （b）桩顶约束

图 2-13　顶部不同约束时桩身弯矩分布图[214]

肖维民[100]分别对独立布置微型桩体系与平面刚架微型桩体系建立位移模型，分析体系中单桩的桩顶位移，得出平面刚架微型桩体系对减小坡体位移更加有利，更能控制桩间岩体裂隙的产生、发展，对边坡稳定性有更加积极的作用的结论。

由于顶板刚度远大于细长微型桩体的刚度，因而刚性顶板在桩顶能有效协调与控制微型单桩的变形与受力，使得各微型单桩连成一体，整体协同抗滑。也就是说，顶板的组合协同作用，使得微型桩组合结构能够发挥"群桩大于各单桩之和"的力学效能。

2.4　本章小结

本章从微型桩自身的特点及其施工工艺入手，分别从施工场地、施工设备、施工工期、施工安全、结构性能及适用性等方面阐明了微型桩组合结构相比其他工程措施在边坡加固工程中所具有的独特优点。分析了微型桩与边坡相互作用关系，揭示了微型桩组合结构主要通过 4 种作用机制对边坡实施加固，它们分别是：

（1）复合加筋作用：微型桩施工过程中的压力注浆、挤压破碎桩周岩土体改善了岩土体的力学性质，所形成的桩土复合体可共同抵抗外荷载。

（2）抗弯和抗剪作用：微型桩中的钢筋可有效抵抗弯矩所产生的弯拉应力，压力注浆起到的胶结作用有效增强了坡体的整体抗剪能力，由于受剪形成的塑性铰使得受力模式由受剪转化为受拉，可进一步发挥微型桩中钢筋的抗拉能力，增大微型桩结构加固边坡的整体抗滑性能，此种作用机制可称之为"抗弯作用机制"。

（3）抗拉压作用：桩-土共同作用形成的抗滑体还具有较强的抗滑能力，此抗滑能力通过发挥微型桩的抗拉和桩土联合抗压来实现，此种作用机制可称之为"锚固作用机制"。

（4）顶板（或梁）组合作用：桩板间较大的刚度差异使得组合结构在抗滑过程中顶板（或梁）可被看作刚体平动与转动，顶板（或梁）的存在可有效减小桩身的最大弯矩与剪力。顶板（或梁）的组合协同作用，使得微型桩组合结构能够发挥"群桩大于各单桩之和"的力学效能。

第 3 章

组合结构顶板的作用机制

3.1 概　述

第 2 章已经对微型桩组合结构加固边坡机制作了详细地说明，其中一个重要的机制就是顶板（梁）组合作用。顶板（梁）的存在使得数根微型桩在顶部能够形成一个整体，并与桩间土形成一个牢固的"复合体"，从而更好地发挥整体效能。以往有学者探讨过此问题[61, 102, 209, 213]，但还不够系统深入。为了较为系统地研究顶板（梁）对桩身内力与变形的作用机制，本章采用 FLAC[3D] 数值模拟软件，对工程实践中较为常见的两种边坡：均质土坡和基覆式边坡，在微型桩组合结构加固下的受力变形进行模拟计算，通过对比分析有、无顶板时的桩体内力与位移，进一步揭示顶板（梁）作用机制。

3.2 均质土坡

西南地区某铁路工程沿线一均质土坡实例横断面如图 3-1（a）所示，其中，微型桩后排与前排桩体倾角均为 15°，中排桩竖直，边坡土体为黏性土，上级边坡高度为 6 m（45°坡角），下级边坡高度 5.25 m（55°坡角），横断面外以 3 m 间距布置 3 个 3×3 型组合结构单元，排间距、列间距均为 4d（d 为微型桩孔径，d = 0.13 m），桩长为 10 m，单根微型桩含 3 根直径为 32 mm 的螺纹钢（见图 1-2）。岩土体与抗滑结构（弹性体）的物理力学参数如表 3-1 所示。

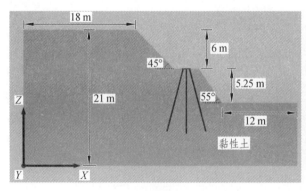

（a）横断面

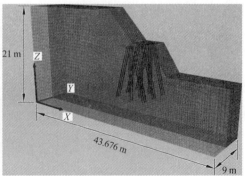

（b）三维数值模型

图 3-1　均质土坡实例

运用 FLAC^{3D} 数值模拟方法，建立三维计算模型如图 3-1（b）所示，其中桩与顶板分别采用 pile 单元与 liner 单元模拟，且桩板间设为刚性连接。边坡模型 x 方向长度为 43.68 m，高度为 21 m，横断面外宽度为 9 m，其余尺寸如图 3-1（a）所示，单元数为 103 650，节点数为 111 073。边界条件为：底部边界固定，左右边界上施加 y 方向位移约束，前后边界施加 x 方向位移约束。土体采用理想弹塑性本构、摩尔-库仑屈服准则和关联流动屈服法则。模拟计算在前后排桩体倾角（见 2.3 节的定义）为 5°、10°、15° 情况下顶板设置与否对各排桩内力分布及变形的影响。数值模拟计算参数如表 3-1 所示。

表 3-1　边坡土体及结构物理力学参数

项目	$\gamma/$（kN/m^3）	$c/$kPa	$\varphi/$（°）	$E/$MPa	ν
土体	20	23	10	50	0.35
微型桩	78	—	—	210 000	0.3
顶板	24	—	—	30 000	0.2

单桩孔径取 0.13 m，桩长 10 m，顶板厚度 0.5 m，边桩到板边距离为 0.2 m。截面面积 $= \pi \times 0.13^2/4 = 0.013\ 27\ \text{m}^2$，截面周长 $= \pi \times 0.13 = 0.408\ 4\ \text{m}$，考虑到微型桩的结构组成及其加固边坡时的受力特性，其受力主体为钢筋，故可认为由钢筋控制截面的惯性矩。图 3-2 所示截面的等效惯性矩等于 $11\pi d_b^4/64 = 5.661\ 9 \times 10^{-7}\ \text{m}^4$（$d_b = 32$ mm 为单根螺纹钢的直径）。假定微型桩与土之间的界面为粗糙接触面，参考 FLAC^{3D} 手册[215]，桩土界面法向与切向刚度 k_n、k_s 分别取 4×10^{10} N/m 和 4×10^9 N/m，界面黏聚力 c_s 取 9.4 kPa，界面摩擦角 φ_s 取 10°。

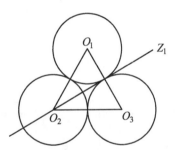

图 3-2　等效惯性矩计算示意图

3.2.1　桩体倾角为 5° 时的桩身内力与变形

桩体倾角为 5° 时的桩身内力分布如图 3-3 所示。由图 3-3 可知，当桩体倾角为 5° 时，在顶板作用下，虽然桩身大部分位置的弯矩与剪力都有一定程度的降低，但此时桩顶却产生了较大的弯矩与剪力，它们甚至超过了桩身其他位置的内力最大值。

桩体倾角为 5° 时的桩身变形图 3-4 所示。由图 3-4 可知，桩顶设置顶板后，桩身位移明显减小，最大位移降低了 47.9%（由 14.4 cm 减小为 7.5 cm），可见顶板对桩身变形起到了一定的控制作用。

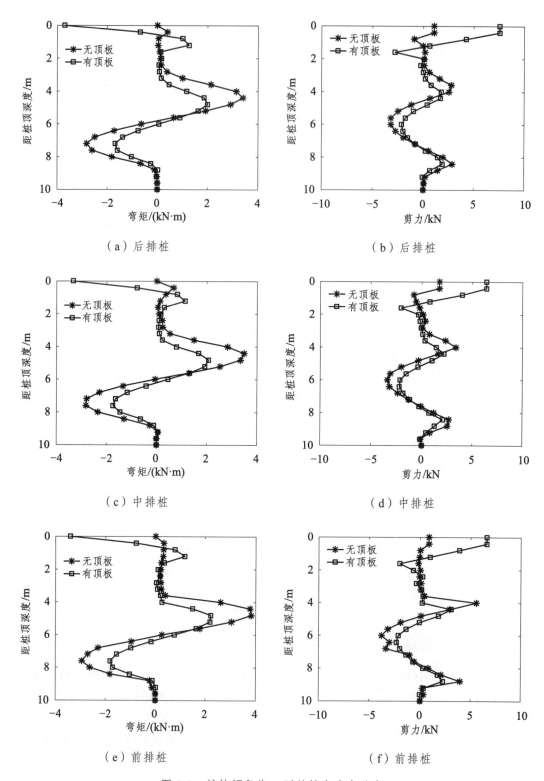

（a）后排桩

（b）后排桩

（c）中排桩

（d）中排桩

（e）前排桩

（f）前排桩

图 3-3　桩体倾角为 5°时的桩身内力分布

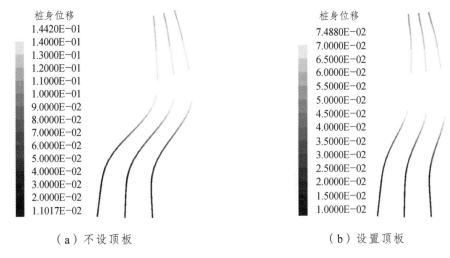

桩身位移	桩身位移
1.4420E-01	7.4880E-02
1.4000E-01	7.0000E-02
1.3000E-01	6.5000E-02
1.2000E-01	6.0000E-02
1.1000E-01	5.5000E-02
1.0000E-01	5.0000E-02
9.0000E-02	4.5000E-02
8.0000E-02	4.0000E-02
7.0000E-02	3.5000E-02
6.0000E-02	3.0000E-02
5.0000E-02	2.5000E-02
4.0000E-02	2.0000E-02
3.0000E-02	1.5000E-02
2.0000E-02	1.0000E-02
1.1017E-02	

（a）不设顶板　　　　　　　　　　（b）设置顶板

图 3-4　桩体倾角为 5°时的桩身变形

3.2.2　桩体倾角为 10°时的桩身内力与变形

桩体倾角为 10°时的桩身内力分布如图 3-5 所示。由图 3-3、图 3-5 可知，当桩体倾角由 5°增大为 10°时，无论是否设置顶板，桩身绝大部分的弯矩与剪力都有一定程度的降低。由图 3-5 可知，顶板设置与否仍对桩身内力产生一定的影响，此时，顶板的存在仍使桩顶产生较大的弯矩与剪力，虽然有些甚至超过桩身其他位置处的最大弯矩与剪力量值，但与桩身其他位置的最大值的差值小于桩体倾角为 5°时的情况，同时桩顶弯矩与剪力也小于桩体倾角为 5°时的情况。

桩体倾角为 10°时的桩身变形如图 3-6 所示。由图 3-6 可知，桩顶设置顶板后，桩身位移明显减小，最大位移降低了 38.4%（由 12.5 cm 减小为 7.7 cm），与前述的桩体倾角为 5°、10°情况类似，顶板对桩身变形起到了一定的控制作用。

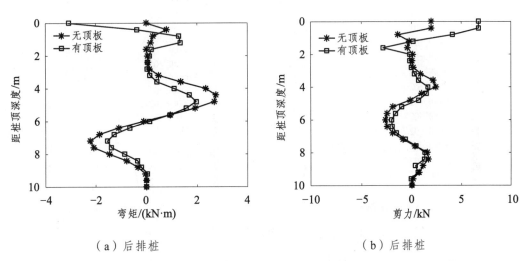

（a）后排桩　　　　　　　　　　（b）后排桩

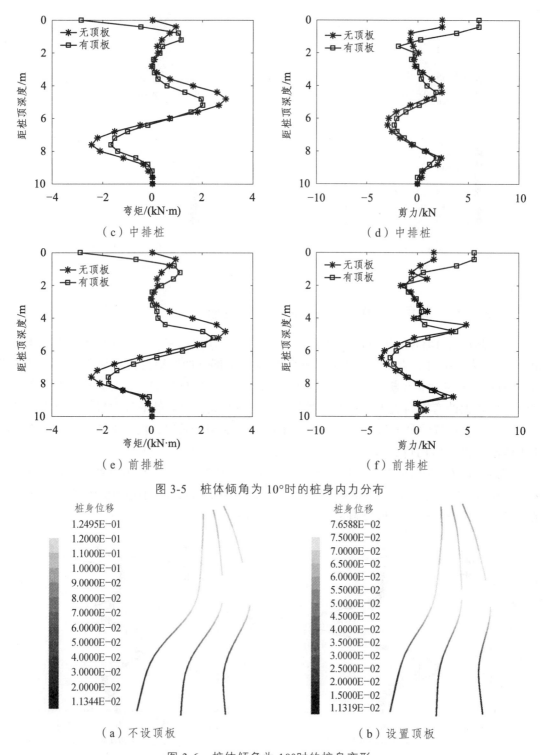

（c）中排桩 （d）中排桩

（e）前排桩 （f）前排桩

图 3-5 桩体倾角为 10°时的桩身内力分布

桩身位移
1.2495E-01
1.2000E-01
1.1000E-01
1.0000E-01
9.0000E-02
8.0000E-02
7.0000E-02
6.0000E-02
5.0000E-02
4.0000E-02
3.0000E-02
2.0000E-02
1.1344E-02

桩身位移
7.6588E-02
7.5000E-02
7.0000E-02
6.5000E-02
6.0000E-02
5.5000E-02
5.0000E-02
4.5000E-02
4.0000E-02
3.5000E-02
3.0000E-02
2.5000E-02
2.0000E-02
1.5000E-02
1.1319E-02

（a）不设顶板 （b）设置顶板

图 3-6 桩体倾角为 10°时的桩身变形

3.2.3 桩体倾角为 15°的桩身内力与变形

桩体倾角为 15°时的桩身内力分布如图 3-7 所示。由图 3-5、图 3-7 可知，当桩体倾角由 10°增大为 15°时，无论是否设置顶板，桩身绝大部分的弯矩与剪力都有一定程度的降低。由图 3-7 可知，顶板设置与否仍对桩身内力产生一定的影响，此时，顶板的存在仍使桩顶产生较大的弯矩与剪力，虽然有些甚至超过桩身其他位置处的最大弯矩与剪力量值，但与桩身其他位置的最大值的差值小于桩体倾角为 10°时的情况，同时桩顶弯矩与剪力也小于桩体倾角为 10°时的情况。

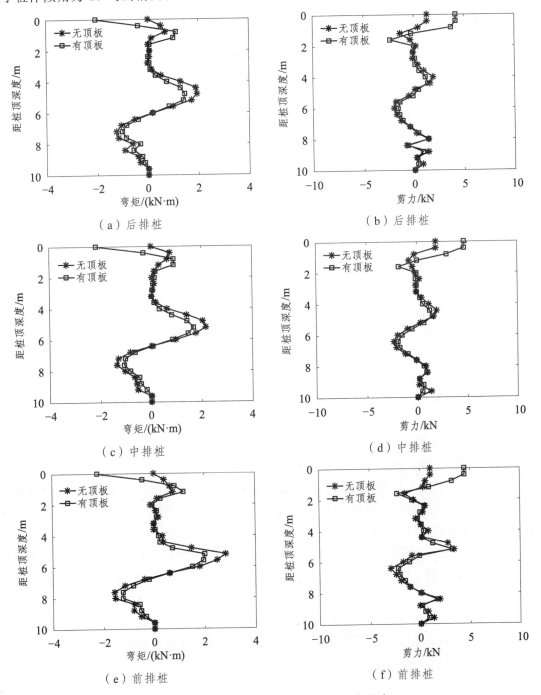

图 3-7　桩体倾角为 15°时的桩身内力分布

桩体倾角为15°时的桩身变形如图 3-8 所示。由图 3-8 可知，桩顶设置顶板后，桩身位移明显减小，最大位移降低了 28.4%（由 9.5 cm 减小为 6.8 cm），同样反映出顶板对于桩身变形起到了一定的控制作用。

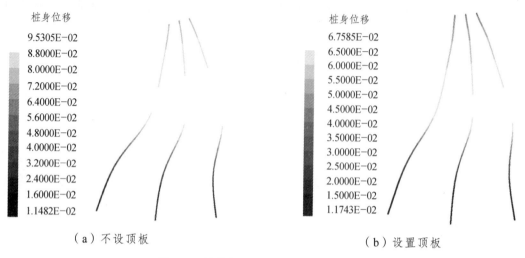

（a）不设顶板 （b）设置顶板

图 3-8　桩体倾角为 15°时的桩身变形

3.2.4　顶板作用特征分析

通过对比图 3-3、3-5、3-7 可知，随着桩体倾角的增大，顶板（或梁）对桩身内力的约束（改善）作用逐渐减小，这是因为当桩体倾角较大时，桩身本身的内力就较小的缘故。当桩体倾角为 15°时，顶板（或梁）的存在仍对桩身内力有一定的影响。不同桩体倾角（5°、10°、15°）时，桩顶内力量值与桩身其他位置处的量值具有相同的大小关系：桩顶产生的弯矩与剪力均大于桩身其他位置。

通过对比图 3-4、图 3-6 和图 3-8 可知，随着桩体倾角的增大，顶板（或梁）对桩身位移的约束（改善）作用越来越小，可能是由于当桩体倾角较大时，桩身本身的位移就较小的缘故。但当桩体倾角为 15°时，顶板对于位移的约束改善作用仍超过 1/4，说明此时顶板的设置对微型桩的变形约束作用仍不容忽视。

设置顶板（或梁）与不设情况下，桩体倾角为 5°、10°、15°时各排桩最大正负弯矩与最大正负剪力量值及其分布位置如表 3-2 ～ 表 3-10 所示。不同桩体倾角情况下有无设置顶板时各排桩全桩最大位移如表 3-11 所示。

由表 3-2 ～ 表 3-4 可知，当桩体倾角为 5°时，微型桩桩顶从无顶板（或梁）到加上顶板（或梁）约束之后，桩顶的弯矩均由零变成非零（后排桩 3.707 kN·m、中排桩 3.333 kN·m、前排桩 3.405 kN·m），桩身其他位置的最大弯矩减小 38.7% ～ 41.9%；桩顶剪力增大 273.4% ～ 696%，桩身其他位置的最大剪力减小 32.9% ～ 44.7%。

由表 3-5 ～ 表 3-7 可知，当桩体倾角为 10°时，微型桩桩顶从无顶板到加上顶板约束之后，桩顶的弯矩均由零变成非零（后排桩 3.076 kN·m、中排桩 2.859 kN·m、前排桩 2.88 kN·m），桩身其他位置的最大弯矩减小 17.2% ～ 31.6%；桩顶剪力增大 149.1% ～ 246.9%，桩身其他位置的最大剪力减小 22.4% ～ 31.7%。

由表 3-8 ~ 表 3-10 可知，当桩体倾角为 15°时，微型桩桩顶从无顶板到加上顶板约束之后，桩顶的弯矩均由零变成非零（后排桩 2.057 kN·m、中排桩 2.16 kN·m、前排桩 2.234 kN·m），桩身其他位置的最大弯矩减小 18.1% ~ 29.6%；桩顶剪力增大 150.1% ~ 324.6%，桩身其他位置的最大剪力减小 6.2% ~ 28.0%。

由表 3-11 可知，由于顶板的设置，微型桩全桩最大位移量值均有不同程度地减小，且最大位移量值的减小幅度随着桩体倾角的增大而逐渐降低（47.9%→38.4%→28.4%），可见顶板对于桩身位移的约束越来越小。尽管如此，当桩体倾角为 15°时，顶板对桩身位移的约束作用仍然较大（最大位移量值降低 28.4%）。

综上所述，顶板（或梁）的设置对于微型桩的内力和位移均有一定的约束作用，但桩顶内力均增大（其中桩顶弯矩由无变有）；桩身（除桩顶）内力均有不同程度地减小，且随着桩体倾角的增大，桩身内力以及全桩最大位移的减小幅度越来越小，说明顶板对于微型桩的约束降低。当桩体倾角为 15°时，顶板（或梁）的设置虽然使桩顶出现了一定的弯矩，并使桩顶剪力增大，但仍使得除顶板（或梁）外的全桩最大弯矩与最大剪力有一定程度地降低。因此，在设计时，顶板（或梁）的设置是十分必要的，但同时也要加强顶板（或梁）与微型桩之间的连接，使之接近于"刚性"状态，以便更好地协同各桩共同发挥抗滑作用。

表 3-2　后排桩内力特征值汇总（桩体倾角 5°）

内力	弯矩/（kN·m）			剪力/kN		
	无顶板	有顶板	增减幅度	无顶板	有顶板	增减幅度
桩顶	0	3.707	—	1.309	7.56	+477.5%
最大正值	3.405（4.4）	2.002（4.8）	−41.2%	2.781（3.6）	1.756（4.0）	−36.9%
最大负值	2.826（7.2）	1.676（7.2）	−40.7%	3.194（6.0）	2.143（6.0）	−32.9%

注：括号中数值表示深度，增减幅度负值表示降低（下同）。

表 3-3　中排桩内力特征值汇总（桩体倾角 5°）

内力	弯矩/（kN·m）			剪力/kN		
	无顶板	有顶板	增减幅度	无顶板	有顶板	增减幅度
桩顶	0	3.333	—	1.715	6.403	+273.4%
最大正值	3.479（4.4）	2.071（4.8）	−40.5%	3.368（4.0）	2.181（4.4）	−35.2%
最大负值	2.826（7.6）	1.732（7.6）	−38.7%	3.363（6.0）	2.208（6.4）	−34.3%

表 3-4　前排桩内力特征值汇总（桩体倾角 5°）

内力	弯矩/（kN·m）			剪力/kN		
	无顶板	有顶板	增减幅度	无顶板	有顶板	增减幅度
桩顶	0	3.405	—	0.830 5	6.611	+696%
最大正值	3.817（4.8）	2.216（4.8）	−41.9%	5.554（4.0）	3.074（4.4）	−44.7%
最大负值	2.955（7.6）	1.809（7.6）	−38.8%	3.804（6.0）	2.352（6.4）	−38.2%

表 3-5　后排桩内力特征值汇总（桩体倾角 10°）

内力	弯矩/（kN·m）			剪力/kN		
	无顶板	有顶板	增减幅度	无顶板	有顶板	增减幅度
桩顶	0	3.076	—	2.004	6.761	+237.4%
最大正值	2.729（4.4）	1.961（4.8）	−28.1%	2.438（4.0）	1.664（4.0）	−31.7%
最大负值	2.22（7.2）	1.54（7.2）	−30.6%	2.609（6.0）	2.002（6.0）	−23.3%

表 3-6　中排桩内力特征值汇总（桩体倾角 10°）

内力	弯矩/（kN·m）			剪力/kN		
	无顶板	有顶板	增减幅度	无顶板	有顶板	增减幅度
桩顶	0	2.859	—	2.399	5.977	+149.1%
最大正值	2.939（4.8）	2.009（5.2）	−31.6%	2.369（4.4）	1.814（4.4）	−23.4%
最大负值	2.439（7.6）	1.68（7.6）	−31.1%	2.945（6.4）	2.285（6.4）	−22.4%

表 3-7　前排桩内力特征值汇总（桩体倾角 10°）

内力	弯矩/（kN·m）			剪力/kN		
	无顶板	有顶板	增减幅度	无顶板	有顶板	增减幅度
桩顶	0	2.88	—	1.609	5.581	+246.9%
最大正值	2.939（4.8）	2.434（5.2）	−17.2%	4.814（4.4）	3.756（4.8）	−30.0%
最大负值	2.439（7.6）	1.765（7.6）	−27.6%	3.545（6.4）	2.631（6.4）	−25.8%

表 3-8　后排桩内力特征值汇总（桩体倾角 15°）

内力	弯矩/（kN·m）			剪力/kN		
	无顶板	有顶板	增减幅度	无顶板	有顶板	增减幅度
桩顶	0	2.057	—	1.294	4.195	+224.2%
最大正值	1.929（4.8）	1.444（4.8）	−25.1%	1.888（4.0）	1.359（4.4）	−28.0%
最大负值	1.258（7.2）	1.03（7.2）	−18.1%	2.017（6.0）	1.601（6.0）	−20.6%

表 3-9　中排桩内力特征值汇总（桩体倾角 15°）

内力	弯矩/（kN·m）			剪力/kN		
	无顶板	有顶板	增减幅度	无顶板	有顶板	增减幅度
桩顶	0	2.16	—	1.868	4.672	+150.1%
最大正值	2.167（5.2）	1.677（5.2）	−22.6%	1.929（4.4）	1.493（4.8）	−22.6%
最大负值	1.362（7.6）	1.07（7.6）	−21.4%	2.382（6.4）	1.97（6.4）	−17.3%

表 3-10　前排桩内力特征值汇总（桩体倾角 15°）

内力	弯矩/（kN·m）			剪力/kN		
	无顶板	有顶板	增减幅度	无顶板	有顶板	增减幅度
桩顶	0	2.234	—	1.051	4.463	+324.6%
最大正值	2.833（5.2）	1.994（5.2）	−29.6%	3.394（5.2）	3.184（5.2）	−6.2%
最大负值	1.588（7.6）	1.247（7.6）	−21.5%	2.994（6.4）	2.23（6.4）	−25.5%

表 3-11　不同桩体倾角情况下全桩最大位移汇总

桩体倾角	微型桩全桩最大位移/cm		
	无顶板	有顶板	增减幅度
5°	14.4	7.5	−47.9%
10°	12.5	7.7	−38.4%
15°	9.5	6.8	−28.4%

3.3　基岩-覆盖层式边坡

西南地区某高速公路工程一基覆式边坡工点横断面如图 3-9（a）所示，其中，微型桩后排与前排桩体倾角均为 15°，中排桩竖直，边坡为松散破碎状坡体结构：覆盖层为黏土夹块碎石，下伏基岩为微风化泥质粉砂岩。边坡岩土体物理力学性质如表 3-12 所示。上级边坡高度为 8 m（45°坡角），下级边坡高度 7 m（34°坡角），横断面外以 3 m 间距布置 3 个 3×3 型式的组合结构单元，排间距、列间距均为 4d（d 为微型桩孔径，d = 0.13 m），桩长为 10 m，单根微型桩含 3 根直径为 32 mm 的螺纹钢（见图 1-2）。

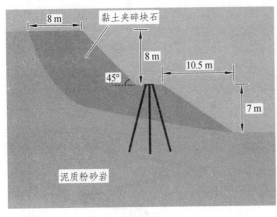

（a）横断面

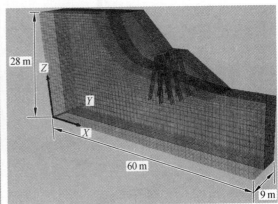

（b）三维数值模型

图 3-9　基覆式边坡实例

同样，运用 FLAC³ᴰ 数值模拟方法，建立三维计算模型如图 3-9（b）所示。边坡模型 x 方向长度为 60 m，高度为 28 m，横断面外宽度为 9 m，其余尺寸如图 3-9（a）所示，单元数为 93 270，节点数为 102 889。边界条件为：底部边界固定，左右边界上施加 y 方向位移约束，前后边界施加 x 方向位移约束。土体采用理想弹塑性本构、摩尔-库仑屈服准则和关联流动屈服法则。模拟计算前后排桩体倾角为 5°、10°、15°情况下顶板设置与否对各排桩内力分布及变形的影响。数值模拟计算参数如表 3-12 所示。微型桩几何参数与桩土界面参数同第 3.2 节中的均质土坡。

表 3-12　岩土及结构物理力学参数

项目	$\gamma/(kN/m^3)$	c/kPa	$\varphi/(°)$	E/MPa	v
覆盖层	20	20	15	80	0.35
下伏基岩	25	100	40	300	0.3
微型桩	—	—	—	210 000	0.3
顶板	—	—	—	30 000	0.2

3.3.1　桩体倾角为 5°时的桩身内力与变形

桩体倾角为 5°时的桩身内力分布如图 3-10 所示。由图 3-10 可知，当桩体倾角为 5°时，在顶板作用下，虽然桩身大部分位置的弯矩与剪力都有一定程度的降低，但此时在桩顶处却产生了较大的弯矩与剪力，它们甚至超过了桩身其他位置的内力最大值。

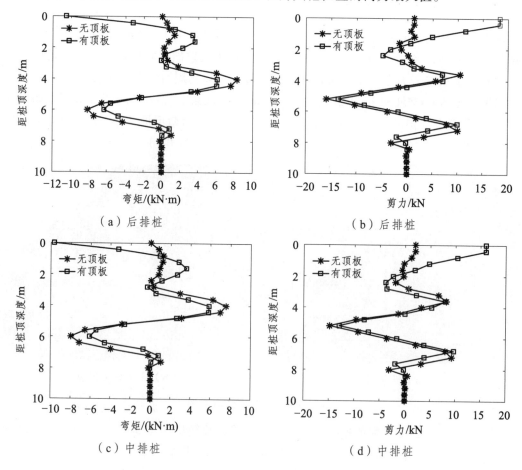

（a）后排桩　　　　　　　　　　　（b）后排桩

（c）中排桩　　　　　　　　　　　（d）中排桩

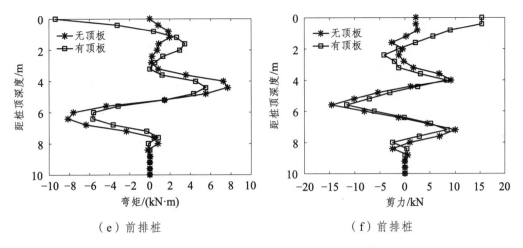

（e）前排桩　　　　　　　　　　　　　（f）前排桩

图 3-10　桩体倾角为 5°时的桩身内力分布

桩体倾角为 5°时的桩身变形如图 3-11 所示。由图 3-11 可知，桩顶设置顶板后，桩身位移明显减小，最大位移降低了 44.7%（由 19.7 cm 减小为 10.9 cm），可见顶板对桩身变形起到了一定的控制作用。

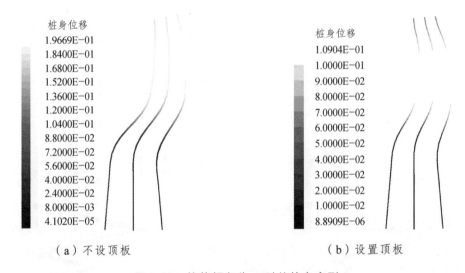

（a）不设顶板　　　　　　　　　　　　（b）设置顶板

图 3-11　桩体倾角为 5°时的桩身变形

3.3.2　桩体倾角为 10°时的桩身内力与变形

桩体倾角为 10°时的桩身内力分布如图 3-12 所示。由图 3-10、图 3-12 可知，当桩体倾角由 5°增大为 10°时，无论是否设置顶板，桩身绝大部分的弯矩与剪力都有一定程度的降低。由图 3-12 可知，顶板设置与否仍对桩身内力产生一定的影响，此时，顶板的存在仍使桩顶产生较大的弯矩与剪力，虽然有些甚至超过桩身其他位置处的最大弯矩与剪力量值，但与桩身其他位置的最大值的差值小于桩体倾角为 5°时的情况，同时桩顶弯矩与剪力也小于桩体倾角为 5°时的情况。

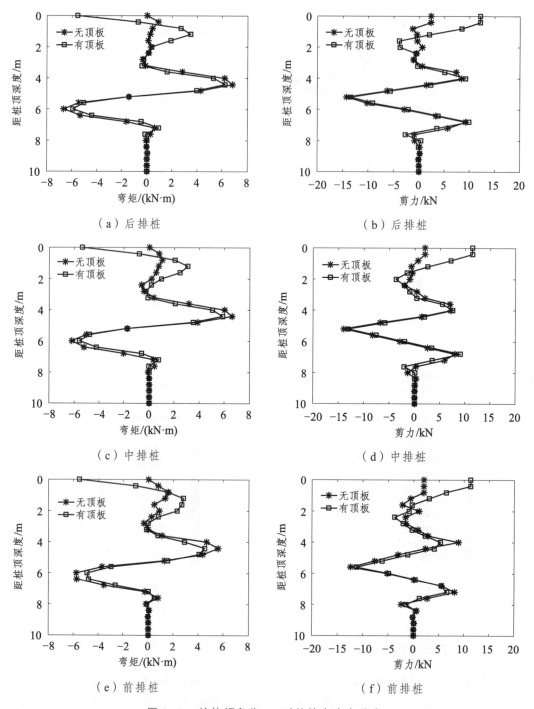

（a）后排桩   （b）后排桩

（c）中排桩   （d）中排桩

（e）前排桩   （f）前排桩

图 3-12　桩体倾角为 10°时的桩身内力分布

桩体倾角为 10°时的桩身变形如图 3-13 所示。由图 3-13 可知，桩顶设置顶板后，桩身位移明显减小，最大位移降低了 24.6%（由 12.2 cm 减小为 9.2 cm），可见顶板对桩身变形起到了一定的控制作用。

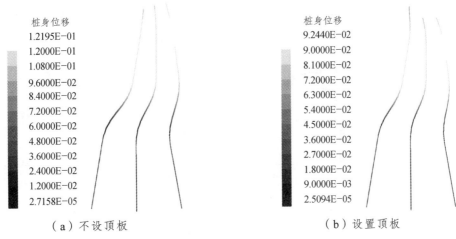

桩身位移
1.2195E-01
1.2000E-01
1.0800E-01
9.6000E-02
8.4000E-02
7.2000E-02
6.0000E-02
4.8000E-02
3.6000E-02
2.4000E-02
1.2000E-02
2.7158E-05

桩身位移
9.2440E-02
9.0000E-02
8.1000E-02
7.2000E-02
6.3000E-02
5.4000E-02
4.5000E-02
3.6000E-02
2.7000E-02
1.8000E-02
9.0000E-03
2.5094E-05

（a）不设顶板　　　　　　　　（b）设置顶板

图 3-13　桩体倾角为 10°时的桩身变形

3.3.3　桩体倾角为 15°时的桩身内力与变形

桩体倾角为 15°时的桩身内力分布如图 3-14 所示。由图 3-12、图 3-14 可知，当桩体倾角由 10°增大为 15°时，无论是否设置顶板，桩身绝大部分的弯矩与剪力都有一定程度的降低。由图 3-14 可知，当桩体倾角为 15°时，顶板设置与否只对桩顶附近的内力产生一定的影响，而对桩身（不含桩顶）位置的内力量值几乎没有影响。设置顶板后桩顶弯矩不超过桩身其他位置处的最大弯矩与剪力量值，桩顶剪力略大于或近似等于桩身其他位置的最大剪力。

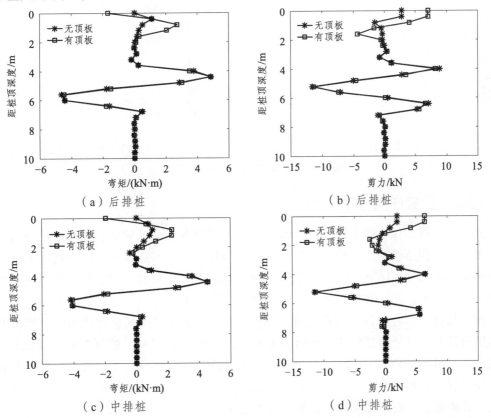

（a）后排桩　　　　　　　　　　　（b）后排桩

（c）中排桩　　　　　　　　　　　（d）中排桩

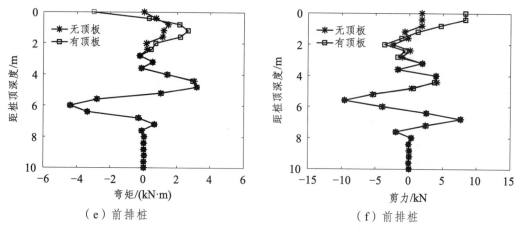

（e）前排桩 （f）前排桩

图 3-14　桩体倾角为 15°时的桩身内力分布

桩体倾角为 15°时的桩身变形如图 3-15 所示。由图 3-15 可知，桩顶设置顶板后，桩身最大位移降低了 3%（由 6.6 cm 减小为 6.4 cm），可见虽然顶板对桩身变形起到一定的控制作用，但此时顶板对桩身变形的控制作用已较小。

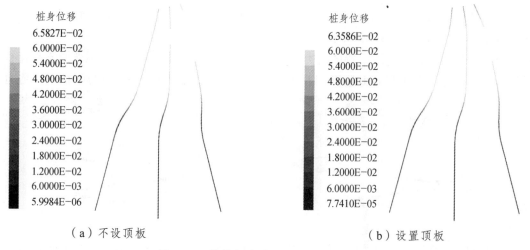

（a）不设顶板 （b）设置顶板

图 3-15　桩体倾角为 15°时的桩身变形

3.3.4　顶板作用特征分析

通过对比图 3-10、图 3-12 和图 3-14 可知，随着桩体倾角的增大，顶板对桩身内力的约束（改善）作用逐渐减小，这是因为当桩体倾角较大时，桩身本身的内力就较小的缘故。当桩体倾角为 5°或 10°时，顶板的设置均使得除顶板外桩身其他位置处的弯矩与剪力都有一定程度的降低。当桩体倾角为 15°时，顶板设置与否只对桩顶附近的内力产生一定的影响，而对桩身（不含桩顶）位置的内力量值几乎没有影响。不同桩体倾角时，桩顶内力量值与桩身其他位置处的量值具有不同的关系：桩体倾角为 5°时，桩顶弯矩与剪力大于桩身其他位置；桩体倾角为 10°时，桩顶弯矩略大于或约等于桩身其他位置，桩顶剪力大于桩身其他位置；桩体倾角为 15°时，桩顶弯矩小于桩身其他位置，桩顶剪力约等于桩身其他位置。总体而言，桩体倾角越大，桩身内力越小。

通过对比图 3-11、3-13、3-15 可知，随着桩体倾角的增大，顶板对桩身位移的约束（改善）作用越来越小，可能是由于当桩体倾角较大时，桩身本身的位移就较小的缘故。但当桩体倾角为 15°时，由于顶板的设置所引起的桩身位移只有 3%的降低，说明此时顶板的设置对微型桩的变形约束作用已较小。

设置顶板与不设顶板情况下，桩体倾角为 5°、10°、15°时各排桩最大正负弯矩与最大正负剪力量值及其分布位置如表 3-13 ~ 表 3-21 所示。不同桩体倾角情况下有无设置顶板时各排桩全桩最大位移如表 3-22 所示。

由表 3-13 ~ 3-15 可知，当桩体倾角为 5°时，微型桩桩顶从无顶板到加上顶板约束之后，桩顶的弯矩均由零变成非零（后排桩 10.53 kN·m、中排桩 9.658 kN·m、前排桩 9.355 kN·m），桩身其他位置的最大弯矩减小 22.3% ~ 30%；桩顶剪力增大 612.3% ~ 1272.2%，桩身其他位置的最大剪力减小 3.0% ~ 32.8%。

由表 3-16 ~ 表 3-18 可知，当桩体倾角为 10°时，微型桩桩顶从无顶板到加上顶板约束之后，桩顶的弯矩均由零变成非零（后排桩 5.557 kN·m、中排桩 5.377 kN·m、前排桩 5.528 kN·m），桩身其他位置的最大弯矩减小 8.4% ~ 19.6%；桩顶剪力增大 422.2% ~ 467.4%，除了后排桩与中排桩的最大正值剪力增大 4.8% ~ 9.4%之外，桩身其他位置的最大剪力减小 5.9% ~ 40.2%。

由表 3-19 ~ 表 3-21 可知，当桩体倾角为 15°时，微型桩桩顶从无顶板到加上顶板约束之后，桩顶的弯矩均由零变成非零（后排桩 1.683 kN·m、中排桩 1.946 kN·m、前排桩 3.028 kN·m），桩身其他位置的最大弯矩有增有减，但增减的幅度都不大（0% ~ 3.4%）；桩顶剪力增大 150.7% ~ 352.0%，除了前排桩的最大负值剪力增大 0.3%之外，桩身其他位置的最大剪力减小 2.9% ~ 7.6%。

由表 3-22 可知，由于顶板的设置，微型桩全桩最大位移量值均有不同程度的减小，且最大位移量值的减小幅度随着桩体倾角的增大而逐渐降低（44.7%→24.6%→3.0%），可见顶板对于桩身位移的约束越来越小。当桩体倾角为 15°时，顶板对桩身位移的约束作用已较小（最大位移量值仅降低 3%）。

综上所述，顶板的设置对于微型桩的内力和位移均有一定的约束作用，但桩顶内力均增大（其中桩顶弯矩由无变有）；桩身（除桩顶）内力除了少数位置略有增大之外均有不同程度地减小，且随着桩体倾角的增大，桩身内力以及全桩最大位移的减小幅度越来越小，说明顶板对于微型桩的约束降低。当桩体倾角为 15°时，顶板的设置使桩顶出现了一定的弯矩，并使桩顶剪力增大，同时，除顶板外的桩身最大弯矩与最大剪力几乎没有得到降低，这与微型桩组合结构加固均质土坡的情况有所不同。

表 3-13 后排桩内力特征值汇总（桩体倾角 5°）

内力	弯矩/（kN·m）			剪力/kN		
	无顶板	有顶板	增减幅度	无顶板	有顶板	增减幅度
桩顶	0	10.53	—	1.338	18.36	+1 272.2%
最大正值	8.246（4.0）	6.1（4.0）	−26.0%	10.53（3.6）	7.072（4.0）	−32.8%
最大负值	8.161（6.0）	6.324（6.0）	−22.5%	15.95（5.2）	13.62（5.2）	−14.6%

表 3-14　中排桩内力特征值汇总（桩体倾角 5°）

内力	弯矩/（kN·m）			剪力/kN		
	无顶板	有顶板	增减幅度	无顶板	有顶板	增减幅度
桩顶	0	9.658	—	1.971	16.07	+715.3%
最大正值	7.549（4.0）	5.864（4.0）	−22.3%	8.25（3.6）	7.999（3.6）	−3.0%
最大负值	7.993（6.0）	6.086（6.0）	−23.9%	14.86（5.2）	13（5.2）	−12.5%

表 3-15　前排桩内力特征值汇总（桩体倾角 5°）

内力	弯矩/（kN·m）			剪力/kN		
	无顶板	有顶板	增减幅度	无顶板	有顶板	增减幅度
桩顶	0	9.355	—	2.155	15.35	+612.3%
最大正值	7.673（4.4）	5.536（4.4）	−27.9%	9.17（4.0）	8.275（4.0）	−9.8%
最大负值	8.127（6.4）	5.69（6.4）	−30.0%	14.55（5.6）	11.58（5.6）	−20.4%

表 3-16　后排桩内力特征值汇总（桩体倾角 10°）

内力	弯矩/（kN·m）			剪力/kN		
	无顶板	有顶板	增减幅度	无顶板	有顶板	增减幅度
桩顶	0	5.557	—	2.325	12.14	+422.2%
最大正值	6.814（4.4）	6.243（4.4）	−8.4%	8.448（4.0）	9.246（4.0）	+9.4%
最大负值	6.658（6.0）	5.938（6.0）	−10.8%	14.3（5.2）	13.45（5.2）	−5.9%

表 3-17　中排桩内力特征值汇总（桩体倾角 10°）

内力	弯矩/（kN·m）			剪力/kN		
	无顶板	有顶板	增减幅度	无顶板	有顶板	增减幅度
桩顶	0	5.377	—	2.016	11.42	+466.5%
最大正值	6.594（4.4）	5.854（4.4）	−11.2%	7.171（4.0）	7.518（4.0）	+4.8%
最大负值	6.217（6.0）	5.59（6.0）	−10.1%	14.01（5.2）	13.1（5.2）	−6.5%

表 3-18　前排桩内力特征值汇总（桩体倾角 10°）

内力	弯矩/（kN·m）			剪力/kN		
	无顶板	有顶板	增减幅度	无顶板	有顶板	增减幅度
桩顶	0	5.528	—	1.995	11.32	+467.4%
最大正值	5.604（4.4）	4.508（4.4）	−19.6%	8.913（4.0）	5.329（4.0）	−40.2%
最大负值	5.776（6.0）	4.911（6.0）	−15.0%	12.41（5.6）	11.25（5.6）	−9.3%

表 3-19　后排桩内力特征值汇总（桩体倾角 15°）

内力	弯矩/（kN·m）			剪力/kN		
	无顶板	有顶板	增减幅度	无顶板	有顶板	增减幅度
桩顶	0	1.683	—	2.792	6.997	+150.7%
最大正值	4.87（4.4）	4.867（4.4）	0%	8.792（4.0）	8.126（4.0）	-7.6%
最大负值	4.627（5.6）	4.471（5.6）	-3.4%	11.56（5.2）	11.32（5.2）	-2.1%

表 3-20　中排桩内力特征值汇总（桩体倾角 15°）

内力	弯矩/（kN·m）			剪力/kN		
	无顶板	有顶板	增减幅度	无顶板	有顶板	增减幅度
桩顶	0	1.946	—	1.872	6.392	+241.4%
最大正值	4.51（4.4）	4.549（4.4）	+0.8%	6.469（4.0）	6.389（4.0）	-1.2%
最大负值	4.181（5.6）	4.105（6.0）	-1.8%	11.43（5.2）	11.26（5.2）	-1.5%

表 3-21　前排桩内力特征值汇总（桩体倾角 15°）

内力	弯矩/（kN·m）			剪力/kN		
	无顶板	有顶板	增减幅度	无顶板	有顶板	增减幅度
桩顶	0	3.028	—	1.834	8.29	+352.0%
最大正值	3.187（4.8）	3.192（4.8）	+0.2%	4.075（4.4）	3.958（4.0）	-2.9%
最大负值	4.3939（6.0）	4.423（6.0）	+0.7%	9.612（5.6）	9.644（5.6）	+0.3%

表 3-22　不同桩体倾角情况下全桩最大位移汇总

桩体倾角	微型桩全桩最大位移/cm		
	无顶板	有顶板	增减幅度
5°	19.7	10.9	-44.7%
10°	12.2	9.2	-24.6%
15°	6.6	6.4	-3.0%

3.4　综合分析

根据前述分析结果，相对于无顶板（或梁）情况，施加顶板（或梁）对桩顶内力影响特征可归纳为：

（1）设置顶板后，桩顶内力增大。桩顶剪力的增大幅度均随桩体倾角的增大而减小。两种坡体桩顶剪力增大幅度不同，当桩体倾角为 5°和 10°时，基覆式边坡大于均质土坡；当桩体倾角为 15°时，两种坡体情况相当。

（2）对于均质土坡，设置顶板后，桩顶以下部分的桩身内力均有所降低；对于基覆式边坡，设置顶板后，桩顶以下部分的桩身内力在桩体倾角为 5°与 10°时有所降低，而在桩体倾角为 15°时降低幅度不显著。

（3）在不同桩体倾角（5°、10°、15°）下，由于顶板的设置，桩顶以下部分的桩身内力降低幅度为均质土坡大于基覆式边坡。

（4）对于均质土坡，不同倾角（5°、10°、15°）时，桩顶处的内力量值均大于桩身其他位置。对于基覆式边坡，桩顶内力量值与桩身其他位置处的量值之间的大小关系与桩体倾角有关。桩体倾角为 5°时，桩顶弯矩与剪力大于桩身；桩体倾角为 10°时，桩顶弯矩略大于桩身，桩顶剪力大于桩身；桩体倾角为15°时，桩顶弯矩小于桩身，桩顶剪力约等于桩身。

（5）顶板对桩身位移的约束均随倾角的增大而减小。当桩体倾角为15°时，对于均质土坡，顶板的设置使全桩最大位移降低超过 1/4；但对于基覆式边坡，这种降低幅度仅有3%。这说明当桩体倾角较大时，顶板对于均质土坡中桩体的位移约束作用仍较大，而对于基覆式边坡中桩体的位移约束作用则较小。

因此，无论从桩身内力还是桩身变形方面来看，顶板对加固均质土坡的微型桩具有"更强"的约束作用。

3.5 本章小结

本章通过三维数值模拟方法，对微型桩组合结构加固均质土坡与基覆式边坡的顶板作用机制进行分析。结果表明，微型桩组合结构中的顶板（或梁）对于单桩的内力和位移均有一定的约束作用，这种约束作用的大小与桩身位置、边坡类型以及桩体倾角大小有关。

对于桩顶内力，两种坡体在不同桩体倾角时，设置顶板后，桩顶内力都增大，且桩顶剪力的增大幅度均随桩体倾角的增大而减小。但两种坡体桩顶剪力增大幅度不同：当桩体倾角为 5°和 10°时，由于顶板的设置所产生的桩顶剪力增大幅度是基覆式边坡大于均质土坡，当桩体倾角为15°时则两种坡体情况相当。

在桩身（不含桩顶），对于均质土坡，在不同桩体倾角情况下，设置顶板后，桩身（不含桩顶）位置的内力均有所降低；而对于基覆式边坡，设置顶板后，桩身内力只有在桩体倾角为 5°与 10°时有所降低，而在桩体倾角为 15°时几乎没有降低。在不同桩体倾角情况下，顶板的设置使桩身内力降低幅度为均质土坡大于基覆式边坡。

随着桩体倾角的增大，顶板对桩身（不含桩顶）最大内力值以及位移的控制作用降低；顶板的设置同时会引起桩顶内力的增大，尤其是剪力增大幅度较大。因此，工程实际中应加强顶板与微型桩的连接，避免连接处破坏。

第 4 章

均质土坡微型桩组合结构计算方法

4.1 概　述

对于微型桩组合结构加固边坡工程，其核心问题为组合结构的内力以及加固边坡的稳定性问题。已有研究表明[152]，对于均质土坡，采用传统非耦合方法假定滑动面位置不变进行工程研究与设计工作的方法值得商榷。鉴于此，在正确认识微型桩组合结构加固边坡机理的基础上（见第 2、3 章），本章提出一种组合结构内力的计算分析方法，该方法不需假定滑面位置不变，能同时考虑滑坡推力与组合结构前部土体抗力。该计算方法主要分成两个部分：① 组合结构桩后推力的计算；② 结构内力与位移的计算。由于微型桩组合结构常设置于平台上，因此，本章以坡顶有堆载的台阶型（又称"阶梯型"）边坡为基本模型，同时考虑 3×3 布置型式的微型桩组合结构为对象进行具体论述。

4.2 桩后推力的计算

对于均质土坡中组合结构桩后推力的计算，可采用塑性极限分析上限理论结合强度折减技术的方法，在充分考虑加固边坡整体稳定性的基础上，计算微型桩组合结构的内力。下面详细论述推导过程。

4.2.1 模型建立

考虑图 4-1 中的台阶型边坡，为便于理论分析且简化操作过程，这里做如下假定：

（1）假定潜在滑面在横断面内为对数螺旋线；

（2）3×3（9 根桩）布置型式的微型桩组合结构等效为一根桩；

（3）边坡发生整体失稳，潜在滑面通过坡脚（见图 4-1 中的 N 点）下方；

（4）滑面穿过桩，滑面以下地层为稳定地层（不动体）。

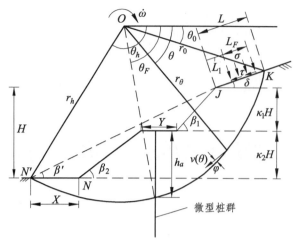

图 4-1 台阶型边坡失稳机构

4.2.2 公式推导

为考虑边坡的安全系数，引入广泛使用的强度折减技术[216]，折减前后的抗剪强度参数具有如下关系：

$$F_s = \frac{\tan \varphi_0}{\tan \varphi_d} = \frac{c_0}{c_d} \tag{4-1}$$

式中，F_s 表示边坡的安全系数；φ_0 与 φ_d 分别表示折减前后岩土体的内摩擦角；c_0 与 c_d 分别表示折减前后的黏聚力。

对于如图 4-1 所示的机构，根据极限分析上限定理，其外力功率等于内部能量耗散率[217]，外力功率由滑体重力、坡顶荷载以及抗滑结构对坡体的反力共同产生，则有如下关系：

$$\dot{W} + \dot{E} + \dot{E}_p = \dot{D} \tag{4-2}$$

式中，$\dot{W}$ 表示重力做功功率；$\dot{E}$ 表示坡顶荷载做功功率；$\dot{E}_p$ 表示组合结构做功功率；$\dot{D}$ 表示内部能量的耗散功率。

在图 4-1 中，有如下几何关系：

$$\frac{X}{r_0} = \frac{H}{r_0} \frac{\sin(\beta - \beta')}{\sin \beta \sin \beta'} = fun(\theta_0, \theta_h, \beta') \tag{4-3}$$

$$H \cot \beta = \kappa_1 H \cot \beta_1 + \kappa_2 H \cot \beta_2 + Y \tag{4-4}$$

$$\kappa_1 + \kappa_2 = 1 \tag{4-5}$$

$$\frac{L}{r_0} = \frac{\sin(\theta_h - \theta_0)}{\sin(\theta_h + \alpha)} - \frac{\sin(\theta_h + \beta')}{\sin(\theta_h + \alpha)\sin(\beta' - \alpha)}[f_{51}\sin(\theta_h + \alpha) - \sin(\theta_0 + \alpha)] \tag{4-6}$$

式中，X 为坡脚到对数螺旋线与坡脚外水平线的交点之间的水平距离；r 为对数螺旋线上任意一点的半径（其中下标 0、h 分别表示在坡体内部的起点和终点）；Y 为平台宽度；H 为边坡总高度；α 为坡顶平面与水平方向的夹角；β 为坡面与水平方向的夹角（下标 1、2 分布表示上坡与下坡）；β'为坡顶边缘点与潜在滑面和坡脚外水平线交点的连线与水平线的夹角；κ_i为坡高与边坡总高度的比值；L为潜在滑面与坡顶交点与坡顶边缘点的距离；θ为对数螺旋线上任意点和转动中心连线与水平线的夹角（下标F表示潜在滑面与桩的交点）。

重力做功产生的功率可表示为

$$\dot{W} = \gamma r_0^3 \dot{\omega}(f_1 - f_2 - f_3 - f_4 - f_5 - f_6) \tag{4-7}$$

式中，γ为坡体材料的容重；$\dot{W}$为滑体的转动角速度；$f_i(i=1\sim6)$表达式如下：

$$f_1 = \frac{(3\tan\varphi_d \cos\theta_h + \sin\theta_h)\cdot f_{51}^3 - (3\tan\varphi_d \cdot \cos\theta_0 + \sin\theta_0)}{3(1 + 9\tan^2\varphi_d)} \tag{4-8}$$

$$f_2 = \frac{1}{6}\frac{L}{r_0}\left[2\cos\theta_0 - \frac{L}{r_0}\cos\alpha\right]\sin(\theta_0 + \alpha) \tag{4-9}$$

$$f_3 = \frac{1}{6}\kappa_1 \frac{H}{r_1}\left(2f_{31} - \kappa_1 \frac{H}{r_0}\cot\beta_1\right)\left[f_{31} + \cot\beta_1\left(\sin\theta_0 + \frac{L}{r_0}\sin\alpha\right)\right] \tag{4-10}$$

$$f_4 = \frac{1}{6}\cdot\frac{Y}{r_0}\cdot\left(\kappa_1 \frac{H}{r_0} + \frac{L}{r_0}\sin\alpha + \sin\theta_0\right)\cdot\left(2\cos\theta_0 - 2\frac{L}{r_0}\cos\alpha - 2\kappa_1 \frac{H}{r_0}\cot\beta_1 - \frac{Y}{r_0}\right) \tag{4-11}$$

$$f_5 = \frac{1}{6}\kappa_2 \frac{H}{r_0}\left[\left(f_{51}\cdot\cos\theta_h + \frac{X}{r_0}\right) + \cot\beta_2 \cdot f_{52}\right]\cdot\left[2\left(f_{51}\cdot\cos\theta_h + \frac{X}{r_0}\right) + \kappa_2 \frac{H}{r_0}\cot\beta_2\right] \tag{4-12}$$

$$f_6 = \frac{1}{6}\frac{X}{r_0}\left(2f_{51}\cdot\cos\theta_h + \frac{X}{r_0}\right)\cdot f_{52} \tag{4-13}$$

$$f_{31} = \left(\cos\theta_0 - \frac{L}{r_0}\cos\alpha\right) \tag{4-14}$$

$$f_{51} = e^{(\theta_h - \theta_0)\tan\varphi_d} \tag{4-15}$$

$$f_{52} = \frac{H}{r_0} + \frac{L}{r_0}\sin\alpha + \sin\theta_0 \tag{4-16}$$

内部能量耗散功率由滑面（速度间断面KN'）产生，滑面耗散功率[217]为

$$\dot{D} = \frac{c_0 r_0^2 \dot{\omega}}{2\tan\varphi_0}\left[e^{2(\theta_h - \theta_0)\frac{\tan\varphi_0}{F_s}} - 1\right] \tag{4-17}$$

坡顶荷载所产生的功率：

当$L_1 + L_F \geqslant L$时，

$$\dot{E} = \tau L_F \dot{\omega} r_0 \sin(\theta_0 + \alpha) + \sigma L_F \dot{\omega}\left[r_0 \cos(\theta_0 + \alpha) - \frac{L_F}{2}\right] \tag{4-18a}$$

$$\frac{\dot{E}}{\dot{\omega}} = \tau L_F r_0 \sin(\theta_0 + \alpha) + \sigma L_F \left[r_0 \cos(\theta_0 + \alpha) - \frac{L_F}{2} \right] \qquad (4\text{-}18b)$$

当 $L_1 + L_F < L$ 时，

$$\dot{E} = \tau L_F \dot{\omega} r_0 \sin(\theta_0 + \alpha) + \sigma L_F \dot{\omega} \left[r_0 \cos(\theta_0 + \alpha) - \frac{1}{2}(2L - 2L_1 - L_F) \right] \qquad (4\text{-}18c)$$

$$\frac{\dot{E}}{\dot{\omega}} = \tau L_F r_0 \sin(\theta_0 + \alpha) + \sigma L_F \left[r_0 \cos(\theta_0 + \alpha) - \frac{1}{2}(2L - 2L_1 - L_F) \right] \qquad (4\text{-}18d)$$

式中，σ、τ 分别为垂直于坡顶与平行于坡顶的分布荷载；L_1 表示坡顶边缘到荷载左侧的距离；L_F 表示坡顶分布荷载的宽度。

组合结构对坡体的反力所产生的功率[218]为

$$\dot{E}_P = -P r_0 \sin \theta_F \dot{\omega} e^{(\theta_F - \theta_0)\frac{\tan \varphi_0}{F_s}} + M^u \dot{\omega} \qquad (4\text{-}19)$$

$$M^u = P(n h_a) \qquad (4\text{-}20)$$

式中，P 为组合结构所提供的单位宽度上的加固力；h_a 为组合结构平均受荷段长度（见图 4-1）；n 为滑坡推力在受荷段上的作用点距滑面高度与 h_a 的比值，可取 1/3；M^u 为滑面处桩身截面的弯矩。

将式（4-7）、（4-17）、（4-18）、（4-19）和式（4-20）代入式（4-2），得

$$P = \frac{\gamma r_0 \left(f_1 - \sum_{i=2}^{6} f_i \right) + \dfrac{\dot{E}}{\dot{\omega} r_0^2} - \dfrac{c_0}{2 \tan \varphi_0} \left[e^{(\theta_F - \theta_0)\frac{\tan \varphi_0}{F_s}} - 1 \right]}{\dfrac{1}{r_0} \left[\sin \theta_F \cdot e^{(\theta_F - \theta_0)\frac{\tan \varphi_0}{F_s}} - n h_a \cdot \dfrac{1}{r_0} \right]} \qquad (4\text{-}21)$$

式中，$\dot{E}/\dot{W}$ 的表达式参见式（4-18b）及式（4-18d）。

因此，根据式（4-21）可以得到边坡在给定设计安全系数时对应的桩体所需提供的单位宽度加固力。反之，若给定桩体所能提供的最大的单宽加固力，则可根据式（4-21）求出边坡的安全系数（稳定系数）。即：单宽加固力与边坡的安全系数具有一一对应关系。在组合结构桩后推力求出之后，下一步则为结构内力与位移的求解。

4.3　组合结构计算分析

4.3.1　模型建立

为了对全桩进行计算分析，这里将组合结构分成受荷段（滑面以上）和嵌固段（滑面以下）分别进行分析，并利用两段在滑面处的力学连续条件进行全桩的内力与位移求解。组合结构分析模型如图 4-2 所示。

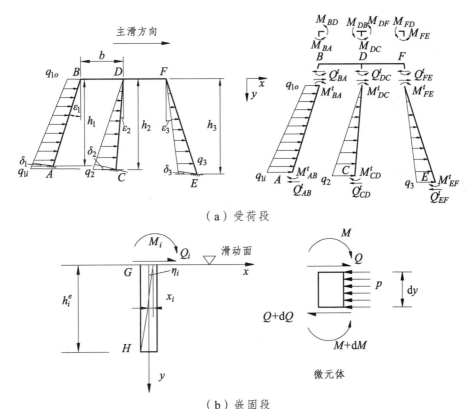

（a）受荷段

（b）嵌固段

图 4-2　组合结构分析模型

为便于简化分析问题，这里做如下假定：

（1）将空间问题简化为平面问题。

（2）不考虑坡体对桩体的竖向作用，且桩后推力平均作用在三列桩上。

（3）将组合结构受荷段视为平面刚架。

（4）将嵌固段视为受桩顶荷载作用的弹性地基梁[219][见图 4-2（b）]，考虑到为均质土坡，嵌固段地基系数 k 采用"m"法计算。其中，关于计算桩身宽度 b_0，考虑到桩孔直径较小，按传统方法计算会高估桩体抵抗能力，这里给出按传统方法计算桩径小于 1 m 时的桩体计算宽度限制条件，即按方桩估算应满足：$1.5b + 0.5 \leqslant b(1 + 2\tan\varphi)$。若嵌固段桩周地层内摩擦角取为 30°，则 $b \geqslant 0.76$ m 为可采用传统方法估算桩体计算宽度的条件，反之应该取桩体计算宽度等于几何宽度。

（5）将顶板视作刚体，且桩与顶板之间为刚性连接。

（6）作用在桩后的推力沿桩轴向线性分布，其中后排桩为梯形分布，中排桩与前排桩均为三角形分布[见图 4-2（a）]。

4.3.2　公式推导

1. 上部结构（受荷段）

根据 4.2 节，并结合 4.3.1 节中的假设（2）可知，一个组合结构单元每列受荷段所受的

侧向力 P_1、弯矩 M_1^u 为

$$P_1 = P \cdot S / 3 \tag{4-22a}$$

$$M_1^u = M^u \cdot S / 3 = P(nh_a) \cdot S / 3 \tag{4-22b}$$

式中，S 为组合结构单元之间的横断面外间距。

根据 4.3.1 节中的假设（1）、（3）、（6），将组合结构的其中一列作为研究对象，首先截取受荷段作受力分析如图 4-2（a）所示，根据结构力学平面刚架理论[220]，选取 B、D、F 三点的结点角位移（ψ_B、ψ_D、ψ_F）以及刚架顶部的侧向水平位移（Δ）4 个基本变量，由位移法可得如下方程：

$$
\left.
\begin{aligned}
M_{AB}^t =& -\frac{q_{1o}\cos(\varepsilon_1)h_1^2}{30\cos^2\varepsilon_1} - \frac{q_{1i}\cos(\varepsilon_1)h_1^2}{20\cos^2\varepsilon_1} + 2\frac{E_1 I_1}{h_1}\psi_B\cos\varepsilon_1 - 6\frac{E_1 I_1}{h_1}\frac{\Delta}{h_1}\cos^3\varepsilon_1 + \\
& 6\frac{E_1 I_1}{h_1}\frac{x_1}{h_1}\cos^2\varepsilon_1\cos(\varepsilon_1-\delta_1+\varphi) + 4\frac{E_1 I_1}{h_1}\eta_1\cos\varepsilon_1; \\
M_{BA}^t =& \frac{q_{1o}\cos(\varepsilon_1)h_1^2}{20\cos^2\varepsilon_1} + \frac{q_{1i}\cos(\varepsilon_1)h_1^2}{30\cos^2\varepsilon_1} + 4\frac{E_1 I_1}{h_1}\psi_B\cos\varepsilon_1 - 6\frac{E_1 I_1}{h_1}\frac{\Delta}{h_1}\cos^3\varepsilon_1 + \\
& 6\frac{E_1 I_1}{h_1}\frac{x_1}{h_1}\cos^2\varepsilon_1\cos(\varepsilon_1-\delta_1+\varphi) + 2\frac{E_1 I_1}{h_1}\eta_1\cos\varepsilon_1; \\
M_{BD}^t =& 4\frac{E_2 I_2}{b}\psi_B + 2\frac{E_2 I_2}{b}\psi_D, \quad M_{DB}^t = 2\frac{E_2 I_2}{b}\psi_B + 4\frac{E_2 I_2}{b}\psi_D; \\
M_{CD}^t =& -\frac{q_2\cos(\varepsilon_2)h_2^2}{20\cos^2\varepsilon_2} + 2\frac{E_1 I_1}{h_2}\psi_D\cos\varepsilon_2 - 6\frac{E_1 I_1}{h_2}\frac{\Delta}{h_2}\cos^3\varepsilon_2 + \\
& 6\frac{E_1 I_1}{h_2}\frac{x_2}{h_2}\cos^2\varepsilon_2\cos(\varepsilon_2-\delta_2+\varphi) + 4\frac{E_1 I_1}{h_2}\eta_2\cos\varepsilon_2; \\
M_{DC}^t =& \frac{q_2\cos(\varepsilon_2)h_2^2}{30\cos^2\varepsilon_2} + 4\frac{E_1 I_1}{h_2}\psi_D\cos\varepsilon_2 - 6\frac{E_1 I_1}{h_2}\frac{\Delta}{h_2}\cos^3\varepsilon_2 + \\
& 6\frac{E_1 I_1}{h_2}\frac{x_2}{h_2}\cos^2\varepsilon_2\cos(\varepsilon_2-\delta_2+\varphi) + 2\frac{E_1 I_1}{h_2}\eta_2\cos\varepsilon_2; \\
M_{DF}^t =& 4\frac{E_2 I_2}{b}\psi_D + 2\frac{E_2 I_2}{b}\psi_F; \quad M_{FD}^t = 2\frac{E_2 I_2}{b}\psi_D + 4\frac{E_2 I_2}{b}\psi_F; \\
M_{EF}^t =& -\frac{q_3\cos(\varepsilon_3)h_3^2}{20\cos^2\varepsilon_3} + 2\frac{E_1 I_1}{h_3}\psi_F\cos\varepsilon_3 - 6\frac{E_1 I_1}{h_3}\frac{\Delta}{h_3}\cos^3\varepsilon_3 + \\
& 6\frac{E_1 I_1}{h_3}\frac{x_3}{h_3}\cos^2\varepsilon_3\cos(\varepsilon_3-\delta_3+\varphi) + 4\frac{E_1 I_1}{h_3}\eta_3\cos\varepsilon_3; \\
M_{FE}^t =& \frac{q_3\cos(\varepsilon_3)h_3^2}{30\cos^2\varepsilon_3} + 4\frac{E_1 I_1}{h_3}\psi_F\cos\varepsilon_3 - 6\frac{E_1 I_1}{h_3}\frac{\Delta}{h_3}\cos^3\varepsilon_3 + \\
& 6\frac{E_1 I_1}{h_3}\frac{x_3}{h_3}\cos^2\varepsilon_3\cos(\varepsilon_3-\delta_3+\varphi) + 2\frac{E_1 I_1}{h_3}\eta_3\cos\varepsilon_3
\end{aligned}
\right\} \tag{4-23}
$$

式中，EI 为抗弯刚度（其中下标 1、2 分别表示微型桩与顶板）；q_{1o}、q_{1i}、q_2、q_3 分别表示点 B、A、C、E 处的荷载集度；h_i、ε_i、δ_i、x_i、η_i 分别表示受荷段竖向长度、桩体与竖向夹角、滑面在设桩位置处的水平倾角、微型桩在滑面处的侧移与转角（其中下标 $i=1$、2、3 表示桩排号，分别对应后排桩、中排桩与前排桩）。

根据平衡条件有

$$\left.\begin{array}{l} \Sigma M_B = 0 \Rightarrow M_{BA}^t + M_{BD}^t = 0 \\[4pt] \Sigma M_D = 0 \Rightarrow M_{DB}^t + M_{DC}^t + M_{DF}^t = 0 \\[4pt] \Sigma M_F = 0 \Rightarrow M_{FD}^t + M_{FE}^t = 0 \\[4pt] \Sigma F_x = 0 \Rightarrow Q_{BA}^t + Q_{DC}^t + Q_{FE}^t = 0 \end{array}\right\} \tag{4-24}$$

$$\left.\begin{array}{l} Q_{BA}^t = (-M_{AB}^t - M_{BA}^t - q_{1o}h_1^{\,2}/3 - q_{1i}h_1^{\,2}/6)/h_1 \\[6pt] Q_{AB}^t = Q_{BA}^t + (q_{1o} + q_{1i})h_1/2 \\[6pt] Q_{AB}^t(y) = q_{1o}(h_1 - y) + (q_{1i} - q_{1o})(h_1 - y)^2/2h_1 + Q_{BA}^t \\[6pt] M_{AB}^t(y) = -M_{BA}^t - Q_{BA}^t(h_1 - y) - \dfrac{q_{1o}}{2}(h_1 - y)^2 - \dfrac{(q_{1i} - q_{1o})}{6h_1}(h_1 - y)^3 \\[10pt] Q_{DC}^t = (-M_{CD}^t - M_{DC}^t - q_2 h_2^{\,2}/6)/h_2 \\[6pt] Q_{CD}^t = Q_{DC}^t + q_2 h_2/2 \\[6pt] Q_{CD}^t(y) = q_2(h_2 - y)^2/2h_2 + Q_{DC}^t \\[6pt] M_{CD}^t(y) = -M_{DC}^t - Q_{DC}^t(h_2 - y) - \dfrac{q_2}{6h_2}(h_2 - y)^3 \\[10pt] Q_{FE}^t = (-M_{EF}^t - M_{FE}^t - q_3 h_3^{\,2}/6)/h_3 \\[6pt] Q_{EF}^t = Q_{FE}^t + q_3 h_3/2 \\[6pt] Q_{EF}^t(y) = q_3(h_3 - y)^2/2h_3 + Q_{FE}^t \\[6pt] M_{EF}^t(y) = -M_{FE}^t - Q_{FE}^t(h_3 - y) - \dfrac{q_3}{6h_3}(h_3 - y)^3 \end{array}\right\} \tag{4-25}$$

将式（4-23）代入式（4-24），得

$$\begin{bmatrix} \left(4\dfrac{E_1 I_1}{h_1}\cos\varepsilon_1 + 4\dfrac{E_2 I_2}{b}\right) & 2\dfrac{E_2 I_2}{b} & 0 & -6\dfrac{E_1 I_1}{h_1^{\,2}}\cos^3\varepsilon_1 \\[12pt] 2\dfrac{E_2 I_2}{b} & \left(4\dfrac{E_1 I_1}{h_2}\cos\varepsilon_2 + 8\dfrac{E_2 I_2}{b}\right) & 2\dfrac{E_2 I_2}{b} & -6\dfrac{E_1 I_1}{h_2^{\,2}}\cos^3\varepsilon_2 \\[12pt] 0 & 2\dfrac{E_2 I_2}{b} & \left(4\dfrac{E_1 I_1}{h_3}\cos\varepsilon_3 + 4\dfrac{E_2 I_2}{b}\right) & -6\dfrac{E_1 I_1}{h_3^{\,2}}\cos^3\varepsilon_3 \\[12pt] -6\dfrac{E_1 I_1}{h_1^{\,2}}\cos\varepsilon_1 & -6\dfrac{E_1 I_1}{h_2^{\,2}}\cos\varepsilon_2 & -6\dfrac{E_1 I_1}{h_3^{\,2}}\cos\varepsilon_3 & 12\dfrac{E_1 I_1}{h^3} \end{bmatrix} \begin{bmatrix} \psi_B \\ \psi_D \\ \psi_F \\ \Delta \end{bmatrix}$$

$$= \begin{bmatrix} g_1 \\ g_2 \\ g_3 \\ g_4 \end{bmatrix} \tag{4-26}$$

式中，$g_1 = -\left[\dfrac{q_{1o}h_1^2}{20\cos\varepsilon_1} + \dfrac{q_{1i}h_1^2}{30\cos\varepsilon_1} + 6\dfrac{E_1I_1}{h_1}\dfrac{x_1}{h_1}\cos^2\varepsilon_1\cos(\varepsilon_1-\delta_1+\varphi) + 2\dfrac{E_1I_1}{h_1}\eta_1\cos\varepsilon_1\right]$

$g_2 = -\left[\dfrac{q_2h_2^2}{30\cos\varepsilon_2} + 6\dfrac{E_1I_1}{h_2}\dfrac{x_2}{h_2}\cos^2\varepsilon_2\cos(\varepsilon_2-\delta_2+\varphi) + 2\dfrac{E_1I_1}{h_2}\eta_2\cos\varepsilon_2\right]$

$g_3 = -\left[\dfrac{q_3h_3^2}{30\cos\varepsilon_3} + 6\dfrac{E_1I_1}{h_3}\dfrac{x_3}{h_3}\cos^2\varepsilon_3\cos(\varepsilon_3-\delta_3+\varphi) + 2\dfrac{E_1I_1}{h_3}\eta_3\cos\varepsilon_3\right]$

$g_4 = \dfrac{7q_{1o}h_1}{20\cos\varepsilon_1} + \dfrac{3}{20}P + 12E_1I_1J + 6E_1I_1Z$

其中，$\dfrac{1}{h^3} = \dfrac{\cos^3\varepsilon_1}{h_1^3} + \dfrac{\cos^3\varepsilon_2}{h_2^3} + \dfrac{\cos^3\varepsilon_3}{h_3^3}$

$P = \dfrac{q_{1i}h_1}{\cos\varepsilon_1} + \dfrac{q_2h_2}{\cos\varepsilon_2} + \dfrac{q_3h_3}{\cos\varepsilon_3}$

$J = \dfrac{x_1\cos^2\varepsilon_1\cos(\varepsilon_1-\delta_1+\varphi)}{h_1^3} + \dfrac{x_2\cos^2\varepsilon_2\cos(\varepsilon_2-\delta_2+\varphi)}{h_2^3} + \dfrac{x_3\cos^2\varepsilon_3\cos(\varepsilon_3-\delta_3+\varphi)}{h_3^3}$

$Z = \dfrac{\eta_1\cos\varepsilon_1}{h_1^2} + \dfrac{\eta_2\cos\varepsilon_2}{h_2^2} + \dfrac{\eta_3\cos\varepsilon_3}{h_3^2}$

2. 下部结构（嵌固段）

对研究对象（一根桩的嵌固段）建立坐标系如图 4-2（b）所示。根据微元体的静力平衡条件可得

$$Q + \mathrm{d}Q - Q + p\mathrm{d}y = 0 \Rightarrow \frac{\mathrm{d}Q}{\mathrm{d}y} = -p \tag{4-27}$$

$$M + \mathrm{d}M - M + (p\mathrm{d}y)\frac{\mathrm{d}y}{2} - Q\mathrm{d}y = 0 \Rightarrow \frac{\mathrm{d}M}{\mathrm{d}y} = Q \tag{4-28}$$

根据 Winkler 地基梁模型，桩周岩土作用于桩身的弹性抗力值 p 为

$$p = kxB_p \tag{4-29}$$

式中，x 为侧移，B_p 为计算宽度，其余符号同前。

由等截面直梁的挠曲线近似微分方程可得

$$EI\frac{\mathrm{d}^2x}{\mathrm{d}y^2} = M(y) \tag{4-30}$$

由式（4-27）~式（4-30）得

$$EI\frac{\mathrm{d}^4x}{\mathrm{d}y^4} + kxB_p = 0 \tag{4-31}$$

根据 4.3.1 节中的假设（4），有

$$k = my \tag{4-32}$$

式中，m 为地基系数随深度变化的比例系数。

将式（4-32）代入式（4-31），得

$$EI\frac{\mathrm{d}^4x}{\mathrm{d}y^4} + myxB_p = 0 \tag{4-33}$$

根据微分方程解析理论，微分方程（4-33）的解可用幂级数来表示[221]，即

$$x = \sum_{i=0}^{\infty} a_i y^i \tag{4-34}$$

式中，a_i 为待定常数。对式（4-34）求 1 阶至 4 阶导数，得

$$\begin{cases} \dfrac{\mathrm{d}x}{\mathrm{d}y} = \displaystyle\sum_{i=1}^{\infty} ia_i y^{i-1} \\[2mm] \dfrac{\mathrm{d}^2x}{\mathrm{d}y^2} = \displaystyle\sum_{i=2}^{\infty} i(i-1)a_i y^{i-2} \\[2mm] \dfrac{\mathrm{d}^3x}{\mathrm{d}y^3} = \displaystyle\sum_{i=3}^{\infty} i(i-1)(i-2)a_i y^{i-3} \\[2mm] \dfrac{\mathrm{d}^4x}{\mathrm{d}y^4} = \displaystyle\sum_{i=4}^{\infty} i(i-1)(i-2)(i-3)a_i y^{i-4} \end{cases} \tag{4-35}$$

将式（4-34）与式（4-35）代入式（4-33）并整理得

$$\begin{aligned} &EI\left(\sum_{i=4}^{\infty} i(i-1)(i-2)(i-3)a_i y^{i-4}\right) + myB_p\left(\sum_{i=0}^{\infty} a_i y^i\right) = 0 \\ &\Rightarrow \left(\sum_{i=4}^{\infty} i(i-1)(i-2)(i-3)a_i y^{i-4}\right) = -\frac{mB_p}{EI}\left(\sum_{i=0}^{\infty} a_i y^{i+1}\right) \end{aligned} \tag{4-36}$$

根据次幂相同项的系数相等，可得

$$a_4 = 0 \tag{4-37}$$

$$a_5 = \frac{1}{5!}\left(-\frac{mB_p}{EI}a_0\right) \tag{4-38}$$

$$a_6 = -\frac{2!}{6!}\left(\frac{mB_p}{EI}a_1\right) \tag{4-39}$$

$$a_7 = -\frac{3!}{7!}\left(\frac{mB_p}{EI}a_2\right) \tag{4-40}$$

$$a_8 = -\frac{4!}{8!}\left(\frac{mB_p}{EI}a_3\right) \tag{4-41}$$

$$a_9 = 0 \tag{4-42}$$

由式（4-37）～式（4-42）可知，除 a_4 外，a_{n+4}（$n \geqslant 1$）均可表达为

$$a_{n+4} = -\frac{n!}{(n+4)!}\frac{mB_p}{EI}a_{n-1} \qquad (n = 1,2,3\cdots) \tag{4-43}$$

由式（4-43）、式（4-37）得：$a_4=0$，$a_9=0$，$a_{14}=0$，从而有

$$a_{5j-1}=0 \qquad (j=1,2,3\cdots) \tag{4-44}$$

由式（4-43）得

$$a_5=\frac{1}{5!}\left(-\frac{mB_p}{EI}a_0\right)$$

$$a_{10}=-\frac{6!}{10!}\frac{mB_p}{EI}a_5=-\frac{6!}{10!}\frac{mB_p}{EI}\cdot\frac{1}{5!}\left(-\frac{mB_p}{EI}a_0\right)=(-1)^2\frac{6}{10!}\left(\frac{mB_p}{EI}\right)^2\cdot a_0$$

$$a_{15}=-\frac{11!}{15!}\frac{mB_p}{EI}a_{10}=-\frac{11!}{15!}\frac{mB_p}{EI}\cdot\left[-\frac{6}{10!}\frac{mB_p}{EI}\cdot\left(-\frac{mB_p}{EI}a_0\right)\right]=(-1)^3\frac{11\times6}{15!}\left(\frac{mB_p}{EI}\right)^3\cdot a_0$$

从而有

$$a_{5j}=(-1)^j\left(\frac{mB_p}{EI}\right)^j\frac{(5j-4)!!}{(5j)!}a_0 \quad (j=1,2,3\cdots) \tag{4-45}$$

式中，（5j-4）!!仅作为一种符号，它表示的意义为：(5j-4)!!= (5j-4) [5(j-1)-1] [5(j-2)-1]···[5×2-1] [5×1-1]，下同。

由式（4-43）得

$$a_6=-\frac{2!}{6!}\left(\frac{mB_p}{EI}a_1\right)$$

$$a_{11}=-\frac{7!}{11!}\frac{mB_p}{EI}a_6=-\frac{7!}{11!}\frac{mB_p}{EI}\left[-\frac{2!}{6!}\left(\frac{mB_p}{EI}a_1\right)\right]=(-1)^2\frac{7\times2}{11!}\left(\frac{mB_p}{EI}\right)^2a_1$$

$$a_{16}=-\frac{12!}{16!}\frac{mB_p}{EI}a_{11}=-\frac{12!}{16!}\frac{mB_p}{EI}\cdot(-1)^2\frac{7\times2}{11!}\left(\frac{mB_p}{EI}\right)^2a_1=(-1)^3\frac{12\times7\times2}{16!}\left(\frac{mB_p}{EI}\right)^3a_1$$

进而有

$$a_{5j+1}=(-1)^j\left(\frac{mB_p}{EI}\right)^j\frac{(5j-3)!!}{(5j+1)!}a_1 \qquad (j=1,2,3\cdots) \tag{4-46}$$

由式（4-43）得

$$a_7=-\frac{3!}{7!}\left(\frac{mB_p}{EI}a_2\right)=-\frac{3}{7!}\times2\left(\frac{mB_p}{EI}a_2\right)$$

$$a_{12}=-\frac{8!}{12!}\frac{mB_p}{EI}a_7=(-1)^2\frac{8\times3}{12!}\times2\left(\frac{mB_p}{EI}\right)^2a_2$$

$$a_{17}=-\frac{13!}{17!}\frac{mB_p}{EI}a_{12}=-\frac{13!}{17!}\frac{mB_p}{EI}(-1)^2\frac{8\times3}{12!}\times2\left(\frac{mB_p}{EI}\right)^2a_2=(-1)^3\frac{13\times8\times3}{17!}\times2\left(\frac{mB_p}{EI}\right)^3a_2$$

于是有

$$a_{5j+2}=(-1)^j\left(\frac{mB_p}{EI}\right)^j\frac{2(5j-2)!!}{(5j+2)!}a_2 \qquad (j=1,2,3\cdots) \tag{4-47}$$

由式（4-43）得

$$a_8 = -\frac{4!}{8!}\left(\frac{mB_p}{EI}a_3\right)$$

$$a_{13} = -\frac{9!}{13!}\frac{mB_p}{EI}a_8 = -\frac{9!}{13!}\frac{mB_p}{EI}\left[-\frac{4!}{8!}\left(\frac{mB_p}{EI}a_3\right)\right] = (-1)^2\left(\frac{mB_p}{EI}\right)^2\frac{9\times4}{13!}\times6a_3$$

$$a_{18} = -\frac{14!}{18!}\frac{mB_p}{EI}a_{13} = -\frac{14!}{18!}\frac{mB_p}{EI}\left[(-1)^2\left(\frac{mB_p}{EI}\right)^2\frac{9\times4}{13!}\times6a_3\right] = (-1)^3\left(\frac{mB_p}{EI}\right)^3\frac{14\times9\times4}{18!}\times6a_3$$

可得

$$a_{5j+3} = (-1)^j\left(\frac{mB_p}{EI}\right)^j\frac{6(5j-1)!!}{(5j+3)!}a_3 \quad (j=1,2,3\cdots) \tag{4-48}$$

将式（4-44）～式（4-48）代入（4-34）得

$$x = \sum_{i=0}^{\infty}a_iy^i = a_0y^0 + a_1y^1 + a_2y^2 + a_3y^3 + a_4y^4 + a_5y^5 + \cdots$$

$$= a_0 + a_1y^1 + a_2y^2 + a_3y^3 + \sum_{j=1}^{\infty}a_{5j-1}y^{5j-1} + \sum_{j=1}^{\infty}a_{5j}y^{5j} + \sum_{j=1}^{\infty}a_{5j+1}y^{5j+1} + \sum_{j=1}^{\infty}a_{5j+2}y^{5j+2} + \sum_{j=1}^{\infty}a_{5j+3}y^{5j+3}$$

$$= a_0 + a_1y^1 + a_2y^2 + a_3y^3 + 0 + \sum_{j=1}^{\infty}(-1)^j\left(\frac{mB_p}{EI}\right)^j\frac{(5j-4)!!}{(5j)!}a_0y^{5j} +$$

$$\sum_{j=1}^{\infty}(-1)^j\left(\frac{mB_p}{EI}\right)^j\frac{(5j-3)!!}{(5j+1)!}a_1y^{5j+1} + \sum_{j=1}^{\infty}(-1)^j\left(\frac{mB_p}{EI}\right)^j\frac{2(5j-2)!!}{(5j+2)!}a_2y^{5j+2} +$$

$$\sum_{j=1}^{\infty}(-1)^j\left(\frac{mB_p}{EI}\right)^j\frac{6(5j-1)!!}{(5j+3)!}a_3y^{5j+3} \tag{4-49}$$

进一步整理得

$$x = a_0\left[1 + \sum_{j=1}^{\infty}(-1)^j\left(\frac{mB_p}{EI}\right)^j\frac{(5j-4)!!}{(5j)!}y^{5j}\right] + a_1\left[y + \sum_{j=1}^{\infty}(-1)^j\left(\frac{mB_p}{EI}\right)^j\frac{(5j-3)!!}{(5j+1)!}y^{5j+1}\right] +$$

$$a_2\left[y^2 + \sum_{j=1}^{\infty}(-1)^j\left(\frac{mB_p}{EI}\right)^j\frac{2(5j-2)!!}{(5j+2)!}y^{5j+2}\right] + a_3\left[y^3 + \sum_{j=1}^{\infty}(-1)^j\left(\frac{mB_p}{EI}\right)^j\frac{6(5j-1)!!}{(5j+3)!}y^{5j+3}\right]$$

$$\tag{4-50}$$

根据桩在滑面处的边界条件可得

$$\left.\begin{array}{l}
x\big|_{y=0} = x_i \Rightarrow a_0 = x_i \\[2mm]
\dfrac{dx}{dy}\big|_{y=0} = \eta_i \Rightarrow a_1 = \varphi_i \\[2mm]
EI\dfrac{d^2x}{dy^2}\big|_{y=0} = M_i \Rightarrow EI(2a_2) = M_i \Rightarrow a_2 = \dfrac{M_i}{2EI} \\[2mm]
EI\dfrac{d^3x}{dy^3}\big|_{y=0} = Q_i \Rightarrow EI(6a_3) = Q_i \Rightarrow a_3 = \dfrac{Q_i}{6EI}
\end{array}\right\} \tag{4-51}$$

式中，x_i、φ_i、M_i、Q_i 分别表示滑面处的侧移、转角、弯矩、剪力。

将式（4-51）代入式（4-50）得

$$x = x_i\left[1+\sum_{j=1}^{\infty}(-1)^j\left(\frac{mB_p}{EI}\right)^j\frac{(5j-4)!!}{(5j)!}y^{5j}\right]+\eta_i\left[y+\sum_{j=1}^{\infty}(-1)^j\left(\frac{mB_p}{EI}\right)^j\frac{(5j-3)!!}{(5j+1)!}y^{5j+1}\right]+$$

$$\frac{M_i}{2EI}\left[y^2+\sum_{j=1}^{\infty}(-1)^j\left(\frac{mB_p}{EI}\right)^j\frac{2(5j-2)!!}{(5j+2)!}y^{5j+2}\right]+\frac{Q_i}{6EI}\left[y^3+\sum_{j=1}^{\infty}(-1)^j\left(\frac{mB_p}{EI}\right)^j\frac{6(5j-1)!!}{(5j+3)!}y^{5j+3}\right]$$

$$（4\text{-}52）$$

令 $\alpha^5=mB_p/EI$，则式（4-52）化为

$$x = x_i\left[1+\sum_{j=1}^{\infty}(-1)^j\frac{(5j-4)!!}{(5j)!}(\alpha y)^{5j}\right]+\frac{\eta_i}{\alpha}\left[\alpha y+\sum_{j=1}^{\infty}(-1)^j\frac{(5j-3)!!}{(5j+1)!}(\alpha y)^{5j+1}\right]+$$

$$\frac{M_i}{\alpha^2 EI}\left[\frac{(\alpha y)^2}{2}+\sum_{j=1}^{\infty}(-1)^j\frac{(5j-2)!!}{(5j+2)!}(\alpha y)^{5j+2}\right]+\frac{Q_i}{\alpha^3 EI}\left[\frac{(\alpha y)^3}{6}+\sum_{j=1}^{\infty}(-1)^j\frac{(5j-1)!!}{(5j+3)!}(\alpha y)^{5j+3}\right]$$

$$= x_i A_x+\frac{\eta_i}{\alpha}B_x+\frac{M_i}{\alpha^2 EI}C_x+\frac{Q_i}{\alpha^3 EI}D_x \qquad （4\text{-}53）$$

式中，A_x、B_x、C_x、D_x 分别表示随桩的换算深度而异的侧移影响函数值，它们的表达式如下：

$$A_x=1+\sum_{j=1}^{\infty}(-1)^j\frac{(5j-4)!!}{(5j)!}(\alpha y)^{5j};\quad B_x=\alpha y+\sum_{j=1}^{\infty}(-1)^j\frac{(5j-3)!!}{(5j+1)!}(\alpha y)^{5j+1};$$

$$C_x=\frac{(\alpha y)^2}{2}+\sum_{j=1}^{\infty}(-1)^j\frac{(5j-2)!!}{(5j+2)!}(\alpha y)^{5j+2};\quad D_x=\frac{(\alpha y)^3}{6}+\sum_{j=1}^{\infty}(-1)^j\frac{(5j-1)!!}{(5j+3)!}(\alpha y)^{5j+3}$$

对式（4-53）求一次导数并结合转角与侧移之间的微分关系，可得

$$\frac{\varphi}{\alpha}=x_i A_\varphi+\frac{\eta_i}{\alpha}B_\varphi+\frac{M_i}{\alpha^2 EI}C_\varphi+\frac{Q_i}{\alpha^3 EI}D_\varphi \qquad （4\text{-}54）$$

式中，A_φ、B_φ、C_φ、D_φ 分别表示随桩的换算深度而异的转角影响函数值，它们的表达式如下：

$$A_\varphi=\sum_{j=1}^{\infty}(-1)^j\frac{(5j-4)!!}{(5j-1)!}(\alpha y)^{5j-1};\quad B_\varphi=1+\sum_{j=1}^{\infty}(-1)^j\frac{(5j-3)!!}{(5j)!}(\alpha y)^{5j};$$

$$C_\varphi=\alpha y+\sum_{j=1}^{\infty}(-1)^j\frac{(5j-2)!!}{(5j+1)!}(\alpha y)^{5j+1};\quad D_\varphi=\frac{(\alpha y)^2}{2}+\sum_{j=1}^{\infty}(-1)^j\frac{(5j-1)!!}{(5j+2)!}(\alpha y)^{5j+2}$$

对（4-54）式求一次导数，可得

$$\frac{1}{\alpha}\frac{\mathrm{d}^2 x}{\mathrm{d}y^2}=x_i\frac{\mathrm{d}A_\varphi}{\mathrm{d}y}+\frac{\eta_i}{\alpha}\frac{\mathrm{d}B_\varphi}{\mathrm{d}y}+\frac{M_i}{\alpha^2 EI}\frac{\mathrm{d}C_\varphi}{\mathrm{d}y}+\frac{Q_i}{\alpha^3 EI}\frac{\mathrm{d}D_\varphi}{\mathrm{d}y} \qquad （4\text{-}55）$$

式中

$$\frac{\mathrm{d}A_\varphi}{\mathrm{d}y} = \alpha \sum_{j=1}^{\infty} (-1)^j \frac{(5j-4)!!}{(5j-2)!} (\alpha y)^{5j-2}; \quad \frac{\mathrm{d}B_\varphi}{\mathrm{d}y} = \alpha \sum_{j=1}^{\infty} (-1)^j \frac{(5j-3)!!}{(5j-1)!} (\alpha y)^{5j-1}$$

$$\frac{\mathrm{d}C_\varphi}{\mathrm{d}y} = \alpha \left[1 + \sum_{j=1}^{\infty} (-1)^j \frac{(5j-2)!!}{(5j)!} (\alpha y)^{5j} \right]; \quad \frac{\mathrm{d}D_\varphi}{\mathrm{d}y} = \alpha \left[\alpha y + \sum_{j=1}^{\infty} (-1)^j \frac{(5j-1)!!}{(5j+1)!} (\alpha y)^{5j+1} \right]$$

即

$$\frac{1}{\alpha^2} \frac{\mathrm{d}^2 x}{\mathrm{d}y^2} = x_i A_M + \frac{\eta_i}{\alpha} B_M + \frac{M_i}{\alpha^2 EI} C_M + \frac{Q_i}{\alpha^3 EI} D_M \qquad (4\text{-}56\text{a})$$

式中

$$\left.\begin{array}{l} A_M = \sum_{j=1}^{\infty} (-1)^j \dfrac{(5j-4)!!}{(5j-2)!} (\alpha y)^{5j-2}; \quad B_M = \sum_{j=1}^{\infty} (-1)^j \dfrac{(5j-3)!!}{(5j-1)!} (\alpha y)^{5j-1}; \\[4mm] C_M = 1 + \sum_{j=1}^{\infty} (-1)^j \dfrac{(5j-2)!!}{(5j)!} (\alpha y)^{5j}; \quad D_M = \alpha y + \sum_{j=1}^{\infty} (-1)^j \dfrac{(5j-1)!!}{(5j+1)!} (\alpha y)^{5j+1} \end{array}\right\} \quad (4\text{-}56\text{b})$$

根据梁的挠曲线近似微分方程式（4-30）得

$$EI \frac{\mathrm{d}^2 x}{\mathrm{d}y^2} = M \Rightarrow \frac{\mathrm{d}^2 x}{\alpha^2 \mathrm{d}y^2} = \frac{M}{\alpha^2 EI} \qquad (4\text{-}57)$$

将式（4-57）代入式（4-56a）得

$$\frac{M}{\alpha^2 EI} = x_i A_M + \frac{\eta_i}{\alpha} B_M + \frac{M_i}{\alpha^2 EI} C_M + \frac{Q_i}{\alpha^3 EI} D_M \qquad (4\text{-}58)$$

式中，A_M、B_M、C_M、D_M 分别表示随桩的换算深度而异的弯矩影响函数值。

对式（4-58）式求一次导，得

$$\frac{1}{\alpha^2 EI} \frac{\mathrm{d}M}{\mathrm{d}y} = x_i \frac{\mathrm{d}A_M}{\mathrm{d}y} + \frac{\eta_i}{\alpha} \frac{\mathrm{d}B_M}{\mathrm{d}y} + \frac{M_i}{\alpha^2 EI} \frac{\mathrm{d}C_M}{\mathrm{d}y} + \frac{Q_i}{\alpha^3 EI} \frac{\mathrm{d}D_M}{\mathrm{d}y} \qquad (4\text{-}59)$$

式中

$$\frac{\mathrm{d}A_M}{\mathrm{d}y} = \alpha \sum_{j=1}^{\infty} (-1)^j \frac{(5j-4)!!}{(5j-3)!} (\alpha y)^{5j-3}; \quad \frac{\mathrm{d}B_M}{\mathrm{d}y} = \alpha \sum_{j=1}^{\infty} (-1)^j \frac{(5j-3)!!}{(5j-2)!} (\alpha y)^{5j-2}$$

$$\frac{\mathrm{d}C_M}{\mathrm{d}y} = \alpha \sum_{j=1}^{\infty} (-1)^j \frac{(5j-2)!!}{(5j-1)!} (\alpha y)^{5j-1}; \quad \frac{\mathrm{d}D_M}{\mathrm{d}y} = \alpha \left[1 + \sum_{j=1}^{\infty} (-1)^j \frac{(5j-1)!!}{(5j)!} (\alpha y)^{5j} \right]$$

由式（4-57）得

$$EI \frac{\mathrm{d}^3 x}{\mathrm{d}y^3} = \frac{\mathrm{d}M}{\mathrm{d}y}$$

将其代入式（4-59）并结合式（4-28），得

$$\frac{1}{\alpha^2 EI}\frac{\mathrm{d}M}{\mathrm{d}y} = \frac{Q}{\alpha^2 EI} = x_i\frac{\mathrm{d}A_M}{\mathrm{d}y} + \frac{\eta_i}{\alpha}\frac{\mathrm{d}B_M}{\mathrm{d}y} + \frac{M_i}{\alpha^2 EI}\frac{\mathrm{d}C_M}{\mathrm{d}y} + \frac{Q_i}{\alpha^3 EI}\frac{\mathrm{d}D_M}{\mathrm{d}y} \qquad (4\text{-}60)$$

即

$$\frac{Q}{\alpha^3 EI} = x_i A_Q + \frac{\eta_i}{\alpha}B_Q + \frac{M_i}{\alpha^2 EI}C_Q + \frac{Q_i}{\alpha^3 EI}D_Q \qquad (4\text{-}61\text{a})$$

式中，A_Q、B_Q、C_Q、D_Q分别表示随桩的换算深度而异的剪力影响函数值。

$$\left.\begin{array}{l} A_Q = \displaystyle\sum_{j=1}^{\infty}(-1)^j\frac{(5j-4)!!}{(5j-3)!}(\alpha y)^{5j-3}; \quad B_Q = \displaystyle\sum_{j=1}^{\infty}(-1)^j\frac{(5j-3)!!}{(5j-2)!}(\alpha y)^{5j-2}; \\[3mm] C_Q = \displaystyle\sum_{j=1}^{\infty}(-1)^j\frac{(5j-2)!!}{(5j-1)!}(\alpha y)^{5j-1}; \quad D_Q = \left[1+\displaystyle\sum_{j=1}^{\infty}(-1)^j\frac{(5j-1)!!}{(5j)!}(\alpha y)^{5j}\right] \end{array}\right\} \qquad (4\text{-}61\text{b})$$

因此，组合结构加固均质土坡时嵌固段（3根桩）的桩身截面侧向位移、转角、弯矩、剪力就可分别由式（4-53）、（4-54）、（4-58）、（4-61a）表达。图 4-2 中的三根桩的嵌固段可用式（4-62）统一表达如下：

$$\left.\begin{array}{l} x_i^e = x_i A_x + \dfrac{\eta_i}{\alpha}B_x + \dfrac{M_i}{\alpha^2 EI}C_x + \dfrac{Q_i}{\alpha^3 EI}D_x \\[3mm] \dfrac{\varphi_i^e}{\alpha} = x_i A_\varphi + \dfrac{\eta_i}{\alpha}B_\varphi + \dfrac{M_i}{\alpha^2 EI}C_\varphi + \dfrac{Q_i}{\alpha^3 EI}D_\varphi \\[3mm] \dfrac{M_i^e}{\alpha^2 EI} = x_i A_M + \dfrac{\eta_i}{\alpha}B_M + \dfrac{M_i}{\alpha^2 EI}C_M + \dfrac{Q_i}{\alpha^3 EI}D_M \\[3mm] \dfrac{Q_i^e}{\alpha^3 EI} = x_i A_Q + \dfrac{\eta_i}{\alpha}B_Q + \dfrac{M_i}{\alpha^2 EI}C_Q + \dfrac{Q_i}{\alpha^3 EI}D_Q \end{array}\right\} \qquad (4\text{-}62)$$

式中，上标 e 表示嵌固段，下标 $i=1$，2，3 表示桩排号，其余符号含义同前。

这样，根据式（4-25）可求出$[\Psi_B, \Psi_D, \Psi_F, \Delta]^{\mathrm{T}}$的表达式，但其中含有 q_{1o}、q_{1i}、q_2、q_3、x_1、x_2、x_3、η_1、η_2、η_3 等 10 个独立未知量，为最终求出组合结构的内力与变形，需建立关于上述未知量的 10 个独立方程。下面详述这一过程。

弹性地基梁底部的边界条件为自由边界，则有桩底的弯矩与剪力均为 0，即

$$\begin{cases} M_i^b = 0(i=1,2,3) \\ Q_i^b = 0(i=1,2,3) \end{cases} \qquad (4\text{-}63)$$

式中，M_i^b、Q_i^b 分别表示微型桩桩底截面的弯矩与剪力（下标 i 表示桩排号），它们满足式（4-64a）。

$$\begin{cases} \dfrac{M_i^b}{\alpha^2 E_1 I_1} = x_i A_{Mi} + \dfrac{\eta_i}{\alpha}B_{Mi} + \dfrac{M_i}{\alpha^2 E_1 I_1}C_{Mi} + \dfrac{Q_i}{\alpha^3 E_1 I_1}D_{Mi} \\[3mm] \dfrac{Q_i^b}{\alpha^3 E_1 I_1} = x_i A_{Qi} + \dfrac{\eta_i}{\alpha}B_{Qi} + \dfrac{M_i}{\alpha^2 E_1 I_1}C_{Qi} + \dfrac{Q_i}{\alpha^3 E_1 I_1}D_{Qi} \end{cases} \qquad (4\text{-}64\text{a})$$

对应于前面的推导公式（4-56b）及（4-61b）可得

$$
\begin{cases}
A_{Mi} = \sum_{j=1}^{\infty} (-1)^j \dfrac{(5j-4)!!}{(5j-2)!} (\alpha h_i^e)^{5j-2} \\[2mm]
B_{Mi} = \sum_{j=1}^{\infty} (-1)^j \dfrac{(5j-3)!!}{(5j-1)!} (\alpha h_i^e)^{5j-1} \\[2mm]
C_{Mi} = 1 + \sum_{j=1}^{\infty} (-1)^j \dfrac{(5j-2)!!}{(5j)!} (\alpha h_i^e)^{5j} \\[2mm]
D_{Mi} = \alpha y + \sum_{j=1}^{\infty} (-1)^j \dfrac{(5j-1)!!}{(5j+1)!} (\alpha h_i^e)^{5j+1} \\[2mm]
A_{Qi} = \sum_{j=1}^{\infty} (-1)^j \dfrac{(5j-4)!!}{(5j-3)!} (\alpha h_i^e)^{5j-3} \\[2mm]
B_{Qi} = \sum_{j=1}^{\infty} (-1)^j \dfrac{(5j-3)!!}{(5j-2)!} (\alpha h_i^e)^{5j-2} \\[2mm]
C_{Qi} = \sum_{j=1}^{\infty} (-1)^j \dfrac{(5j-2)!!}{(5j-1)!} (\alpha h_i^e)^{5j-1} \\[2mm]
D_{Qi} = 1 + \sum_{j=1}^{\infty} (-1)^j \dfrac{(5j-1)!!}{(5j)!} (\alpha h_i^e)^{5j}
\end{cases}
\tag{4-64b}
$$

式中，h_i^e 表示嵌固段长度（$i=1$，2，3 分别对应后排桩、中排桩和前排桩）。

由组合结构受荷段与嵌固段在滑面处的耦合条件可得

$$
\begin{cases}
M_1 = M_{AB}^t, \quad M_2 = M_{CD}^t, \quad M_3 = M_{EF}^t \\[1mm]
Q_1 = Q_{AB}^t, \quad Q_2 = Q_{CD}^t, \quad Q_3 = Q_{EF}^t
\end{cases}
\tag{4-64c}
$$

根据 4.3.1 节中的假设（5），则三根桩在桩顶的转角相等，可得

$$
\begin{cases}
\psi_B = \psi_D \\[1mm]
\psi_D = \psi_F
\end{cases}
\tag{4-65}
$$

根据三根桩在滑面处的弯矩之和、剪力之和分别与 4.3.2 节中所得到的相应总弯矩[式（4-22b）]、总剪力[式（4-22a）]相等的条件，又可得到以下 2 个独立方程：

$$
\begin{cases}
M_{AB}^t + M_{CD}^t + M_{EF}^t = M_1^u \\[1mm]
Q_{AB}^t + Q_{CD}^t + Q_{EF}^t = P_1
\end{cases}
\tag{4-66}
$$

由式（4-63）、（4-65）、（4-66）即构成了含有 q_{1o}、q_{1i}、q_2、q_3、x_1、x_2、x_3、η_1、η_2、η_3 等 10 个未知量的独立方程，通过编程可求解出所含未知量。进而，根据本节的相关公式，全桩的内力变形均可求出。为方便应用，将整个的求解过程整理成如图 4-3 所示的流程图，具体求解步骤如下：

步骤 1：输入参数：β_1、β_2、κ_1、κ_2、H、Y、σ、τ、L_1、L_F、n、F_s，代入式（4-21），计算出组合结构所提供的单位宽度上的加固力 P，然后将其代入式（4-20），计算出组合结构

在滑面处的弯矩 M^u；然后将求出的 P 与 M^u 代入式（4-22a）、（4-22b）中，求出 P_1 与 M_1^u。

步骤 2： 由式（4-26）计算出 $[\varPsi_B, \varPsi_D, \varPsi_F, \varDelta]^T$ 的表达式，再回代至式（4-23）中，求出每根桩受荷段的杆端弯矩：M_{AB}^t、M_{BA}^t、M_{CD}^t、M_{DC}^t、M_{EF}^t、M_{FE}^t，将杆端弯矩代入式（4-25）中，求出相应的杆端剪力：Q_{AB}^t、Q_{BA}^t、Q_{CD}^t、Q_{DC}^t、Q_{EF}^t、Q_{FE}^t。

步骤 3： 将步骤 2 中求出的 M_{AB}^t、M_{CD}^t、M_{EF}^t 以及 Q_{AB}^t、Q_{CD}^t、Q_{EF}^t 代入式（4-64c）求出 M_1、M_2、M_3、Q_1、Q_2、Q_3。

步骤 4： 将步骤 3 求出的 M_1、M_2、M_3、Q_1、Q_2、Q_3 代入式（4-64a）后再代入式（4-63）中，将步骤 1 求出的 P_1 和 M_1^u 代入式（4-66）中，联立式（4-63）、（4-65）、（4-66），求出 q_{1o}、q_{1i}、q_2、q_3、x_1、x_2、x_3、η_1、η_2、η_3 等 10 个未知量。

步骤 5： 将步骤 4 求出的 q_{1o}、q_{1i}、q_2、q_3、x_1、x_2、x_3、η_1、η_2、η_3 代入式（4-23），然后代入式（4-25）中，求出组合结构受荷段的内力。

步骤 6： 将步骤 3 与步骤 4 中求出的 M_1、M_2、M_3、Q_1、Q_2、Q_3 以及 x_1、x_2、x_3、η_1、η_2、η_3 代入式（4-62），求出组合结构嵌固段的内力。

至此，组合结构每根桩的内力变形就全部都得到了。上述求解思路可通过 MATLAB 编程实现。

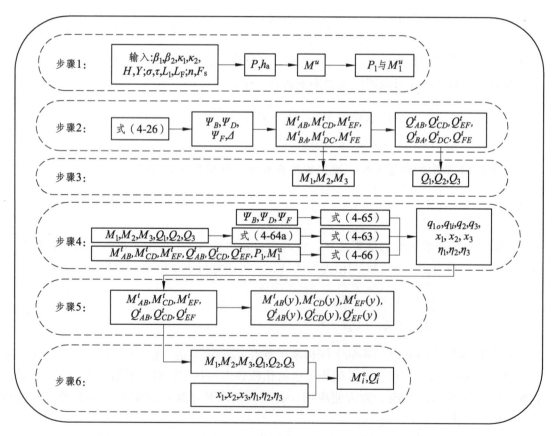

图 4-3　均质土坡组合结构内力计算流程

4.4 计算方法验证

针对图 4-4 所示的均质土坡，采用模型试验与数值模拟方法确定桩体结构内力，对前述的微型桩组合结构理论计算方法进行验证。该模型边坡由两级坡构成，上级坡坡高 0.4 m（坡比为 1∶1），下级坡坡高 0.35 m（坡比为 1∶0.7），中间平台宽为 0.267 m，在平台中部沿边坡走向以间距为 20 cm 布置 3 个 3×3 型式的组合结构，其中的单桩长度为 0.67 m，桩间距 6 cm，顶板厚度为 3.3 cm，其余尺寸见图 4-4。

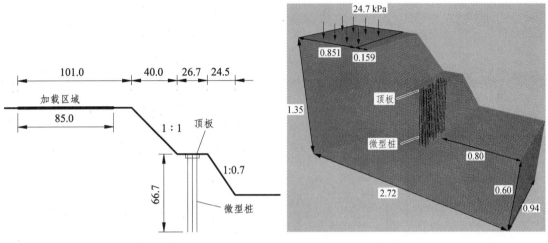

(a) 边坡横断面示意图（单位：cm）　　　　　(b) 数值模型（单位：m）

图 4-4　均质土坡

4.4.1 计算参数

对于图 4-4 所示的均质边坡，坡体材料与组合抗滑结构（弹性体）的物理力学参数如表 4-1 所示。滑床土体地基系数 m 取为 9 MPa/m²。

表 4-1　岩土体及结构物理力学参数

名称	容重 γ/（kN/m³）	黏聚力 c/kPa	内摩擦角 φ/（°）	弹性模量 E/MPa	泊松比 ν
土体	20	5	13	6	0.35
微型桩	27	—	—	4 200	0.3
顶板	10	—	—	2 000	0.2

4.4.2 滑坡推力与结构内力

根据《建筑边坡工程技术规范》（GB 50330—2013）[222]，二级永久边坡在一般工况下的稳定安全系数为 1.30，此算例取设计安全系数为 1.30。依据第 4.3.2 节图 4-3 中的计算流程对图 4-4 所示的均质土坡算例进行计算。

执行步骤 1：将边坡几何尺寸及相应的物理力学参数代入 4.2.2 节的式（4-21）中计算得：每延米的桩后推力为 0.785 kN，平均受荷段长度为 0.41 m。

执行步骤 2~6：根据图 4-3 中的步骤 2~步骤 6（具体参见图 4-3，在此不再赘述），即可得到组合结构内力结果如图 4-5~4-10 所示。

可见，后排、中排、前排最大弯矩分别为 1.855 N·m、1.576 N·m、1.855 N·m，最大量值分别出现在滑面以下 0.207、0.179、0.207 倍桩长位置；后排、中排、前排最大剪力分别为 19.72 N、11.82 N、19.72 N，最大量值均位于滑面位置。其中，中排桩桩顶弯矩量值（1.996 N·m）大于后排与前排桩（0.998 1 N·m），中排桩桩顶剪力量值（5.592 N）也大于其他两根桩（2.796 N）。

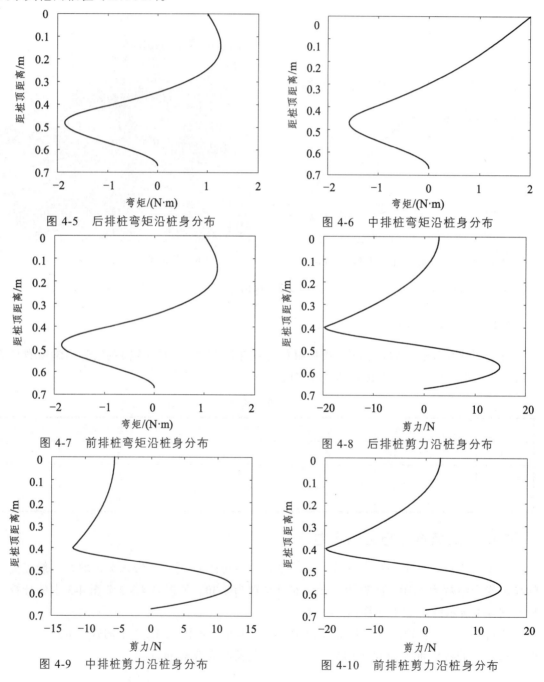

图 4-5 后排桩弯矩沿桩身分布

图 4-6 中排桩弯矩沿桩身分布

图 4-7 前排桩弯矩沿桩身分布

图 4-8 后排桩剪力沿桩身分布

图 4-9 中排桩剪力沿桩身分布

图 4-10 前排桩剪力沿桩身分布

4.4.3 模型试验与数值模拟

1. 室内模型试验

（1）试验模型。

室内模型试验采用西南交通大学岩土试验中心模型箱，其内壁净尺寸为 2.72 m×0.94 m×1.5 m（长×宽×高），如图 4-11 所示。模型箱框架采用∠80×80×6 mm 的角钢焊接，两面（两侧）附钢化玻璃并在四面角处加斜撑，防止变形，为了便于滑坡模型填筑与清理，模型箱前侧的钢板可拆卸。由于模型尺寸的限制造成边界条件对试验的成败影响较大，应尽量减小模型内壁与土体间的摩擦力，所以本试验采用钢化玻璃刷润滑油的方式以尽可能减小边界摩擦对试验所产生的干扰。

图 4-11 室内试验模型箱

基于西南某铁路工程路堑边坡实际情况，确定概化的室内试验模型，结合室内场地条件，采取的模型坡体几何相似比约为 1∶20，重度相似比为 1∶1，以此进行室内模拟试验。模型边坡由两级坡构成，上下级边坡之间由一个平台连接，沿平台宽度方向布设 3 个微型桩组合结构单元，每个单元中的 9 根桩均由一块顶板连接（见图 4-12）。模型边坡的岩土材料部分采用细石英砂（40~70 目）∶陶土∶水=50∶3∶2 的配比配制而成（见图 4-13），其重度为 20 kN/m³。

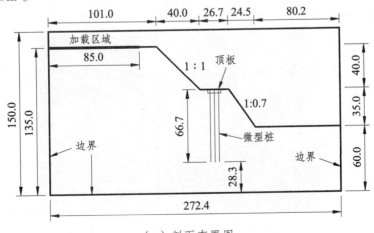

（a）剖面布置图

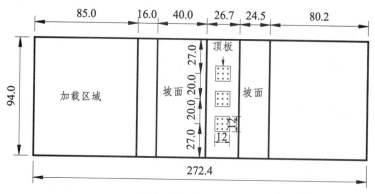

（b）平面布置图

图 4-12 模型试验边坡平面布置图与剖面布置图（单位：cm）

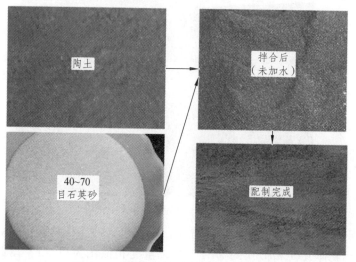

图 4-13 均质土坡坡体材料配制过程

每个组合结构单元的微型桩和顶板分别采用铝管（外径 8 mm、内径 7 mm）和硬质木板（厚度 2.6 cm）模拟（见图 4-14）。注意：底部的硬质木板只是起到临时固定铝管相对位置的作用，在将组合结构布设于边坡中时将取下。组合结构在模型中的位置及其填筑过程如图 4-15 所示，制作完成的土坡如图 4-16 所示。

图 4-14 模型微型桩组合结构单元

（a）组合结构布置正面照（未填筑）　　　（b）组合结构布置侧面照（未填筑）

（c）填筑约 2/5 桩长的高度　　　　　　（d）填筑约 3/4 桩长的高度

图 4-15　组合结构布设位置及土坡填筑过程

图 4-16　填筑完成的均质土坡模型

（2）测点布设。

边坡位移、桩前桩后的坡体压力以及桩身应力是本次模型试验所关注的内容。试验中分别在中间剖面的每一级坡的坡顶、坡面、坡脚各设置一个水平位移量测点（见图 4-17）。在模型中部的单元组合结构中对微型单桩的桩前桩后的坡体压力与桩身应变进行量测（见图 4-18），以获取坡体压力及桩体内力沿桩身的分布。

试验中采用 3 个量程为 0～30 mm 百分表对水平位移进行量测（见图 4-17），采用 48 个 BX120-3AA 电阻式土压力计（见图 4-19）对作用于微型桩前后的坡体压力进行量测，采用 56 个 BFH120-3AA-D100 的电阻应变片（见图 4-18、4-19）对桩身应变进行量测（而后通过相应的转换关系得到桩身的弯矩分布）。应变片和土压力计与 DH3816 静态应变测量系统（见图 4-20）分别采用半桥接法与全桥接法进行连接。

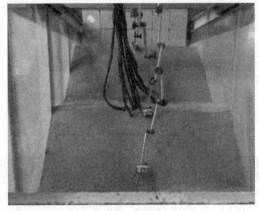

图 4-17　百分表布设照片

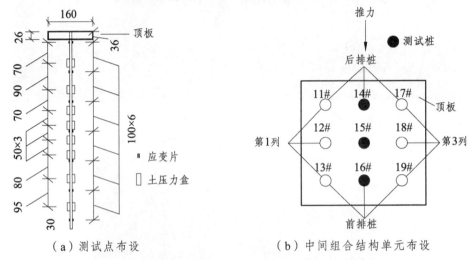

（a）测试点布设　　　　　　　　　　（b）中间组合结构单元布设

图 4-18　测试元件及模型桩布设（单位：mm）

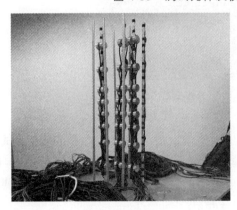

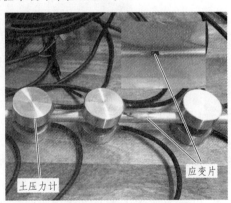

（a）整体照片　　　　　　　　　　（b）局部放大照片

图 4-19　应变片及土压力计布设照片

图 4-20　试验数据采集系统

（3）试验方法。

本次试验采用坡顶逐级堆载的方式（见图 4-21 与表 4-2）来模拟坡体达到极限状态时坡体与组合结构的相互作用，通过量测桩身不同位置处的坡体压力与应变，得到坡体压力与弯矩沿桩身的分布。

表 4-2　逐级堆载表

级数	1	2	3	4	5	6	7	8
质量/kg	443.5	666.6	890	1 112.8	1 338.85	1 563	1 787.35	2 014.15
压力/kPa	5.4	8.2	10.9	13.6	16.4	19.2	21.9	24.7

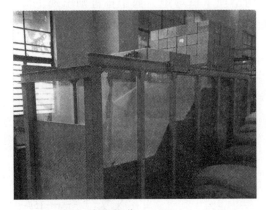
（a）坡体堆载 1 563 kg

（b）坡体堆载 2 014.15 kg

图 4-21　试验边坡加载过程

（4）试验结果。

通过一系列模型试验，得到了微型桩组合结构的桩侧坡体压力及结构内力。以表 4-2 中的第 6 级（堆载 1 563 kg）与第 8 级（堆载 2 014.15 kg）堆载为例，相关结果如图 4-22 ~ 图 4-27 所示。

① 坡体压力。

当第 6 级堆载[见图 4-21（a）]与第 8 级堆载[见图 4-21（b）]时，后排桩、中排桩、前排桩土压力（桩后-桩前）沿桩身的分布分别如图 4-22 与图 4-23 所示，其中虚线是插值结果，标记说明符号是试验测试点数据（下同）。由图可知，当第 6 级堆载时，滑面以上桩身所受的净坡体压力大小为：前排>后排>中排；当第 8 级堆载时，滑面以上桩身所受的净坡体压力大小为：后排>中排≈前排；第 8 级堆载时各桩所受净坡体压力大于第 6 级，尤其是后排桩。由此可见，不同堆载下各排桩所受坡体压力大小会发生一定的变化。

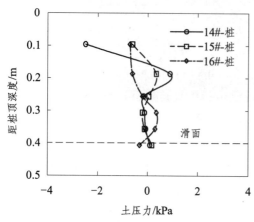 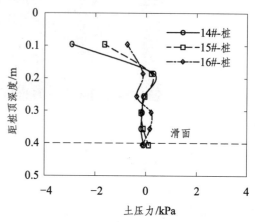

图 4-22　第 6 级堆载时各桩净坡体压力分布　　图 4-23　第 8 级堆载时各桩净坡体压力分布

② 桩身弯矩。

当堆载 1 563 kg 与 2 014.15 kg 时，三排桩的弯矩沿桩身分布分别如图 4-24、4-25 所示。由图可知，第 6 级堆载与第 8 级堆载下的弯矩分布总体趋势是一致的。在滑面以上部分，后排与前排桩的弯矩分布比较相似，桩顶均出现了负弯矩，而中排桩则出现正弯矩。当堆载从 1 563 kg 增加到 2 014.15 kg 后，后排桩弯矩明显增大。两级堆载下弯矩最大值均出现在后排桩。

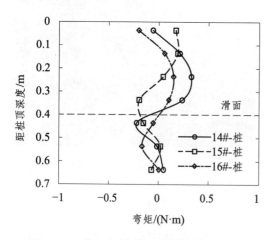 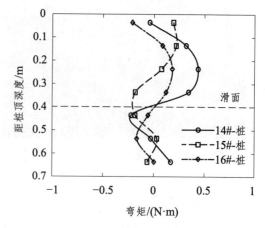

图 4-24　第 6 级堆载时各桩弯矩分布　　　　图 4-25　第 8 级堆载时各桩弯矩分布

③ 桩身剪力。

当堆载 1 563 kg 与 2 014.15 kg 时，三排桩的剪力沿桩身分布分别如图 4-26、4-27 所示。由图可知，两级堆载下的剪力分布总体趋势是一致的。在滑面以上部分，后排与前排桩的剪力分布比较相似，桩顶均出现了正剪力，而中排桩则出现负剪力。当堆载从 1 563 kg 增加到 2 014.15 kg 后，后排桩与前排桩剪力明显增大。两级堆载下剪力最大值均出现在后排桩。这与弯矩的情况一致。

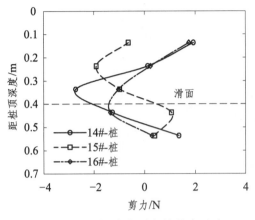
图 4-26　第 6 级堆载时各桩剪力分布

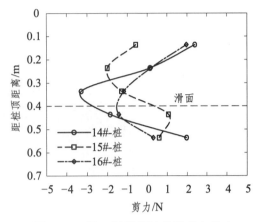
图 4-27　第 8 级堆载时各桩剪力分布

2. 三维数值模拟

采用 FLAC³ᴰ 数值模拟软件对图 4-4 所示的边坡建立三维数值模型如图 4-28 所示，数值模拟计算参数如表 4-1 所示。与模型试验一样，数值模拟中也分 8 级（见表 4-2）在坡顶堆载。同样以表 4-2 中的第 6 级（堆载 1 563 kg）与第 8 级（堆载 2 014.15 kg）堆载为例，相关数值模拟结果如图 4-29 ~ 图 4-35 所示。

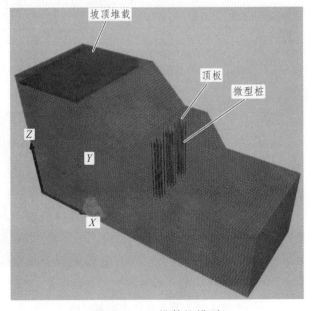
图 4-28　三维数值模型

① 潜在滑面。

第6级、第8级堆载以及极限状态下的最大剪应变增量云图如图4-29所示。由图4-29（a）、图4-29（b）可知，在第6级、第8级堆载时坡体并未形成贯通的滑面，亦即未达到极限状态。当对边坡进行折减1.30时边坡达到极限状态，对应的最大剪应变增量云图如图4-29（c）所示，由图可知，最危险潜在滑面（距桩顶0.4 m）穿过组合结构中部偏下的位置。

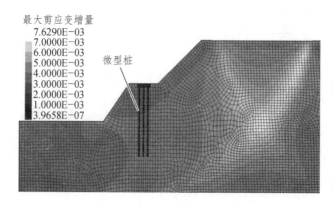

（a）第6级堆载时

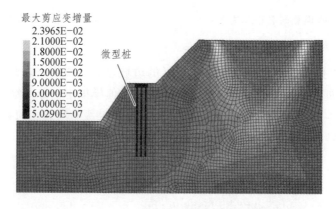

（b）第8级堆载时

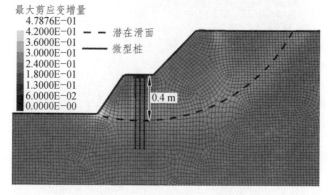

（c）极限状态

图4-29　最大剪应变增量云图

② 坡体压力。

当第6级堆载与第8级堆载时，后排桩、中排桩、前排桩土压力（桩后-桩前）沿桩身的分布分别如图4-30与图4-31所示。由图可知，当第6级堆载时，滑面以上桩身所受的净坡体压力大小为：后排>中排>前排，这与模型试验不同，这是因为模型试验中，土压力测点在 0.096 m 以上没有测点，且由数值模拟揭示该部分的土压力量值较大，因此造成上述结论的不同，这也从侧面反映出模型试验的不足，而这恰好可由数值模拟试验来弥补；当第8级堆载时，滑面以上桩身所受的净坡体压力大小为：后排>中排>前排，这与模型试验结果一致；第8级堆载时各桩所受净坡体压力略大于第6级。极限状态下各排桩土压力分布如图4-32所示，由图可知，各桩的土压力明显大于第8级堆载情况下，总体而言，后排桩土压力沿桩身的分布可看作一个梯形，中排桩与前排桩则可视为三角形，这从侧面验证了4.3.1节中关于组合结构内力计算模型的假设的合理性。

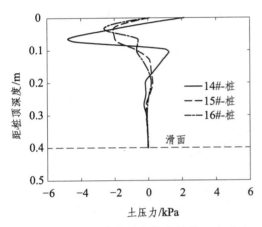

图 4-30　第6级堆载时各桩净坡体压力分布　　图 4-31　第8级堆载时各桩净坡体压力分布

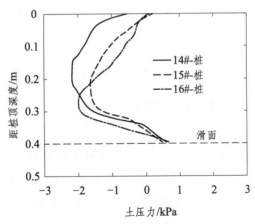

图 4-32　极限状态下各桩净坡体压力分布

③ 桩身弯矩。

当堆载 1 563 kg 与 2 014.15 kg 时，三排桩的弯矩沿桩身分布分别如图 4-33、4-34 所示。由图可知，第6级堆载与第8级堆载下的弯矩分布总体趋势是一致的。当堆载从 1 563 kg 增加到 2 014.15 kg 后，全桩最大弯矩明显增大。两级堆载下弯矩最大值均出现在后排桩。

值得指出的是，由于在数值模拟中的顶板设置为刚性，因此在顶板厚度范围内的弯矩为零。极限状态下各排桩弯矩分布如图 4-35 所示，由图可知，各桩的最大弯矩明显大于第 8 级堆载情况下，三排桩的弯矩分布较为接近，最大弯矩量值大小排序为：前排桩>中排桩>后排桩。

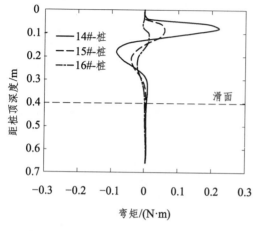

图 4-33 第 6 级堆载时各桩弯矩分布

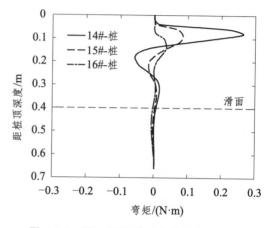

图 4-34 第 8 级堆载时各桩弯矩分布

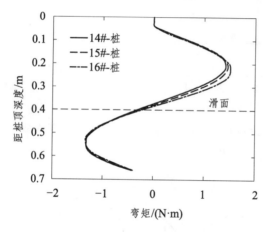

图 4-35 极限状态下各桩弯矩分布

④ 桩身剪力。

当堆载 1 563 kg 与 2 014.15 kg 时，三排桩的剪力沿桩身分布分别如图 4-36、4-37 所示。由图可知，两级堆载下的剪力分布总体趋势是一致的。当堆载从 1 563 kg 增加到 2 014.15 kg 后，后排桩、中排桩剪力明显增大，而前排桩增大较少。两级堆载下剪力最大值均出现在后排桩，中排次之，前排最小。极限状态下各排桩剪力分布如图 4-38 所示，由图可知，各桩的最大弯矩明显大于第 8 级堆载情况下，三排桩的剪力分布十分接近，最大剪力量值大小排序为：前排桩>中排桩>后排桩。

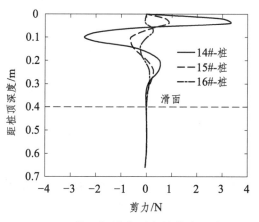

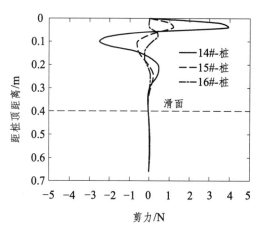

图 4-36　第 6 级堆载时各桩剪力分布　　　　　　图 4-37　第 8 级堆载时各桩剪力分布

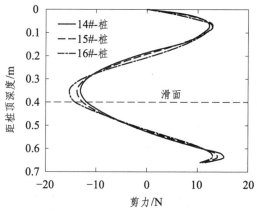

图 4-38　极限状态下各桩剪力分布

4.4.4　结果综合比较

1. 潜在滑面

数值模拟方法与 4.2 节中的理论计算方法所得到的潜在滑面分布如图 4-39 所示。可见，两种方法所得到的滑面近乎重合，在一定程度上说明了第 4.2 节中所提出的解析理论方法的合理性。

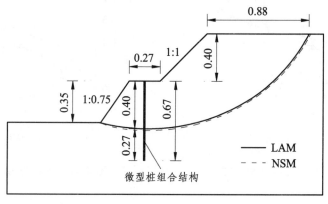

图 4-39　滑面分布对比（单位：m）

2. 坡体压力

通过对比图 4-22、4-23 与图 4-30、4-31 的坡体压力结果，可知模型试验的结果在某些情况下与数值模拟并不一致，这可能与模型试验中测点布设有限而导致某些桩深度的坡体压力无法测得有关。除此之外，两种方法所得结果较为一致。同时，由于模型试验中堆载高度有限，因而模型试验并没有达到极限状态，极限状态的坡体压力由数值模拟获取（见图 4-32）。

3. 结构内力

图 4-40 ~ 图 4-45 为上述三种方法所得到的三根微型桩的内力（弯矩与剪力）分布图。由图可知，由模型试验所得到的内力分布的整体趋势与解析方法及数值模拟方法所得到的结果是一致的。

由图 4-40 及图 4-42 可知，对于前排与后排桩，解析法计算得到的受荷段最大正弯矩近似位于受荷段的一半处，嵌固段最大负弯矩位于嵌固段的上三分之一点附近。同时，解析法计算得到的最大正负弯矩数值与位置与数值模拟结果比较接近。

由图 4-41 可知，对于中排桩，受荷段的最大正弯矩位于桩顶（显然位于相应的数值模拟结果之上），其数值也大于数值模拟结果；最大负弯矩同样位于嵌固段上三分之一点附近，这个点的位置与量值均与数值模拟结果接近。

由图 4-43 ~ 图 4-45 可知，无论是解析法还是数值模拟，计算得到三根桩的最大剪力都位于滑面附近。对于前排与后排桩而言，解析法所得到的剪力约比数值模拟结果大 40%，而对于中排桩，前者比后者小 15% 左右。

总体而言，所提方法计算得到的弯矩和剪力与数值模拟结果比较一致。同时值得指出的是，模型试验得到的内力值远小于其他两种方法的结果，原因在于模型试验中的微型桩加固边坡还远未达到极限状态，然而解析法和数值模拟的结果均对应于极限状态（此时目标安全系数为 1.31）。但解析法以及数值模拟的结果与模型试验在整体趋势上是一致的。

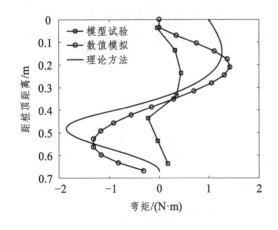

图 4-40　后排桩弯矩沿桩身分布

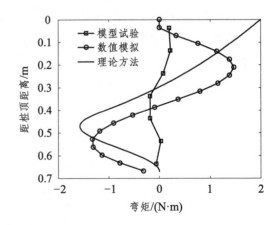

图 4-41　中排桩弯矩沿桩身分布

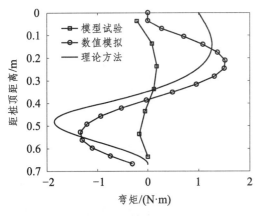

图 4-42　前排桩弯矩沿桩身分布

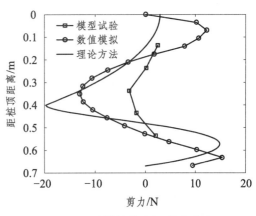

图 4-43　后排桩剪力沿桩身分布

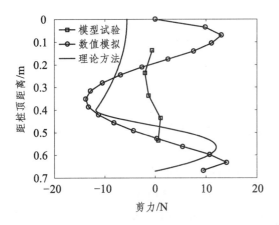

图 4-44　中排桩剪力沿桩身分布

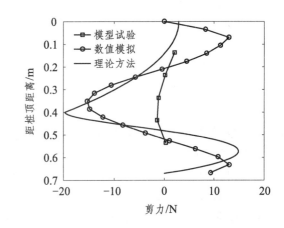

图 4-45　前排桩剪力沿桩身分布

4.5　工程实例分析

图 4-46 为一均质土坡实例，坡体由黏土构成，其边坡几何尺寸及其物理力学参数见图中所示，边坡设计安全系数取 1.20。微型桩组合结构布设于距离坡脚 7.8 m 的位置（见图 4-46），组合结构间距为 3.0 m，每根微型单桩孔径为 130 mm，由 3 根直径 40 mm 的螺纹钢组成（见图 1-2），微型桩弹性模量为 200 GPa，单桩的等效惯性矩及抗弯刚度分别为 1.382 3×10^{-6} m^4 与 276.46 kN·m^2，排间距、列间距分别为 0.6 m、0.5 m，顶板边缘距边桩 0.2 m（见图 4-47）。滑床土体地基系数 m 取为 9 MPa/m^2。

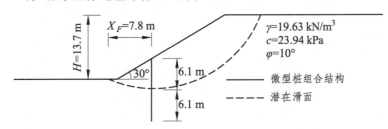

图 4-46　均质土坡工程实例横断面图

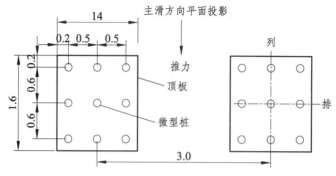

图 4-47　组合结构平面布置图（单位：m）

下面根据第 4.2、4.3 节中的计算理论对边坡桩后推力、潜在滑面以及结构内力进行计算，可参照图 4-3 所示的计算流程逐步进行，具体分述如下：

（1）潜在滑面及净推力。

将边坡尺寸、坡体材料物理力学参数代入 4.2 节中的理论计算公式（4-21）、（4-20）计算（见图 4-3 中的步骤 1）得：P=105.2 kN/m，h_a=6.1 m，M_u=213.9 kN·m，潜在滑面如图 4-46 所示。在此，将嵌固段长度与受荷段设为相等（见图 4-46）。

（2）结构内力。

根据图 4-3 中的步骤 2～步骤 6，通过 MATLAB 编程计算，结构内力计算结果如图 4-48～4-53 所示。

由图 4-48～4-50 可知，后排桩、中排桩、前排桩的最大弯矩均出现在滑面以下约 5% 桩长位置处，最大量值分别为 56.14 kN·m、44.45 kN·m、56.14 kN·m，中排桩最大弯矩量值最小；桩顶弯矩分别为：23.18 kN·m、46.37 kN·m、23.18 kN·m，其中中排桩桩顶弯矩最大。

由图 4-51～4-53 可知，后排桩、前排桩的最大剪力均出现在滑面位置，最大量值分别为 40.4 kN、40.4 kN，而中排桩的最大剪力量值则出现在滑面以下约 12%桩长位置处，其量值为 30.76 kN，在三根桩中，中排桩最大剪力量值最小；桩顶剪力分别为：4.688 kN、−9.376 kN、4.688 kN，其中中排桩桩顶剪力最大，且与后排桩及前排桩方向相反。值得注意的是，后排桩与前排桩滑面以下一定深度处还出现了仅次于最大剪力量值的剪力，这与上述的弯矩分布有所不同。

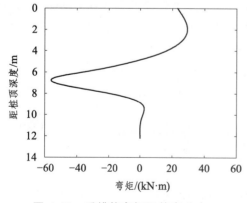

图 4-48　后排桩弯矩沿桩身分布

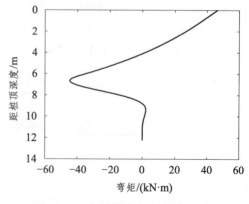

图 4-49　中排桩弯矩沿桩身分布

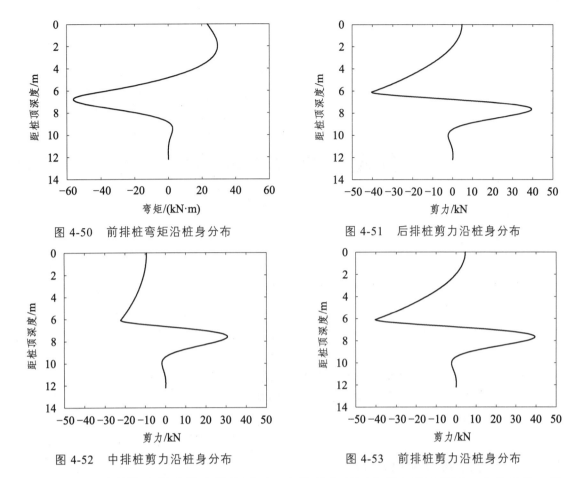

图 4-50　前排桩弯矩沿桩身分布　　　　图 4-51　后排桩剪力沿桩身分布

图 4-52　中排桩剪力沿桩身分布　　　　图 4-53　前排桩剪力沿桩身分布

　　综上，组合结构在滑坡推力的作用下，全桩最大弯矩出现在滑面以下一定位置处，除了中排桩之外，各桩全桩最大剪力出现在滑面位置。同时，每根桩的桩顶均出现了反向弯矩与剪力，这有别于独立布置的微型抗滑桩，这与第6章所要讨论的顶板组合作用密切相关。

4.6　本章小结

　　本章主要讨论了微型桩组合结构加固均质土坡情况下，组合机构的内力分析方法。根据均质土坡中该结构的实际受力特点，提出先计算作用于组合结构上的推力，再计算结构内力的方法。对于作用于组合结构上的推力，可采用塑性极限分析上限法进行解析求解，给出了具体的公式推导过程。对于组合结构内力计算，提出将上部结构（受荷段）看作横向荷载作用下的平面刚架结构进行分析，下部结构视为弹性地基上的 Winkler 地基梁（"m"法）进行解析，最后利用这两部分间的耦合条件及桩底边界条件求解的方法。给出了所建立分析方法的具体计算流程。

　　采用一个微型桩加固的均质土坡模型，较为详细地阐述了所提方法计算过程，并通过室内模型试验与数值模拟两种方法对理论计算结果进行了验证，在一定程度上验证了所提方法的合理性。在此基础上，针对一均质土坡工程实例，较为详细地给出了组合结构内力计算方法和过程。

第 5 章

基覆式边坡微型桩组合结构计算方法

5.1 概　述

第 4 章详细地给出了微型桩组合结构加固均质土坡情况下的结构内力与位移计算方法，而在工程实践中，还较多地存在着基覆式边（滑）坡。因此，本章就组合结构加固这种类型边坡情况下结构内力与位移计算方法进行阐述，主要分成两个部分：① 组合结构桩后推力的计算；② 结构内力与位移的计算。前者是后者的基础，可根据传递系数法的原理对设桩位置的剩余下滑力与剩余抗滑力进行计算，进而确定作用于组合结构上的净滑坡推力；对于结构内力与位移，计算方法与第 4.3 节类似，但其中的地基系数应采用 "k" 法描述。本章以 3×3 布置型式的微型桩组合结构加固基覆式边坡为例，对组合结构内力与位移计算方法进行具体论述。

5.2 桩后推力与桩前抗力

对于基覆式边坡，可采用应用较为广泛的传递系数法（即不平衡推力法或余推力法）对桩后推力与桩前抗力分别进行求解，进而求出作用于组合结构上后排桩的滑坡推力与前排桩的桩前抗力，最后对组合结构内力进行求解。

沈尧亮等[223]认为滑坡推力计算的传递系数法是由我国著名滑坡专家徐邦栋于 1954 年提出。此后，许多学者[224-230]对传递系数法进行研究，并相继有不少规范[222, 231-234]将其列为推荐的方法进行使用。在该方法提出的早期阶段，受计算机普及程度的限制，许多学者[235-238]主要采用传递系数的显式算法，随着计算机的普及，一些学者推荐采用更为准确的传递系数的隐式解法[239, 240]。同时，在近些年的规范[222, 231, 234]中也逐渐将传递系数的隐式解法作为计算滑坡推力的方法，而美国俄亥俄州交通运输部推荐的 Liang Method 就属于传递系数隐式解法。下面对传递系数法（或称之为不平衡推力法、余推力法）求解组合结构桩后推力及桩前抗力的方法进行简要介绍。

5.2.1 桩后滑坡推力

在此，采用传统的传递系数法对桩后滑坡推力进行计算。如图 5-1 所示，将滑体分成 n 个条块，对条块由上而下进行编号，第 i 条件的剩余下滑力 E_i 可以看作其本身的剩余下滑力与上一条块传递给它的剩余下滑力之和。

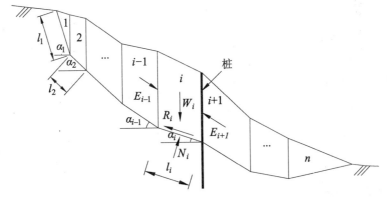

图 5-1 剩余下滑力计算图示

第 1 条块的剩余下滑力为

$$E_1 = W_1 \sin\alpha_1 - (W_1 \cos\alpha_1 \tan\varphi_1 + c_1 l_1) \qquad (5\text{-}1)$$

第 2 条块的剩余下滑力为

$$E_2 = W_2 \sin\alpha_1 - (W_2 \cos\alpha_2 \tan\varphi_2 + c_2 l_2) + E_1 \psi_1 \qquad (5\text{-}2)$$

式中，$\Psi_1 = \cos(\alpha_1-\alpha_2) - \sin(\alpha_1-\alpha_2)\tan\varphi_2$，表示条块 1 传递给条块 2 的沿滑面 l_2 方向的剩余下滑力。

依此类推，可得到条块 i 的剩余下滑力为

$$\left.\begin{array}{l} E_i = T_i - R_i + E_{i-1}\psi_{i-1} \\ \psi_{i-1} = \cos(\alpha_{i-1}-\alpha_i) - \sin(\alpha_{i-1}-\alpha_i)\tan\varphi_i \end{array}\right\} \qquad (5\text{-}3\text{a})$$

式中，$T_i = W_i \cdot \sin\alpha_i$；$R_i = W_i \cos\alpha_i \cdot \tan\varphi_i + c_i l_i$；$\Psi_{i-1}$ 表示条块 i-1 传递给条块 i 的沿滑面 l_i 方向的剩余下滑力的传递系数。

当 $E_{i-1} \leqslant 0$ 时，令 $E_{i-1}=0$，此时有

$$E_i = T_i - R_i \qquad (5\text{-}3\text{b})$$

在不考虑设计安全系数时，可根据式（5-3a）、（5-3b）求出桩后推力。

为了抗滑建筑物安全起见，往往引入设计安全系数 K，使得设计推力具有一定的富余，K 的取值依据滑坡变形程度和建筑的重要性而定[241]。安全系数考虑的方法主要分两种：① 强度储备法；② 超载法。前者在抗滑力上做折减考虑，后者则在下滑力上做放大处理。

（1）当采用强度储备法考虑设计安全系数，式（5-3）可化为

$$\left.\begin{array}{l} E_i = T_i - \left(\dfrac{R_i}{K}\right) + E_{i-1}\psi_{i-1} \\ \psi_{i-1} = \cos(\alpha_{i-1}-\alpha_i) - \sin(\alpha_{i-1}-\alpha_i)\tan\varphi_i / K \end{array}\right\} \qquad (5\text{-}4\text{a})$$

当 $E_{i-1} \leqslant 0$ 时，令 $E_{i-1}=0$，此时

$$E_i = T_i - \left(\frac{R_i}{K}\right) \qquad (5\text{-}4\text{b})$$

（2）当采用超载法考虑设计安全系数时，式（5-3a）可写为

$$\left.\begin{aligned} E_i &= KT_i - R_i + E_{i-1}\psi_{i-1} \\ \psi_{i-1} &= \cos(\alpha_{i-1} - \alpha_i) - \sin(\alpha_{i-1} - \alpha_i)\tan\varphi_i \end{aligned}\right\} \qquad (5\text{-}5a)$$

当 $E_{i-1} \leqslant 0$ 时，令 E_{i-1}=0，此时

$$E_i = KT_i - R_i \qquad (5\text{-}5b)$$

设桩布设于条块 i 与条块 i+1 之间的接触面位置（见图 5-1），则桩后推力可根据式（5-4）或（5-5a）计算。

5.2.2　桩前坡体抗力

在抗滑桩加固边坡的计算中，桩前抗力的存在减小了边（滑）坡作用于桩上的净推力，从而降低设计成本，因此，桩前抗力的合理评价对抗滑桩设计具有重要意义[242, 243]。学者们对这一问题进行了一些卓有成效的探索，并取得了较为丰硕的研究成果。

梁斌等[244]采用不平衡推力法与有限元强度折减法分别计算滑坡推力与桩前抗力，并对计算结果进行比较与分析，指出传统的不平衡推力法无法合理考虑桩前抗力（计算结果偏大），使工程设计偏于不安全，采用有限元强度折减法计算抗滑桩的推力与抗力更为可靠。

杨波等[245]采用有限元法对双排桩在三种典型滑坡的桩前与桩后抗力进行研究，并对所得到的结果的共性与特性进行总结。

戴自航[242]根据我国抗滑桩模型试验和现场试桩测试结果，提出和推导了针对不同岩土介质的滑坡推力和土体抗力分布函数，与当时国内外习惯采用的分布图式相比，桩后推力的合力作用点位置有所降低，土体抗力合力的作用点有所提高，使得抗滑桩设计更为经济合理。

由于桩前土抗力与桩的侧向位移息息相关，而地基系数法将侧向土对桩的抗力与桩的变形联系起来（假定桩侧土抗力仅与土的深度和桩的挠度有关），因此多数文献[60, 93, 94, 97, 117, 246-251]根据地基系数法来考虑桩前抗力。其中，戴自航等[93, 94]分别针对水平梯形分布、抛物线分布荷载桩，在地基系数按双参数抗力模式表达下，对水平推力桩的位移、内力计算的数值计算方法及实现做了详细介绍，通过算例验证了所提方法的适用性及可靠性。

王培勇等[229]借鉴夏艳华等[252]提出的剩余抗滑力计算方法，根据传递系数法的思想，将逆向求取出的各个条块的富余抗滑力（剩余抗滑力）作为桩前的抗力。这里仍基于剩余抗滑力计算方法[252]来对微型桩组合结构的桩前抗力进行计算。

同样，根据考虑设计安全系数的方法不同，分成两种情况进行计算。具体计算方法如下：

（1）当采用强度储备法考虑设计安全系数时，条块 i+1（见图 5-2）的剩余抗滑力 F_{i+1} 为

$$\left.\begin{aligned} F_{i+1} &= F_{i+2}\psi_{i+2} + \frac{R_{i+1}}{K} - T_{i+1} \\ \psi_{i+2} &= \cos(\alpha_{i+2} - \alpha_{i+1}) - \sin(\alpha_{i+2} - \alpha_{i+1})\tan\varphi_{i+1}/K \end{aligned}\right\} \qquad (5\text{-}6a)$$

式中，$\Psi_{i+2} = \cos(\alpha_{i+2} - \alpha_{i+1}) - \sin(\alpha_{i+2} - \alpha_{i+1})\tan\varphi_{i+1}/K$，表示第 i+2 条块传递给第 i+1 条块的剩余抗

滑力的传递系数；其余符号含义同前。

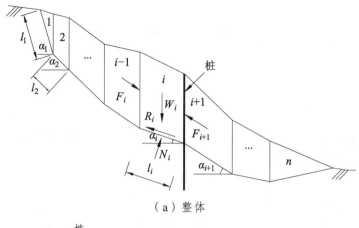

（a）整体

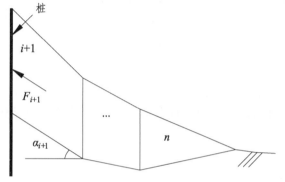

（b）桩前部分放大图

图 5-2　剩余抗滑力计算图示

当 $F_{i+2} \leqslant 0$ 时，令 $F_{i+2}=0$，此时

$$F_{i+1} = \frac{R_{i+1}}{K} - T_{i+1} \qquad (5\text{-}6b)$$

（2）当采用超载法考虑设计安全系数时，条块 $i+1$ 的剩余抗滑力 F_{i+1} 为

$$F_{i+1} = F_{i+2}\psi_{i+2} + R_{i+1} - KT_{i+1} \qquad (5\text{-}7a)$$

式中，$\Psi_{i+2} = \cos(\alpha_{i+2}-\alpha_{i+1}) - \sin(\alpha_{i+2}-\alpha_{i+1})\tan\varphi_{i+1}$。

当 $F_{i+2} \leqslant 0$ 时，令 $F_{i+2}=0$，此时

$$F_{i+1} = R_{i+1} - KT_{i+1} \qquad (5\text{-}7b)$$

当桩布设于条块 i 与条块 $i+1$ 之间的接触面位置时（见图 5-2），则桩前抗力可采用式（5-6）或式（5-7a）计算。

5.3　组合结构内力与位移

与第 4.3 节一样，对全桩进行受力分析之前，先将组合结构分成受荷段（滑面以上）和嵌固段（滑面以下）分别进行分析，然后利用两段在滑面处的耦合条件进行全桩的内力变

形求解。但与组合结构加固均质土坡情况下有所不同的是：① 对于均质土坡，受荷段的净推力采用极限分析法计算，而对于基覆式边坡则采用传递系数法计算；② 在对嵌固段采用弹性地基梁理论进行解析时，对于均质土坡，地基系数采用"m"法进行描述，而对于基覆式边坡，则采用"k"法进行描述。

5.3.1 模型建立

由第 5.2 节中关于基覆式边坡桩后推力与桩前抗力的计算方法可得桩后推力与桩前抗力，桩后推力与桩前抗力的水平投影之差即为作用于组合结构的净推力，此时组合结构同样采用图 4-2 所示的简化受力模式。

在具体分析与推导之前，做如下假定：

（1）将空间问题简化为平面问题；

（2）不考虑坡体对桩体的竖向作用，且桩后推力平均作用在三列桩上；

（3）将组合结构每列的受荷段视为平面刚架；

（4）将嵌固段视为受桩顶荷载作用的弹性地基梁[见图 4-2（b）]，考虑到基覆式边坡嵌固段周围的岩土特性，嵌固段地基系数采用"k"法计算；

（5）桩与顶板之间为刚性连接；

（6）作用在桩后的推力沿桩轴向线性分布，其中后排桩为梯形分布，中排桩与前排桩均为三角形分布[见图 4-2（a）]。

5.3.2 公式推导

1. 上部结构（受荷段）

假定组合结构布设于第 i 与 $i+1$ 条块处（见图 5-1），根据第 5.2 节，并结合假设（2）可知，一个组合结构单元每列受荷段在滑面处所受的侧向力 P_1、弯矩 M_1^u 为

$$P_1 = (E_i \cos\alpha_i - F_{i+1}\cos\alpha_{i+1}) \cdot S / 3 \tag{5-8a}$$

$$M_1^u = P_1 h_a / 3 \tag{5-8b}$$

式中，S 为组合结构单元之间的间距；P_d 为中间列承受的净推力；其余符号含义同前。

根据第 5.3.1 节中的假设（1）和（3），将组合结构的其中一列作为研究对象，首先截取受荷段作受力分析如图 4-2（a）所示，根据结构力学平面刚架理论，选取 B、D、F 三点的结点位移（ψ_B、ψ_D、ψ_F）以及刚架顶部的侧向水平位移（Δ）4 个基本变量，由位移法同样可得式（4-23）所示的方程。然后通过平衡条件可得式（4-24）与式（4-25），经过相应的整理，同样可以得出式（4-26），这里不再赘述。

2. 下部结构（嵌固段）

同样，对研究对象建立坐标系如图 4-2（b）所示。与 4.3.2 节相同，可得式（4-27）~（4-31）。但对于基覆式边坡，嵌固段的地基系数宜采用"k"法进行描述，则式（4-31）即为嵌固段微元体所应满足的微分方程。

根据微分方程解析理论，微分方程（4-31）的解同样可用式（4-34）的幂级数来表示。

将式（4-34）与式（4-35）代入式（4-31）并整理得

$$EI\left(\sum_{i=4}^{\infty}i(i-1)(i-2)(i-3)a_iy^{i-4}\right)+kB_p\left(\sum_{i=0}^{\infty}a_iy^i\right)=0$$

$$\Rightarrow\left(\sum_{i=4}^{\infty}i(i-1)(i-2)(i-3)a_iy^{i-4}\right)=-\frac{kB_p}{EI}\left(\sum_{i=0}^{\infty}a_iy^i\right) \tag{5-9}$$

根据次幂相同项的系数相等，可得

$$a_4=\frac{1}{4!}\left(-\frac{kB_p}{EI}a_0\right) \tag{5-10}$$

$$a_5=\frac{1}{5!}\left(-\frac{kB_p}{EI}a_1\right) \tag{5-11}$$

$$a_6=-\frac{2!}{6!}\left(\frac{kB_p}{EI}a_2\right) \tag{5-12}$$

$$a_7=-\frac{3!}{7!}\left(\frac{kB_p}{EI}a_3\right) \tag{5-13}$$

$$a_8=-\frac{4!}{8!}\left(\frac{kB_p}{EI}a_4\right) \tag{5-14}$$

由式（5-10）~式（5-14）可知，除 a_4、a_5 外，$a_{n+5}(n\geqslant1)$ 均可表达为

$$a_{n+5}=-\frac{(n+1)!}{(n+5)!}\frac{kB_p}{EI}a_{n+1} \qquad (n=1,2,3\cdots) \tag{5-15}$$

根据数学归纳法可得出系数的表达式：
由式（5-15）得

$$a_4=(-1)^1\frac{1}{4!}\left(\frac{kB_p}{EI}\right)^1a_0$$

$$a_8=-\frac{4!}{8!}\frac{kB_p}{EI}a_4=-\frac{4!}{8!}\frac{kB_p}{EI}\frac{1}{4!}\left(-\frac{kB_p}{EI}a_0\right)=(-1)^2\frac{1}{8!}\left(\frac{kB_p}{EI}\right)^2a_0$$

$$a_{12}=-\frac{8!}{12!}\frac{kB_p}{EI}a_8=-\frac{8!}{12!}\frac{kB_p}{EI}\left[(-1)^2\frac{1}{8!}\left(\frac{kB_p}{EI}\right)^2a_0\right]=(-1)^3\frac{1}{12!}\left(\frac{kB_p}{EI}\right)^3a_0$$

从而有

$$a_{4j}=(-1)^j\frac{1}{(4j)!}\left(\frac{kB_p}{EI}\right)^ja_0 \qquad (j=1,2,3\cdots) \tag{5-16}$$

同理，由式（5-15）得

$$a_5 = (-1)\frac{1}{5!}\left(\frac{kB_p}{EI}\right)a_1$$

$$a_9 = -\frac{5!}{9!}\frac{kB_p}{EI}a_5 = -\frac{5!}{9!}\frac{kB_p}{EI}\cdot(-1)\frac{1}{5!}\left(\frac{kB_p}{EI}\right)a_1 = (-1)^2\frac{1}{9!}\left(\frac{kB_p}{EI}\right)^2 a_1$$

$$a_{13} = -\frac{9!}{13!}\frac{kB_p}{EI}a_9 = -\frac{9!}{13!}\frac{kB_p}{EI}(-1)^2\frac{1}{9!}\left(\frac{kB_p}{EI}\right)^2 a_1 = (-1)^3\frac{1}{13!}\left(\frac{kB_p}{EI}\right)^3 a_1$$

从而有

$$a_{4j+1} = (-1)^j\frac{1}{(4j+1)!}\left(\frac{kB_p}{EI}\right)^j a_1 \quad (j=1,2,3\cdots) \tag{5-17}$$

由式（5-15）得

$$a_6 = -\frac{2!}{6!}\left(\frac{kB_p}{EI}a_2\right)$$

$$a_{10} = -\frac{6!}{10!}\frac{kB_p}{EI}a_6 = -\frac{6!}{10!}\frac{kB_p}{EI}\left[-\frac{2!}{6!}\left(\frac{kB_p}{EI}a_2\right)\right] = (-1)^2\frac{2!}{10!}\left(\frac{kB_p}{EI}\right)^2 a_2$$

$$a_{14} = -\frac{10!}{14!}\frac{kB_p}{EI}a_{10} = -\frac{10!}{14!}\frac{kB_p}{EI}\left[(-1)^2\frac{2!}{10!}\left(\frac{kB_p}{EI}\right)^2 a_2\right] = (-1)^3\frac{2!}{14!}\left(\frac{kB_p}{EI}\right)^3 a_2$$

从而有

$$a_{4j+2} = (-1)^j\frac{2!}{(4j+2)!}\left(\frac{kB_p}{EI}\right)^j a_2 \quad (j=1,2,3\cdots) \tag{5-18}$$

由式（5-15）得

$$a_7 = -\frac{3!}{7!}\left(\frac{kB_p}{EI}a_3\right)$$

$$a_{11} = -\frac{7!}{11!}\frac{kB_p}{EI}a_7 = -\frac{7!}{11!}\frac{kB_p}{EI}\left[-\frac{3!}{7!}\left(\frac{kB_p}{EI}a_3\right)\right] = (-1)^2\frac{3!}{11!}\left(\frac{kB_p}{EI}\right)^2 a_3$$

$$a_{15} = -\frac{11!}{15!}\frac{kB_p}{EI}a_{11} = -\frac{11!}{15!}\frac{kB_p}{EI}\left[(-1)^2\frac{3!}{11!}\left(\frac{kB_p}{EI}\right)^2 a_3\right] = (-1)^3\frac{3!}{15!}\left(\frac{kB_p}{EI}\right)^3 a_3$$

从而有

$$a_{4j+3} = (-1)^j \frac{3!}{(4j+3)!}\left(\frac{kB_p}{EI}\right)^j a_3 \quad (j=1,2,3\cdots) \tag{5-19}$$

将式 5-16）～式（5-19）代入式（4-34）得

$$x = \sum_{i=0}^{\infty} a_i y^i = a_0 y^0 + a_1 y^1 + a_2 y^2 + a_3 y^3 + a_4 y^4 + a_5 y^5 + \cdots$$

$$= a_0 + a_1 y^1 + a_2 y^2 + a_3 y^3 + \sum_{j=1}^{\infty} a_{4j} y^{4j} + \sum_{j=1}^{\infty} a_{4j+1} y^{4j+1} + \sum_{j=1}^{\infty} a_{4j+2} y^{4j+2} + \sum_{j=1}^{\infty} a_{4j+3} y^{4j+3}$$

$$= a_0 + a_1 y^1 + a_2 y^2 + a_3 y^3 + \sum_{j=1}^{\infty}\left[(-1)^j \frac{1}{(4j)!}\left(\frac{kB_p}{EI}\right)^j a_0 y^{4j}\right] + \sum_{j=1}^{\infty}\left[(-1)^j \frac{1}{(4j+1)!}\left(\frac{kB_p}{EI}\right)^j a_1 y^{4j+1}\right] +$$

$$\sum_{j=1}^{\infty}\left[(-1)^j \frac{2!}{(4j+2)!}\left(\frac{kB_p}{EI}\right)^j a_2 \cdot y^{4j+2}\right] + \sum_{j=1}^{\infty}\left[(-1)^j \frac{3!}{(4j+3)!}\left(\frac{kB_p}{EI}\right)^j a_3 \cdot y^{4j+3}\right] \tag{5-20}$$

进一步整理得

$$x = a_0\left\{1 + \sum_{j=1}^{\infty}\left[(-1)^j \frac{1}{(4j)!}\left(\frac{kB_p}{EI}\right)^j y^{4j}\right]\right\} +$$

$$a_1\left\{y + \sum_{j=1}^{\infty}\left[(-1)^j \frac{1}{(4j+1)!}\left(\frac{kB_p}{EI}\right)^j y^{4j+1}\right]\right\} +$$

$$a_2\left\{y^2 + \sum_{j=1}^{\infty}\left[(-1)^j \frac{2!}{(4j+2)!}\left(\frac{kB_p}{EI}\right)^j \cdot y^{4j+2}\right]\right\} +$$

$$a_3\left\{y^3 + \sum_{j=1}^{\infty}\left[(-1)^j \frac{3!}{(4j+3)!}\left(\frac{kB_p}{EI}\right)^j \cdot y^{4j+3}\right]\right\} \tag{5-21}$$

根据桩在滑面处的边界条件可得如下等式：

$$\left.\begin{array}{l} x|_{y=0} = x_i \Rightarrow a_0 = x_i \\[2mm] \dfrac{\mathrm{d}x}{\mathrm{d}y}\Big|_{y=0} = \eta_i \Rightarrow a_1 = \varphi_i \\[2mm] EI\dfrac{\mathrm{d}^2 x}{\mathrm{d}y^2}\Big|_{y=0} = M_i \Rightarrow EI(2a_2) = M_i \Rightarrow a_2 = \dfrac{M_i}{2EI} \\[2mm] EI\dfrac{\mathrm{d}^3 x}{\mathrm{d}y^3}\Big|_{y=0} = Q_i \Rightarrow EI(6a_3) = Q_i \Rightarrow a_3 = \dfrac{Q_i}{6EI} \end{array}\right\} \tag{5-22}$$

将式（5-22）代入式（5-21）得

$$x = x_i \left\{ 1 + \sum_{j=1}^{\infty} \left[(-1)^j \frac{1}{(4j)!} \left(\frac{kB_p}{EI} \right)^j y^{4j} \right] \right\} +$$

$$\eta_i \left\{ y + \sum_{j=1}^{\infty} \left[(-1)^j \frac{1}{(4j+1)!} \left(\frac{kB_p}{EI} \right)^j y^{4j+1} \right] \right\} +$$

$$\frac{M_i}{2EI} \left\{ y^2 + \sum_{j=1}^{\infty} \left[(-1)^j \frac{2!}{(4j+2)!} \left(\frac{kB_p}{EI} \right)^j \cdot y^{4j+2} \right] \right\} +$$

$$\frac{Q_i}{6EI} \left\{ y^3 + \sum_{j=1}^{\infty} \left[(-1)^j \frac{3!}{(4j+3)!} \left(\frac{kB_p}{EI} \right)^j \cdot y^{4j+3} \right] \right\} \qquad (5\text{-}23)$$

令 $4\beta^4 = kB_p/EI$，则上式化为

$$x = x_i \left\{ 1 + \sum_{j=1}^{\infty} \left[(-1)^j \frac{1}{(4j)!} (\sqrt{2}\beta y)^{4j} \right] \right\} +$$

$$\frac{\eta_i}{\beta} \left[\beta y + \frac{1}{\sqrt{2}} \sum_{j=1}^{\infty} (-1)^j \frac{1}{(4j+1)!} (\sqrt{2}\beta y)^{4j+1} \right] +$$

$$\frac{M_i}{\beta^2 EI} \left\{ \frac{(\beta y)^2}{2} + \frac{1}{4} \sum_{j=1}^{\infty} \left[(-1)^j \frac{2!}{(4j+2)!} (\sqrt{2}\beta y)^{4j+2} \right] \right\} +$$

$$\frac{Q_i}{\beta^3 EI} \left[\frac{(\beta y)^3}{6} + \frac{1}{12\sqrt{2}} \sum_{j=1}^{\infty} (-1)^j \frac{3!}{(4j+3)!} (\sqrt{2}\beta y)^{4j+3} \right]$$

$$= x_i A_x + \frac{\eta_i}{\beta} B_x + \frac{M_i}{\beta^2 EI} C_x + \frac{Q_i}{\beta^3 EI} D_x \qquad (5\text{-}24)$$

式中，A_x、B_x、C_x、D_x 的表达式如下：

$$A_x = 1 + \sum_{j=1}^{\infty} \left[(-1)^j \frac{1}{(4j)!} (\sqrt{2}\beta y)^{4j} \right]; \quad B_x = \beta y + \frac{1}{\sqrt{2}} \sum_{j=1}^{\infty} (-1)^j \frac{1}{(4j+1)!} (\sqrt{2}\beta y)^{4j+1};$$

$$C_x = \frac{(\beta y)^2}{2} + \frac{1}{2} \sum_{j=1}^{\infty} \left[\frac{(-1)^j}{(4j+2)!} (\sqrt{2}\beta y)^{4j+2} \right]; \quad D_x = \frac{(\beta y)^3}{6} + \frac{1}{2\sqrt{2}} \sum_{j=1}^{\infty} \frac{(-1)^j}{(4j+3)!} (\sqrt{2}\beta y)^{4j+3}$$

对式（5-24）求一次导数并结合转角与侧移之间的微分关系，可得

$$\frac{\mathrm{d}x}{\mathrm{d}y} = x_i \frac{\mathrm{d}A_x}{\mathrm{d}y} + \frac{\eta_i}{\beta} \frac{\mathrm{d}B_x}{\mathrm{d}y} + \frac{M_i}{\beta^2 EI} \frac{\mathrm{d}C_x}{\mathrm{d}y} + \frac{Q_i}{\beta^3 EI} \frac{\mathrm{d}D_x}{\mathrm{d}y}$$

$$\frac{\mathrm{d}A_x}{\mathrm{d}y} = \sqrt{2}\beta \sum_{j=1}^{\infty} \left[(-1)^j \frac{1}{(4j-1)!} (\sqrt{2}\beta y)^{4j-1} \right]$$

$$\frac{\mathrm{d}B_x}{\mathrm{d}y} = \beta \left[1 + \sum_{j=1}^{\infty} (-1)^j \frac{1}{(4j)!} (\sqrt{2}\beta y)^{4j} \right]$$

$$\frac{\mathrm{d}C_x}{\mathrm{d}y} = \beta \left\{ (\beta y) + \frac{\sqrt{2}}{2} \sum_{j=1}^{\infty} \left[(-1)^j \frac{1}{(4j+1)!} (\sqrt{2}\beta y)^{4j+1} \right] \right\}$$

$$\frac{\mathrm{d}D_x}{\mathrm{d}y} = \beta \left[\frac{(\beta y)^2}{2} + \frac{1}{2} \sum_{j=1}^{\infty} (-1)^j \frac{1}{(4j+2)!} (\sqrt{2}\beta y)^{4j+2} \right]$$

即

$$\frac{\varphi}{\beta} = x_i A_\varphi + \frac{\eta_i}{\beta} B_\varphi + \frac{M_i}{\beta^2 EI} C_\varphi + \frac{Q_i}{\beta^3 EI} D_\varphi \tag{5-25}$$

式中，A_φ、B_φ、C_φ、D_φ 的表达式如下：

$$A_\varphi = \sqrt{2} \sum_{j=1}^{\infty} \left[(-1)^j \frac{1}{(4j-1)!} (\sqrt{2}\beta y)^{4j-1} \right]; \quad B_\varphi = 1 + \sum_{j=1}^{\infty} (-1)^j \frac{1}{(4j)!} (\sqrt{2}\beta y)^{4j};$$

$$C_\varphi = (\beta y) + \frac{\sqrt{2}}{2} \sum_{j=1}^{\infty} \left[\frac{(-1)^j}{(4j+1)!} (\sqrt{2}\beta y)^{4j+1} \right]; \quad D_\varphi = \frac{(\beta y)^2}{2} + \frac{1}{2} \sum_{j=1}^{\infty} \frac{(-1)^j}{(4j+2)!} (\sqrt{2}\beta y)^{4j+2}$$

同理可得

$$\frac{M}{\beta^2 EI} = x_i A_M + \frac{\eta_i}{\beta} B_M + \frac{M_i}{\beta^2 EI} C_M + \frac{Q_i}{\beta^3 EI} D_M \tag{5-26a}$$

式中，A_M、B_M、C_M、D_M 分别表示随桩的换算深度而异的弯矩影响函数值。

$$\left. \begin{array}{l} A_M = \sum_{j=1}^{\infty} (-1)^j \frac{2}{(4j-2)!} (\sqrt{2}\beta y)^{4j-2}; \quad B_M = \sum_{j=1}^{\infty} (-1)^j \frac{\sqrt{2}}{(4j-1)!} (\sqrt{2}\beta y)^{4j-1}; \\[3mm] C_M = 1 + \sum_{j=1}^{\infty} (-1)^j \frac{1}{(4j)!} (\sqrt{2}\beta y)^{4j}; \quad D_M = \beta y + \frac{\sqrt{2}}{2} \sum_{j=1}^{\infty} (-1)^j \frac{1}{(4j+1)!} (\sqrt{2}\beta y)^{4j+1} \end{array} \right\} \tag{5-26b}$$

对式（5-26）求一次导并整理得

$$\frac{Q}{\beta^3 EI} = x_i A_Q + \frac{\eta_i}{\beta} B_Q + \frac{M_i}{\beta^2 EI} C_Q + \frac{Q_i}{\beta^3 EI} D_Q \tag{5-27a}$$

式中，A_Q、B_Q、C_Q、D_Q 表达式如下：

$$\left. \begin{array}{l} A_Q = \sum_{j=1}^{\infty} (-1)^j \frac{2\sqrt{2}}{(4j-3)!} (\sqrt{2}\beta y)^{4j-3}; \quad B_Q = \sum_{j=1}^{\infty} (-1)^j \frac{2}{(4j-2)!} (\sqrt{2}\beta y)^{4j-2}; \\[3mm] C_Q = \sum_{j=1}^{\infty} (-1)^j \frac{\sqrt{2}}{(4j-1)!} (\sqrt{2}\beta y)^{4j-1}; \quad D_Q = 1 + \sum_{j=1}^{\infty} (-1)^j \frac{1}{(4j)!} (\sqrt{2}\beta y)^{4j} \end{array} \right\} \tag{5-27b}$$

因此，加固基覆式边坡情况下微型桩嵌固段的侧移、转角、弯矩、剪力就可分别由式（5-24）、（5-25）、（5-26）、（5-27）表达。图 4-2 中的三根桩的嵌固段的内力与位移可用式（5-28）统一表达如下：

$$\left. \begin{array}{l} x_i^e = x_i A_x + \frac{\eta_i}{\beta} B_x + \frac{M_i}{\beta^2 EI} C_x + \frac{Q_i}{\beta^3 EI} D_x \\[3mm] \frac{\varphi_i^e}{\beta} = x_i A_\varphi + \frac{\eta_i}{\beta} B_\varphi + \frac{M_i}{\beta^2 EI} C_\varphi + \frac{Q_i}{\beta^3 EI} D_\varphi \\[3mm] \frac{M_i^e}{\beta^2 EI} = x_i A_M + \frac{\eta_i}{\beta} B_M + \frac{M_i}{\beta^2 EI} C_M + \frac{Q_i}{\beta^3 EI} D_M \\[3mm] \frac{Q_i^e}{\beta^3 EI} = x_i A_Q + \frac{\eta_i}{\beta} B_Q + \frac{M_i}{\beta^2 EI} C_Q + \frac{Q_i}{\beta^3 EI} D_Q \end{array} \right\} \tag{5-28}$$

但上述公式中还含有 q_{1o}、q_{1i}、q_2、q_3、x_1、x_2、x_3、η_1、η_2、η_3 这 10 个未知量。为最终

求出内力值，需建立关于上述未知量的 10 个独立方程。下面详述这一过程。

假定弹性地基梁底部为自由边界，则桩底的弯矩与剪力均为 0，可得

$$\begin{cases} M_i^b = 0 & (i=1,2,3) \\ Q_i^b = 0 & (i=1,2,3) \end{cases} \tag{5-29}$$

式中，M_i^b、Q_i^b 分别表示微型桩桩底截面的弯矩与剪力（下标 i 表示桩排号），它们满足式（5-30a）。

$$\begin{cases} \dfrac{M_i^b}{\beta^2 E_1 I_1} = x_i A_{Mi} + \dfrac{\eta_i}{\beta} B_{Mi} + \dfrac{M_i}{\beta^2 E_1 I_1} C_{Mi} + \dfrac{Q_i}{\beta^3 E_1 I_1} D_{Mi} \\ \dfrac{Q_i^b}{\beta^3 E_1 I_1} = x_i A_{Qi} + \dfrac{\eta_i}{\beta} B_{Qi} + \dfrac{M_i}{\beta^2 E_1 I_1} C_{Qi} + \dfrac{Q_i}{\beta^3 E_1 I_1} D_{Qi} \end{cases} \tag{5-30a}$$

对应于前面的推导结果（5-26b）及（5-27b）可得

$$\begin{cases} A_{Mi} = \sum_{j=1}^{\infty} (-1)^j \dfrac{2}{(4j-2)!} (\sqrt{2}\beta h_i^e)^{4j-2} \\ B_{Mi} = \sum_{j=1}^{\infty} (-1)^j \dfrac{\sqrt{2}}{(4j-1)!} (\sqrt{2}\beta h_i^e)^{4j-1} \\ C_{Mi} = 1 + \sum_{j=1}^{\infty} (-1)^j \dfrac{1}{(4j)!} (\sqrt{2}\beta h_i^e)^{4j} \\ D_{Mi} = \beta y + \dfrac{\sqrt{2}}{2} \sum_{j=1}^{\infty} (-1)^j \dfrac{1}{(4j+1)!} (\sqrt{2}\beta h_i^e)^{4j+1} \\ A_{Qi} = \sum_{j=1}^{\infty} (-1)^j \dfrac{2\sqrt{2}}{(4j-3)!} (\sqrt{2}\beta h_i^e)^{4j-3} \\ B_{Qi} = \sum_{j=1}^{\infty} (-1)^j \dfrac{2}{(4j-2)!} (\sqrt{2}\beta h_i^e)^{4j-2} \\ C_{Qi} = \sum_{j=1}^{\infty} (-1)^j \dfrac{\sqrt{2}}{(4j-1)!} (\sqrt{2}\beta h_i^e)^{4j-1} \\ D_{Qi} = 1 + \sum_{j=1}^{\infty} (-1)^j \dfrac{1}{(4j)!} (\sqrt{2}\beta h_i^e)^{4j} \end{cases} \tag{5-30b}$$

式中，h_i^e 表示微型桩嵌固段长度，i=1，2，3 分别代表后排桩、中排桩和前排桩。

同样地，由组合结构受荷段与嵌固段在滑面处的耦合条件可得式（4-64c）。

根据 5.3.1 节中的假设（5），则三根桩在桩顶的转角相等，可得式（4-65）。分别根据三根桩在滑面处的弯矩之和以及剪力之和与 5.3.2 节中所得到的弯矩与剪力相等的条件，同样可以得到 2 个独立方程式（4-66）。但注意此时式（4-66）中，M_1^u 与 P_1 应分别由式（5-8b）与（5-8a）计算。

由式（5-29）、（4-65）、（4-66）即构成了含有 q_{1o}、q_{1i}、q_2、q_3、x_1、x_2、x_3、η_1、η_2、η_3 等 10 个未知量的独立方程，通过编程可求解出所含未知量。进而，根据本节的相关公式，全桩的内力变形均可求出。为方便应用，将整个的求解过程整理成如图 5-3 所示的流程

图，具体求解步骤如下：

步骤1：输入参数：边坡几何参数 σ、τ、c、φ、F_s，代入式（5-4）与（5-6），求出 E_i 与 F_{i+1}，然后再将 E_i 与 F_{i+1} 代入式（5-8a），计算出组合结构每列所提供的加固力 P_1，再将其代入式（5-8b），计算出组合结构中每列在滑面处的弯矩 M_1^u。

步骤2：由式（4-26）计算出 $[\Psi_B, \ \Psi_D, \ \Psi_F, \ \varDelta]^T$ 的表达式，再回代至式（4-23）中，求出每根桩受荷段的杆端弯矩：M_{AB}^t、M_{BA}^t、M_{CD}^t、M_{DC}^t、M_{EF}^t、M_{FE}^t，将杆端弯矩代入式（4-25）中，求出相应的杆端剪力：Q_{AB}^t、Q_{BA}^t、Q_{CD}^t、Q_{DC}^t、Q_{EF}^t、Q_{FE}^t。（此步骤同图4-3 中的步骤2相同）

步骤3：将步骤2中求出的 M_{AB}^t、M_{CD}^t、M_{EF}^t 代入式（4-64c），求出 M_1、M_2、M_3、Q_1、Q_2、Q_3。（此步骤同图4-3中的步骤3相同）

步骤4：将步骤3求出的 M_1、M_2、M_3、Q_1、Q_2、Q_3 代入式（5-30a）后再代入式（5-29）中，将步骤1求出的 P_1 和 M_1^u 代入式（4-66）中，联立式（5-29）、（4-65）、（4-66），求出 q_{1o}、q_{1i}、q_2、q_3、x_1、x_2、x_3、η_1、η_2、η_3 等10个未知量。

步骤5：将步骤4求出的 q_{1o}、q_{1i}、q_2、q_3、x_1、x_2、x_3、η_1、η_2、η_3 代入式（4-23），然后代入式（4-25）中，求出组合结构受荷段的内力。（此步骤同图4-3中的步骤5相同）

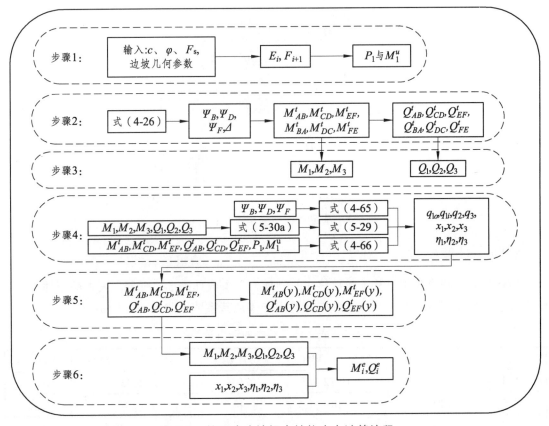

图 5-3　基覆式边坡组合结构内力计算流程

步骤6：将步骤3与步骤4中求出的 M_1、M_2、M_3、Q_1、Q_2、Q_3 以及 x_1、x_2、x_3、η_1、

η_2、η_3 代入式（5-28），求出组合结构嵌固段的内力。

至此，组合结构每根桩的内力变形就全部都得到了。上述求解思路可通过 MATLAB 编程实现。

5.4 计算方法验证

针对图 5-4 所示的基覆式边坡，采用模型试验及数值模拟方法确定桩体结构内力，对前述的微型桩组合结构理论计算方法进行验证。模型边坡由两级坡构成，上坡高 0.533 m（坡比 1∶1），下级坡坡高 0.733 m（坡比 1∶1.106），中间平台宽 0.267 m，在平台中部沿边坡走向以间距为 20 cm 布置 3 个 3×3 型式的组合结构，其中的单桩长度为 0.67 m，桩间距为 6 cm，顶板厚度为 3.3 cm，其余尺寸见图中所示。

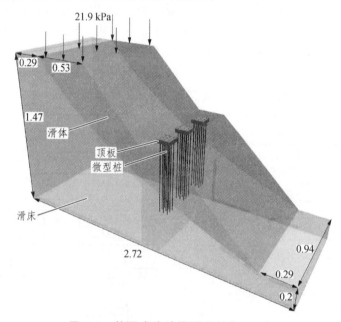

图 5-4　基覆式边坡模型（单位：m）

5.4.1　计算参数

坡体材料与组合抗滑结构（弹性体）的物理力学参数如表 5-1 所示。表中的土体 1、土体 2 分别对应于图 5-4 中的滑体与滑床。滑床土体地基系数 k 取为 30 MPa/m。

表 5-1　岩土体及结构物理力学参数

名称	容重 $\gamma/$（kN/m³）	黏聚力 c/kPa	内摩擦角 $\varphi/$（°）	弹性模量 E/MPa	泊松比 ν
土体 1	20	19.12	26.9	5.33	0.35
土体 2	25	20	40	20	0.32
微型桩	27	—	—	42 000	0.3
顶板	10	—	—	2 000	0.2

5.4.2 滑坡推力与结构内力

根据 5.3.2 节图 5-3 中的计算流程对基覆式边坡算例进行计算。其中，设计安全系数取 1.25。图 5-5 展示了为模型边坡滑体的条块及其编号。

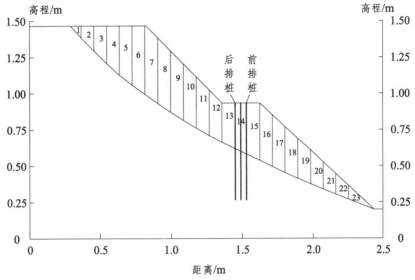

图 5-5 模型边坡条块及其编号

执行步骤 1：将边坡几何尺寸及坡体材料的物理力学参数代入 5.2 节中的式（5-4）与式（5-6），求出 E_i=4 060 N/m 与 F_{i+1}=3 690 N/m，再代入式（5-8a）可得 P_1=22.1 N，再将其代入式（5-8b），计算出组合结构中每列在滑面处的弯矩 M_1''=2.45 N·m。

执行步骤 2~6：根据图 5-3 中的步骤 2~步骤 6（具体参见图 5-3，在此不再赘述），即可得到组合结构内力结果如图 5-6~5-11 所示。

可见，后排、中排、前排最大弯矩分别为 0.675 8 N·m、0.441 1 N·m、0.54 N·m，最大量值分别出现在滑面以下 1.1%、0%（正好位于滑面）、0.99%桩长位置；后排、中排、前排最大剪力分别为 18.09 N、11.74 N、14.24 N，最大量值分别出现在滑面以下 3.3%、3.1%、2.9%桩长位置。其中，中排桩桩顶弯矩量值（0.376 2 N·m）大于后排与前排桩（0.188 1 N·m），中排桩桩顶剪力量值（1.642 N）也大于其他两根桩（前排 1.217 N，后排 0.424 8 N）。

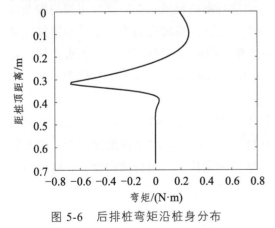

图 5-6 后排桩弯矩沿桩身分布

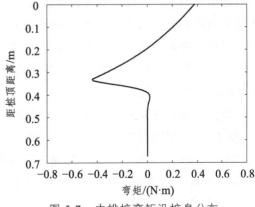

图 5-7 中排桩弯矩沿桩身分布

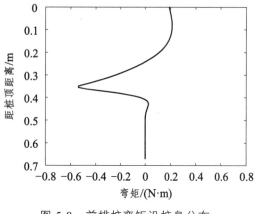

图 5-8 前排桩弯矩沿桩身分布

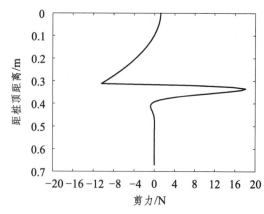

图 5-9 后排桩剪力沿桩身分布

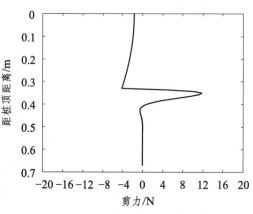

图 5-10 中排桩剪力沿桩身分布

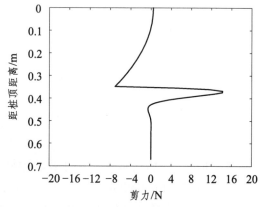

图 5-11 前排桩剪力沿桩身分布

5.4.3 模型试验与数值模拟

1. 室内模型试验

（1）试验模型。

室内模型试验同样采用如图 4-11 所示模型箱（详见 4.4.3 节）。基于西南某高速公路工程路堑边坡实际情况，确定概化的室内试验模型，再结合室内场地条件，采取的模型坡体几何相似比约为 1：15，重度相似比为 1：1，以此进行室内模拟试验。模型边坡的横断面图与平面图如图 5-12 所示。模型边坡由两级坡构成，上下级边坡之间由一个平台连接，沿平台宽度方向布设 3 个微型桩组合结构单元，每个单元中的 9 根桩均由一块顶板连接。组合结构单元的微型桩和顶板同样分别采用铝管（外径 8 mm、内径 7 mm）和硬质木板（厚度 2.6 cm）模拟（见图 4-14）。

模型边坡的滑体采用中粗石英砂（20～40 目）：陶土：水=9：13：4 的配比配制而成（见图 5-13）。滑床采用水泥：粗石英砂（10～20 目）：水=1：6：1.3 的配比配制，经养护后的滑床如图 5-14 所示，其中红绳用于辅助组合结构的定位。将组合结构放置于坡体后如图 5-15 所示。填筑好的模型边坡如图 5-16 所示。

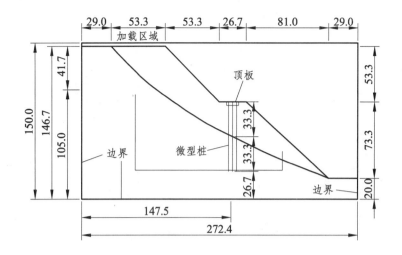

（a）剖面布置图

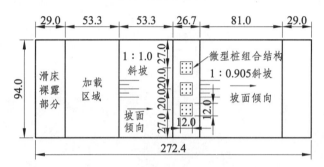

（b）平面布置图

图 5-12　模型试验边坡平剖面布置图（单位：cm）

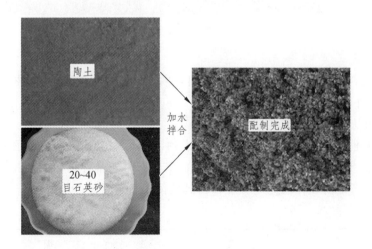

图 5-13　基覆式边坡坡体材料配制过程

图 5-14　养护后的滑床　　　　　　　图 5-15　加上组合结构后的滑床

图 5-16　填筑好的基覆式边坡模型

（2）测点布设。

关于组合结构及桩上的元件的布设等相关内容同第 4 章中均质土坡模型试验（详见 4.4.3 节），这里不再赘述。

（3）试验方法。

为了能较大程度地模拟坡体接近极限状态的工况，本次试验采用坡顶逐级堆载的方式（见图 5-17 与表 5-2），以此可反映坡体接近极限状态时与组合结构的相互作用状况。通过量测桩身不同位置处的坡体压力与应变，得到坡体压力与弯矩沿桩身的分布。

表 5-2　逐级堆载表

级数	1	2	3	4	5
质量/kg	221.8	443.5	666.6	890	1 112.8
应力/kPa	4.3	8.7	13	17.4	21.8

图 5-17　试验边坡加载过程

（4）试验结果。

通过一系列模型试验，得到了微型桩组合结构的桩侧坡体压力及结构内力。以表 5-2 中的第 3 级（堆载 666.6 kg）与第 5 级（堆载 1 112.8 kg）堆载为例，相关结果如图 5-18 ~ 5-23 所示。

① 坡体压力。

当第 3 级堆载与第 5 级堆载时，后排桩、中排桩、前排桩土压力（桩后-桩前）沿桩身的分布分别如图 5-18、5-19 所示。由图可知，当第 3 级堆载时，滑面以上桩身所受的净坡体压力大小为：中排>后排>前排；当第 5 级堆载时，滑面以上桩身所受的净坡体压力大小为：中排>后排≈前排；第 5 级堆载时各桩所受净坡体压力大于第 3 级。

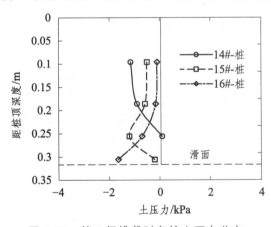

图 5-18　第 3 级堆载时各桩土压力分布

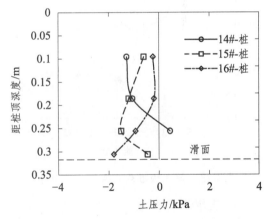

图 5-19　第 5 级堆载时各桩土压力分布

② 桩身弯矩。

当堆载 666.6 kg 与 1 112.8 kg 时，三排桩的弯矩沿桩身分布分别如图 5-20、5-21 所示。由图可知，第 3 级堆载与第 5 级堆载下的弯矩分布总体趋势是一致的。在滑面以上部分，后排与前排桩的桩顶均出现了负弯矩，而中排桩桩顶弯矩则接近零；当堆载从 666.6 kg 增加到 1 112.8 kg 后，各排桩弯矩有一定程度的增大。两级堆载下弯矩最大值均出现在后排桩，这与 4.4.3 节中均质土坡的情况一致。

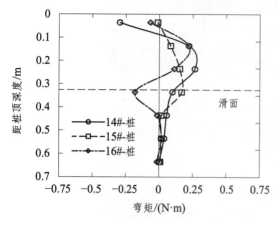

图 5-20　第 3 级堆载时各桩弯矩分布　　　图 5-21　第 5 级堆载时各桩弯矩分布

③ 桩身剪力。

当堆载 666.6 kg 与 1 112.8 kg 时，三排桩的剪力沿桩身分布分别如图 5-22、5-23 所示。由图可知，第 3 级堆载与第 5 级堆载下的剪力分布总体趋势是一致的。在滑面以上部分，后排与前排桩的剪力分布比较相似，且三根桩桩顶均出现了正剪力；当堆载从 666.6 kg 增加到 1 112.8 kg 后，各排桩剪力有一定程度的增大。两级堆载下剪力最大值均出现在前排桩。这与弯矩的情况不一致。

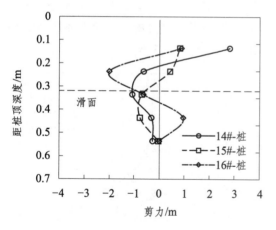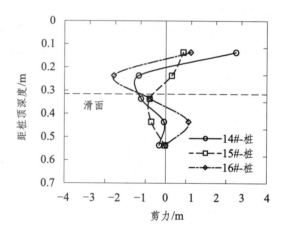

图 5-22　第 3 级堆载时各桩剪力分布　　　图 5-23　第 5 级堆载时各桩剪力分布

2. 三维数值模拟

采用 FLAC^{3D} 数值模拟软件对图 5-4 所示的边坡建立三维数值模型，如图 5-24 所示。数值模拟计算参数如表 5-1 所示。与模型试验一样，数值模拟中也分 5 级（见表 5-2）在坡顶堆载。同样，以表 5-2 中的第 3 级（堆载 666.6 kg）与第 5 级（堆载 1 112.8 kg）堆载为例，相关数值模拟结果如图 5-25 ~ 5-31 所示。

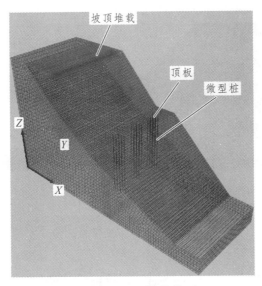

图 5-24　三维数值模型

① 潜在滑面。

第 3 级、第 5 级堆载以及极限状态下的最大剪应变增量云图如图 5-25 所示。由图 5-25（a）、（b）可知，在第 3 级、第 5 级堆载时坡体并未形成贯通的滑面，亦即未达到极限状态。当对边坡进行折减 1.25 时边坡达到极限状态，相应的最大剪应变增量云图如图 5-25（c）所示，由图可知，最危险潜在滑面基本沿着岩土界面。

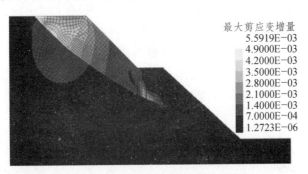

（a）第 6 级堆载时

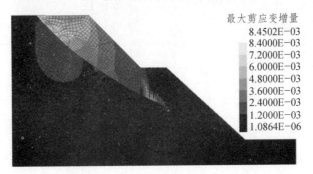

（b）第 8 级堆载时

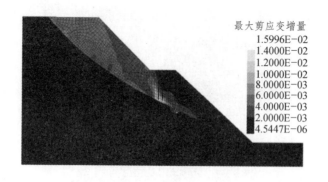

最大剪应变增量
1.5996E-02
1.4000E-02
1.2000E-02
1.0000E-02
8.0000E-03
6.0000E-03
4.0000E-03
2.0000E-03
4.5447E-06

（c）极限状态

图 5-25　最大剪应变增量云图

② 坡体压力。

当第 3 级堆载与第 5 级堆载时，后排桩、中排桩、前排桩土压力（桩后-桩前）沿桩身的分布分别如图 5-26、5-27 所示。

由图 5-26 可知，当第 3 级堆载时，滑面以上桩身所受的净坡体压力大小为：后排≈中排>前排。由图 5-27 可知，当第 5 级堆载时，滑面以上桩身所受的净坡体压力大小为：后排>中排>前排。这与模型试验有所不同，这是因为模型试验中，土压力测点在 0.096 m 以上没有测点，而数值模拟中有测点，且由数值模拟揭示该部分的后排桩的土压力量值较大，因此造成上述结论的不同，这也从侧面反映出模型试验的不足，而这恰好可由数值模拟试验来弥补。同时，第 5 级堆载时各桩所受净坡体压力略大于第 3 级。极限状态下各排桩土压力分布如图 5-28 所示，由图可知，各桩的土压力明显大于第 5 级堆载情况下，总体而言，后排桩土压力沿桩身的分布可看作一个梯形，中排桩与前排桩则可视为三角形，这从侧面验证了 5.3.1 节中关于组合结构内力计算模型的假设的合理性。

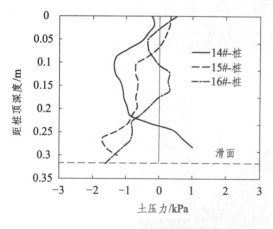

图 5-26　第 3 级堆载时各桩土压力分布

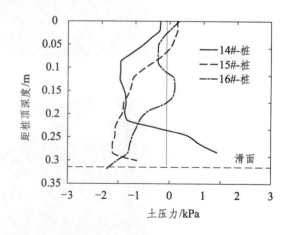

图 5-27　第 5 级堆载时各桩土压力分布

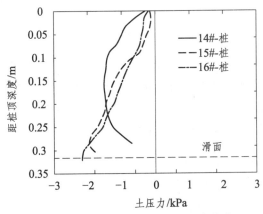

图 5-28　极限状态下各桩土压力分布

③ 桩身弯矩。

当堆载 666.6 kg 与 1 112.8 kg 时，三排桩的弯矩沿桩身分布分别如图 5-29、5-30 所示。由图可知，第 3 级堆载与第 5 级堆载下的弯矩分布总体趋势是一致的。当堆载从 666.6 kg 增加到 1 112.8 kg 后，全桩最大弯矩有一定程度的增大。极限状态下各排桩弯矩分布如图 5-31 所示，由图可知，各桩的最大弯矩明显大于第 5 级堆载情况下，三排桩最大弯矩量值大小排序为：后排桩>前排桩>中排桩。

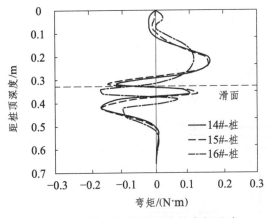

图 5-29　第 3 级堆载时各桩弯矩分布

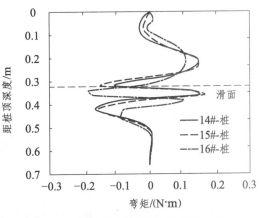

图 5-30　第 5 级堆载时各桩弯矩分布

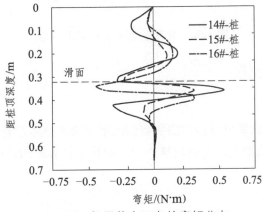

图 5-31　极限状态下各桩弯矩分布

④ 桩身剪力。

当堆载 666.6 kg 与 1 112.8 kg 时，三排桩的剪力沿桩身分布分别如图 5-32、5-33 所示。由图可知，第 3 级堆载与第 5 级堆载下的剪力分布总体趋势是一致的。当堆载从 666.6 kg 增加到 1 112.8 kg 后，各排桩剪力均有一定程度的增大。极限状态下各排桩剪力分布如图 5-34 所示，由图可知，各桩的最大弯矩明显不同于第 8 级堆载情况下，三排桩的剪力分布大致相同，最大剪力量值大小排序为：中排桩>后排桩>前排桩。

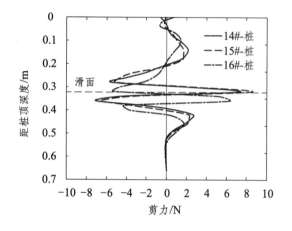

图 5-32　第 3 级堆载时各桩剪力分布　　　　　图 5-33　第 5 级堆载时各桩剪力分布

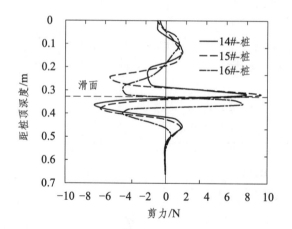

图 5-34　极限状态下各桩剪力分布

5.4.4　结果综合比较

1. 潜在滑面

由图 5-25（c）可知，数值模拟方法所得到的潜在滑面基本沿着基覆式边坡岩层分界面分布。这也从侧面反映出原先进行桩后推力与桩前抗力计算时假设的潜在滑面（见图 5-5）的合理性。

2. 土压力

通过对比图 5-18 ~ 图 5-19 与图 5-26 ~ 图 5-27 的坡体压力结果，可知模型试验的结果在某些情况下与数值模拟并不一致，这可能是由于模型试验中测点布设有限而导致某些桩深度的坡体压力无法测得有关。除此之外，两种方法所得结果较为一致。同时，由于模型试验中堆载高度有限，因而模型试验没有达到极限状态，极限状态的坡体压力由数值模拟获取（见图 5-28）。

3. 结构内力

图 5-35 ~ 图 5-40 为上述三种方法所得到的三根微型桩的内力（弯矩与剪力）分布图。由图可知，由模型试验所得到的内力分布的整体趋势与解析方法及数值模拟方法所得到的结果是一致的。

由图 5-35 及图 5-37 可知，对于前排桩与后排桩，解析法计算得到的受荷段最大正弯矩近似位于受荷段的上三分之一点附近，嵌固段最大负弯矩位于潜在滑面附近。同时，解析法计算得到的最大正负弯矩量值与位置与数值模拟结果比较接近，相对差值约为 20%。

由图 5-36 可知，对于中排桩，受荷段的最大正弯矩位于桩顶（显然位于相应的数值模拟结果之上），其数值也大于数值模拟结果；最大负弯矩同样位于潜在滑面附近，此位置与数值模拟结果一致，但理论计算所得的量值比数值模拟结果大 80% 左右。

由图 5-38 ~ 图 5-40 可知，无论是解析法还是数值模拟，计算得到的三根桩的最大剪力都位于滑面附近。对于前排与后排桩而言，解析法所得到的剪力约比数值模拟结果大 80%，而对于中排桩，前者比后者大 20% 左右。

总体而言，所提方法计算得到的弯矩和剪力与数值模拟结果比较一致。同时值得指出的是，模型试验得到的内力值远小于其他两种方法的结果，原因在于模型试验中的微型桩加固边坡还远未达到极限状态，然而解析法和数值模拟的结果均对应于极限状态（此时目标安全系数为 1.25）。但解析法以及数值模拟的结果与模型试验在整体趋势上是一致的。

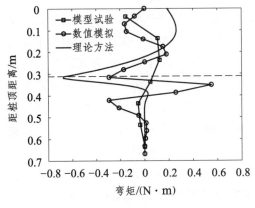

图 5-35　后排桩弯矩沿桩身分布

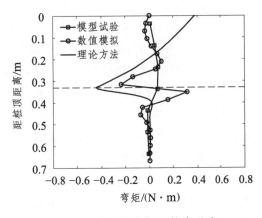

图 5-36　中排桩弯矩沿桩身分布

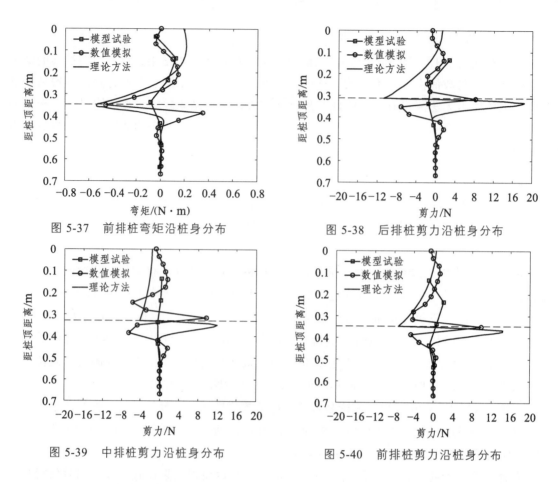

图 5-37　前排桩弯矩沿桩身分布

图 5-38　后排桩剪力沿桩身分布

图 5-39　中排桩剪力沿桩身分布

图 5-40　前排桩剪力沿桩身分布

5.5　工程实例分析

如图 5-41 所示的广巴高速公路 K51 工点路堑边坡，在此将此边坡作为微型桩组合结构在基覆式边坡中应用时结构内力计算的算例，说明结构内力位移计算方法。

边坡所在场地出露地层主要为：崩坡积和坡洪积层（$Q_4^{col+dl+pl}$），侏罗系中统沙溪庙组地层（J_{2s}）。前者以含角砾低液限黏土、块石土质土与块石夹土为主，其中的土颗粒主要为泥岩全风化产物形成的低液限黏土，土体承载力低，自身的稳定性差；后者则以粉砂质泥岩为主，根据风化程度不同分为强风化粉砂质泥岩（极软，呈碎块状）与弱风化粉砂质泥岩（属软质岩类，岩石呈碎块 ~ 大块状，承载力较高，稳定性好，是桩和锚固体的良好持力层）。

针对广巴高速公路实际情况，设计采用对原有边坡进行开挖并用微型桩组合结构进行加固的方案，以满足边坡稳定性要求。开挖路堑顺山地斜坡坡麓展布，挖方段长约 150 m，其中深开挖段长约 75 m，路基宽 24.5 m，设计路面高程为 500.46 ~ 502.28 m，路中心最大挖深 11.94 m。其中，K51 + 166.48 断面路面设计高程为 502.71 ~ 502.92 m，路中心最大挖深 11.75 m，边坡高度 25.36 m（见图 5-41）。

开挖后的边坡坡体由上覆的覆盖层（含角砾低液限黏土）及下伏基岩（弱风化砂泥岩互层）组成，属于典型的厚层低液限黏土与块石土下卧基岩的坡体结构。开挖边坡坡顶距线路中心线约 56.6 m，采用三级放坡，每级高度分别约为：8 m、13 m、4 m，坡比分别为：1∶1，1∶1.5，1∶1.55（考虑到第三级边坡与潜在滑面相距较远，且与第二级边坡的坡比相近，在此将第二级与第三级边坡合并考虑）。设计考虑到开挖很可能引起覆盖层沿着基覆界面发生滑动破坏，在二级与三级边坡之间的平台位置布设板连式微型抗滑桩群加固（见图 5-38），加固结构采用 3×3 型单元微型桩群，桩长为 9 m（考虑到布桩位置处桩身在覆盖层中的长度约为 4.5 m，为使结构具有较好的持力效果，将结构在基岩中的长度也设置为 4.5 m），组合结构间距为 3.0 m，每根微型单桩孔径为 130 mm，由 3 根直径 40 mm 的螺纹钢组成（见图 1-2），微型桩弹性模量为 200 GPa，单桩的等效惯性矩及抗弯刚度分别为 $1.382\ 3×10^{-6}\ m^4$ 与 276.46 kN·m^2，组合结构布置图如图 4-44 所示，排间距、列间距分别为 0.6 m、0.5 m，顶板边缘距边桩 0.2 m（见图 4-47）。边坡岩土体及加固结构物理力学参数如表 5-3 所示。滑床土体地基系数 k 取为 120 MPa/m。

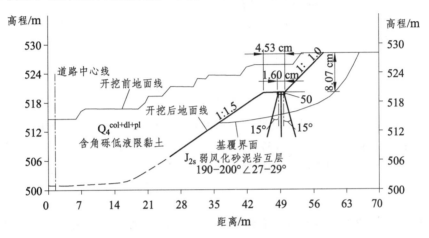

图 5-41　基覆式边坡工程实例横断面图

表 5-3　实例工点边坡岩土体及结构物理力学参数

名称	容重 γ/（kN/m^3）	黏聚力 c/kPa	内摩擦角 φ/（°）
含角砾低液限黏土	20	20	15
弱风化砂泥岩互层	25	100	40
微型桩	27	—	—
顶板	25	—	—

现针对此边坡，根据 5.2 ~ 5.3 节中的计算理论对边坡桩后推力以及结构内力进行计算，可参照图 5-3 所示的计算流程逐步进行，具体分述如下。

1. 潜在滑面及滑坡推力

潜在滑面：由于图 5-41 所示的基覆式边坡覆盖层厚度较薄（4 ~ 8 m），其中组合结构布设位置覆盖层厚度约为 4.5 m，推测潜在滑面沿着基覆界面。后排桩、中排桩与前排桩的受荷段长度分别为 5.10 m、4.56 m 与 4.24 m，这里取中间桩的受荷段长度作为 h_a 的值，

即 h_a =4.56 m。

滑坡推力：对边坡潜在滑体进行条分，条块及其编号如图 5-42 所示。边坡设计安全系数取 1.30，采用 5.2 节中的计算方法对滑坡推力进行计算（见图 5-3）。

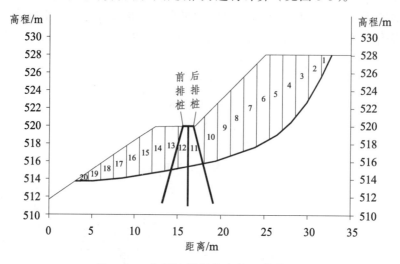

图 5-42　实例边坡滑体条块及其编号

执行步骤 1：将边坡几何尺寸及坡体材料的物理力学参数代入 5.2 节中的式（5-4）与式（5-8），求出 E_i=198 kN/m 与 F_{i+1}=167 kN/m，再代入式（5-10a）可得 P_1=35.9 kN，再将其代入式（5-10b），计算出组合结构中每列在滑面处的弯矩 M_1'' =44.3 kN·m。

2. 结构内力

根据图 5-3 中的步骤 2 ~ 步骤 6（具体参见图 5-3，在此不再赘述），通过 MATLAB 编程计算，即可得到组合结构内力结果如图 5-43 ~ 5-48 所示。

由图 5-43 ~ 图 5-45 可知，后排桩、中排桩、前排桩的最大弯矩均出现在滑面以下约 5% 桩长位置，最大量值分别为 12.55 kN·m、8.979 kN·m、8.499 kN·m，前排桩最大弯矩量值最小；桩顶弯矩分别为 3.886 kN·m、7.771 kN·m、3.886 kN·m，其中中排桩桩顶弯矩最大。

由图 5-46 ~ 图 5-48 可知，后排桩、中排桩、前排桩的最大剪力量值分别为 19.73 kN、14.11 kN、13.35 kN，各排桩的最大剪力量值均出现在滑面以下约 12%、11%、10% 桩长位置处，在三根桩中，前排桩最大剪力量值最小；桩顶剪力分别为 2.51 kN、−2.694 kN、0 kN，其中中排桩桩顶剪力最大，且与后排桩及中排桩方向相反。值得注意的是，各排桩在滑面处还出现了仅次于最大剪力量值的较大的剪力，这与上述的弯矩分布有所不同。

综上所述，组合结构在滑坡推力的作用下，全桩最大弯矩与最大剪力均出现在滑面以下一定位置处（5% ~ 12%）。同时，除了前排桩外，每根桩的桩顶均出现了反向弯矩与剪力，这有别于独立布置的微型抗滑桩，这与第 3 章所述的顶板组合作用密切相关。

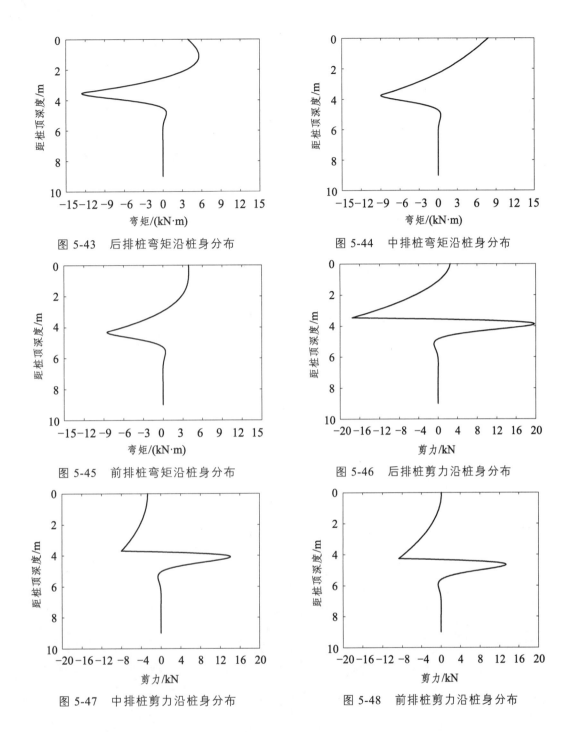

图 5-43　后排桩弯矩沿桩身分布　　　　图 5-44　中排桩弯矩沿桩身分布

图 5-45　前排桩弯矩沿桩身分布　　　　图 5-46　后排桩剪力沿桩身分布

图 5-47　中排桩剪力沿桩身分布　　　　图 5-48　前排桩剪力沿桩身分布

5.6　本章小结

　　本章主要讨论了微型桩组合结构加固基覆式边坡情况下，组合机构的内力分析方法。采用与均质土坡类似的计算思路，根据基覆式边坡中该结构的实际受力特点，提出先计算作用于组合结构上的推力，再计算结构内力的方法。对于作用于组合结构上的推力，可采用传递系数法进行求解，给出了具体的计算公式。对于组合结构内力计算，采用与第 3 章类似的思路，将上部结构（受荷段）看作横向荷载作用下的平面刚架结构进行分析，下部结构视为弹性地基上的 Winkler 地基梁（"k"法）进行解析，最后利用这两部分间的耦合条件及桩底边界条件求解的方法。给出了所提方法的具体计算流程。

采用一个微型桩加固的基覆式边坡较为详细地阐述了所提方法计算过程，并通过室内模型试验与数值模拟两种方法理论计算结果进行了验证，在一定程度上验证了所提方法的合理性。在此基础上，针对一基覆式边坡工程实例，较为详细地介绍了组合结构内力计算方法和过程。

第 6 章

滑面抗剪强度弱化时组合结构受力分析

6.1 概 述

岩土材料的抗剪强度对边坡稳定性具有重要影响，进而影响加固结构的变形内力。而在大变形或水的软化条件下，滑体及滑带（滑面）的抗剪强度往往会发生弱化，此时边坡往往由稳定状态进入欠稳定或不稳定状态。若仍采用峰值抗剪强度进行边坡稳定性分析与结构计算，将夸大边坡的稳定性，低估结构内力，使设计偏于危险。针对这种情况，有研究提出将岩土视为理想弹塑性材料，然后取岩土材料的残余强度进行稳定性分析[132]。但是，边坡中各处的变形往往不同，也就无法保证潜在滑面上所有点都恰好达到残余状态。因此，简单地取峰值强度或残余强度对边（滑）坡进行计算分析并不完全合理，而在某些情况下考虑介于峰值强度与残余强度之间的过渡强度应更符合实际。本章将在阐述这一问题的基础上，根据第 4 章、第 5 章提出的计算方法，进行考虑滑体及滑带（滑面）抗剪强度弱化（相对于峰值强度，这里称之为"弱化强度"，但其值不小于残余强度）的微型桩组合结构内力分析，探讨滑带（滑面）不同强度弱化程度下微型桩组合结构内力变化规律。

6.2 滑面弱化抗剪强度的取值

实际上，早在 1937 年德国学者 Tiedemann 就采用环剪仪对德国 Weser-Elbe 运河的原状黏土进行了残余强度的首次测定。同年，丹麦学者 Hvorslev（Terzaghi 的学生，长期工作于美国）也进行了类似的试验。"残余强度"这一术语则由瑞士学者 Haefeli 于 1938 年提出，在当时关注剪切强度软化效应的学者几乎没有，他坚持"残余强度"的研究对工程实践具有重要的实际意义。这使得后来的学者开始逐渐关注该方面的研究[141]。

对于土体的残余强度进行全方面的研究，最早开始于英国学者 Skempton[141]对伦敦黏土抗剪强度所进行的深入研究，他阐明了峰值强度和残余强度的概念，通过试验分析了土体抗剪强度在大剪切位移条件下的衰减规律，并首次对影响土体抗剪强度的因素进行了探讨，认为在自然条件下边坡发生滑动时，土体能提供的抗剪强度接近残余强度。针对当时分布更广泛的超固结土，Skempton 通过直剪试验，得出剪切强度与剪切位移关系曲线（见图 6-1），并将峰值强度与残余强度分别表示为式（6-1a）与式（6-1b）。

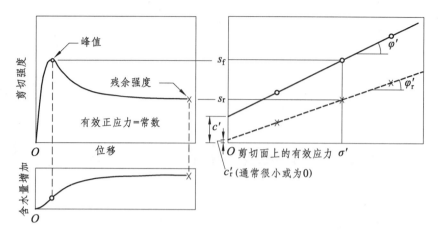

图 6-1 超固结黏土剪切特性曲线[141]

$$s_f = c' + \sigma' \cdot \tan\varphi' \tag{6-1a}$$

$$s_r = c'_r + \sigma' \cdot \tan\varphi'_r \tag{6-1b}$$

式中，s_f 与 s_r 分别表示峰值强度与残余强度；c' 与 c'_r 分别表示有效黏聚力与残余有效黏聚力；σ' 表示有效应力；φ' 与 φ'_r 分别表示有效内摩擦角与残余有效内摩擦角。

由于试验中所测得的残余黏聚力较小（见图 6-1），Skempton 将式（6-1b）退化为式（6-1c）。

$$s_r = \sigma' \cdot \tan\varphi'_r \tag{6-1c}$$

同时，基于一系列的试验结果，Skempton 指出正常固结黏土与超固结黏土在任意给定的有效应力下具有相同的残余强度（见图 6-2），即残余强度与固结历史无关，基于式（6-1c），残余有效内摩擦角 φ'_r 与固结历史无关。因此，按照 Skempton 的观点，残余强度和残余内摩擦角 φ'_r 均与固结历史无关。

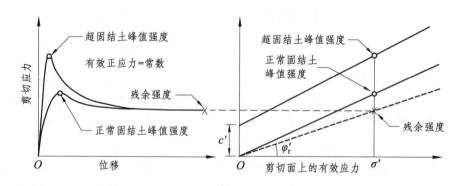

图 6-2 正常固结与超固结黏土剪切特性简化关系[141]

此后，学者们逐渐开始关注土体应变软化特性，综观国内外文献，目前学术界所广泛使用的典型应变软化曲线如图 6-3（a）所示，其中，抗剪强度参数随应变变化曲线可近似取为图 6-3（b）所示模式。图中，τ_p 与 τ_r 分别表示土体峰值强度与残余强度，c_p 与 c_r 分别表示峰值黏聚力与残余黏聚力，φ_p 与 φ_r 分别表示峰值内摩擦角与残余内摩擦角。

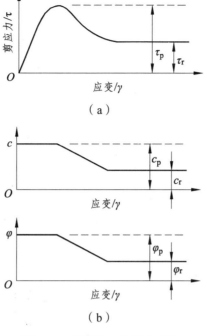

（a）

（b）

图 6-3 典型的应变软化曲线

Zhang 等[133]引入应变软化系数对抗剪强度参数随剪切位移的变化进行刻画（见图 6-4），其中假设内摩擦角不发生软化，而只有黏聚力发生软化。通过实例分析表明，采用图 6-4 中的三种型式的应变软化系数曲线所得到的边坡稳定性系数不同。

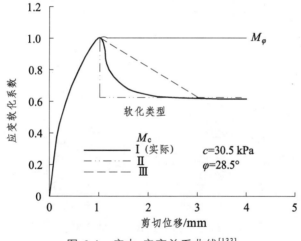

图 6-4 应力-应变关系曲线[133]

自 Skempton 的相关研究之后，学者们对残余强度开展了广泛的研究。截至目前，关于残余强度的研究成果大体可分为两类：残余强度的确定方法、残余强度的影响因素及发挥机理。

Skempton[141]指出了黏土抗剪强度弱化的原因有：裂隙的存在、剪切蠕变以及季节性的温湿度变化（但影响深度有限）、孔压、地震、侧向压力的释放等；研究了残余内摩擦角与黏土黏粒含量之间的关系（见图 6-5，图中实心圆边上的名称指取样地点），由图 6-5 可知，总体而言，残余内摩擦角随着黏粒含量增大而降低；同时给出了 4 种典型的超固结黏土的试验结果（见图 6-6），由图可知，残余内摩擦角比峰值内摩擦角分别降低了 6%、18%、25%、38%；通过工程实例阐述了峰值与残余强度参数的具体使用方法。

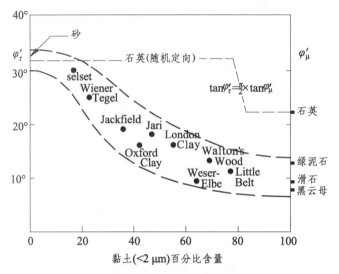

图 6-5　残余内摩擦角随黏粒含量升高而降低[141]

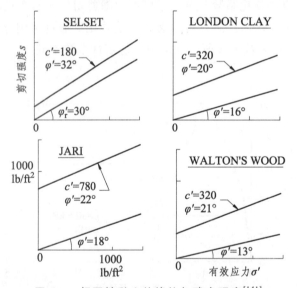

图 6-6　超固结黏土的峰值与残余强度[141]

陈守义[253]指出：在大位移排水剪条件下，除了缺乏胶结的松散无黏性土表现为应变硬化之外，其他土类（包括密砂和绝大多数黏性土）均表现为应变软化性状。

Ramiah 等[143]通过对添加凝聚剂和分散剂的细粒土的残余强度的研究，表明化学添加剂对残余强度影响很大但与其含量无关；固结状态影响峰值强度但却不影响残余强度；在所采用的剪应变率范围内（约 0.025 4 ~ 2.54 mm/min），剪切应变率和初始含水率对残余强度的影响可忽略不计。

Skempton[142]通过正常固结黏土与超固结黏土的剪切试验结果（见图 6-7），指出：对于正常固结土，当黏土含量大于 40%时，其抗剪强度的降低的原因是剪切作用下颗粒定向；当含量小于 20%时，抗剪强度几乎没有降低。对于超固结土，黏土含量大于 40%的超固结土的抗剪强度的降低可分成含水率的增加与颗粒的定向排列两个阶段，而黏土含量小于 20%的超固结土仅仅是由于含水率的增加。同时指出，当剪切速率小于 100 mm/min 时，残余强度几乎不受剪切速率的影响。

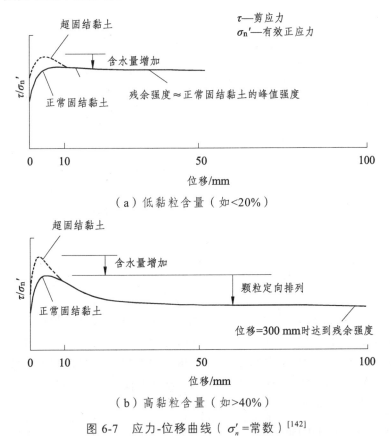

（a）低黏粒含量（如<20%）

（b）高黏粒含量（如>40%）

图 6-7　应力-位移曲线（σ_n'=常数）[142]

周平根等[254]根据宝塔滑坡的资料，指出滑带土的峰值强度与残余强度比较接近，影响滑带土强度的因素有：水的作用（含水的软化作用、含水量及水的成分），滑带土的前期变形大小及时间，滑带土的矿物成分，滑带土的粒度分布，黏粒含量及塑性指数等，并得出残余内摩擦角与黏粒含量以及塑性指数之间的关系。

张昆等[255]通过对 28 组滑带土（黏土、碎石土）试验资料的统计，发现残余强度指标与峰值强度指标存在良好的线性关系，据此可通过峰值强度指标对残余强度指标进行估计（残余内摩擦角与峰值内摩擦角之比约为 90%，残余黏聚力与峰值黏聚力之比约为 60%）。

Wen 等[256]通过对三峡地区大量滑坡资料的分析总结，指出：无砾石扰动土的残余内摩擦角随黏土含量增加非线性降低；含碎石的原状土的残余内摩擦角随碎石含量增加而升高，随细粒土含量的升高而降低，且残余内摩擦角和碎石与细粒土含量之比呈较强的线性相关性。研究表明：对于粒径小于 2 mm 的土，其残余内摩擦角可通过黏土含量与 Atterberg

极限进行估计，对于含有大量碎石（砾石）粒径的颗粒土可采用粒径分布（尤其是粗粒与细粒土含量之比）进行估计。

许成顺等[257]通过环剪试验系统地研究了 17 种不同塑性指数的饱和黏性土在不同固结状态下的残余强度变化规律，得到当前法向应力、超固结比、塑性指数和多级剪切方式对残余强度的影响规律。从文中的试验数据可知：当正常固结时，残余强度与峰值强度之比约为 17/25。

同时值得注意的是，滑体（滑带）达到残余强度所需的位移量值不尽相同，如：龙羊峡水库滑坡的滑带土试验表明，位移仅 3 mm，滑带土强度即接近残余强度[258]；而在三峡大型滑坡中则超过 20 mm（多数为 40～50 mm）[256]。

综上可知，对黏性土残余强度产生影响的因素大体可归纳为：黏土含量、塑性指数、液性指数，其中黏土含量与塑性指数的影响较大。因此，在对边坡岩土体弱化强度进行估计时，应考虑其中的黏土含量与塑性指数，以使弱化的抗剪强度参数的取值更为合理。

为简化探求滑面的抗剪强度弱化程度对组合结构受力的影响，这里不考虑滑面残余强度的具体影响因素，而只在一定范围内进行抗剪强度的弱化取值。纵观上述研究结果，本书仅考虑滑面的弱化强度（s_t）为峰值强度（s_p）的 50%～100%范围内的微型桩组合结构受力情况。为便于叙述，引入抗剪强度弱化因子 R，用于表示弱化强度与峰值强度的比值，即：

$$R = s_t / s_p \tag{6-2}$$

6.3 微型桩组合结构分析

第 4 章与第 5 章分别就均质土坡与基覆式边坡的结构内力计算理论做了具体阐述，其中并未考虑滑带（滑面）强度弱化对抗滑结构内力与变形的影响。这里分别针对均质土坡与基覆式边坡，阐述弱化的抗剪强度对组合结构内力变形的影响，确定滑带（滑面）不同强度弱化程度下微型桩组合结构内力变化特征。为便于叙述，令 $c_p = c_0$，$\varphi_p = \varphi_0$。

根据摩尔-库仑强度准则，有

$$s_p = c_p + \sigma' \tan \varphi_p \tag{6-3}$$

式中，σ' 为作用于滑移面上的有效正应力。

联立式（6-2）、（6-3）可得

$$s_t = R(c_p + \sigma' \tan \varphi_p) \tag{6-4}$$

令 $R \times c_p = c_t$，$R \times \tan \varphi_p = \tan \varphi_t$，则上式可化为

$$s_t = c_t + \sigma' \tan \varphi_t \tag{6-5}$$

式（6-5）表明，当抗剪强度弱化因子为 R（即抗剪强度弱化为峰值强度的 $R \times 100\%$）时，抗剪强度参数 c_t 与 $\tan \varphi_t$ 也分别弱化为峰值强度参数的 $R \times 100\%$。即

$$\left. \begin{array}{l} c_t = R \cdot c_p \\ \varphi_t = \arctan(R \cdot \tan \varphi_p) \end{array} \right\} \tag{6-6}$$

考虑安全系数时，式（6-6）变成：

$$
\left.\begin{aligned}
c_t &= R \cdot c_p / F_s \\
\tan\varphi_t &= R \cdot \tan\varphi_p / F_s
\end{aligned}\right\} \tag{6-7}
$$

因此，基于式（6-7）可对峰值强度参数进行调整，以考虑不同抗剪强度弱化因子对组合结构内力变形计算的影响，现按照均质土坡与基覆式边坡两种情况分述如下：

1. 均质土坡

（1）将式（4-8）及式（4-15）中的 $\tan\varphi_d$ 用 $\tan\varphi_t$（亦即 $R \times \tan\varphi_p/F_s$）替换；

（2）将式（4-17）及式（4-19）中的 $\tan\varphi_0/F_s$（即 $\tan\varphi_d$）用 $\tan\varphi_t$（亦即 $R \times \tan\varphi_p/F_s$）替换；

（3）将式（4-21）中的 $\tan\varphi_0/F_s$（即 $\tan\varphi_d$）用 $\tan\varphi_t$（亦即 $R \times \tan\varphi_p/F_s$）替换，其余符号保持不变。通过上述替换后，再根据图4-3中的步骤1～步骤6进行计算，就可求出考虑滑带（滑面）弱化强度的组合结构内力与位移（详细计算流程见图4-3，在此不再赘述）。

2. 基覆式边坡

（1）将式（5-4）中的 $R_i = W_i\cos\alpha_i \cdot \tan\varphi_i + c_i l_i$ 中的 $\tan\varphi_i$ 和 c_i 分别用 $R \times \tan\varphi_i$ 与 $R \times c_i$ 替换，同时将其中的 $\Psi_{i-1} = \cos(\alpha_{i-1}-\alpha_i) - \sin(\alpha_{i-1}-\alpha_i)\tan\varphi_i/K$ 中的 $\tan\varphi_i$ 用 $R \times \tan\varphi_i$ 替换；

（2）将式（5-6）中的 $R_{i+1} = W_{i+1}\cos\alpha_{i+1} \cdot \tan\varphi_{i+1} + c_{i+1}l_{i+1}$ 中的 $\tan\varphi_{i+1}$ 和 c_{i+1} 分别用 $R \times \tan\varphi_{i+1}$ 与 $R \times c_{i+1}$ 替换，同时将其中的 $\Psi_{i+2} = \cos(\alpha_{i+2}-\alpha_{i+1}) - \sin(\alpha_{i+2}-\alpha_{i+1})\tan\varphi_{i+1}/K$ 中的 $\tan\varphi_{i+1}$ 用 $R \times \tan\varphi_{i+1}$ 替换。通过上述替换后，再按照5.3节中图5-3的步骤进行计算，就可计算出考虑滑带（滑面）弱化强度的结构内力与位移，在此不再赘述。

6.4 实例分析

为了探讨滑面弱化强度对组合结构内力的影响，在此分别针对均质土坡与基覆式边坡工程实例，进行弱化强度对微型桩组合结构内力的影响分析。

6.4.1 均质土坡

图6-8为一均质土坡，边坡高10 m，坡角30°，边坡坡体岩性为粉质黏土，其物理力学参数见图中所示，自然边坡安全系数为1.21，边坡设计安全系数取1.30。采用微型桩组合结构进行加固，组合结构布设于距离坡脚8.66 m（即坡面中部）的位置（见图6-8），单桩长度均为10 m（为便于后面的叙述，用 h_t 表示，下同），组合结构间距为2.0 m（见图6-9），每根微型单桩孔径为130 mm，由3根直径40 mm的螺纹钢组成（见图1-2），微型桩弹性模量为200 GPa，单桩的等效惯性矩及抗弯刚度分别为 $1.382\ 3 \times 10^{-6}\ m^4$ 与276.46 kN·m²，排间距、列间距分别为0.6 m、0.5 m，顶板边缘距边桩0.2 m（见图6-9）。滑床土体地基系数 m 取为9 MPa/m²。

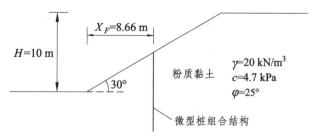

图 6-8　均质土坡工程实例剖面图

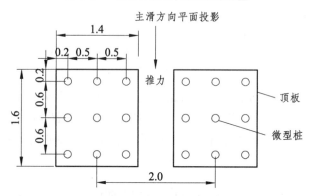

图 6-9　组合结构平面布置图（单位：m）

　　针对图 6-8 所示的边坡，考虑在同一稳定系数条件下，不同弱化强度（抗剪强度弱化因子 R 为 50%、60%、70%、80%、90%、100%）对边坡滑面形态及组合结构内力的影响。

　　根据第 4.2、4.3 节中的计算理论对边坡桩后推力、潜在滑面以及结构内力进行计算（见图 4-3 所示的计算流程），得到不同弱化强度下边坡潜在滑面形态如图 6-10 所示，不同弱化强度下组合结构所受的净推力、受荷段长度及其支挡位置处滑面倾角如表 6-1 所示，不同弱化强度下组合结构内力沿桩身的分布如图 6-11 ~ 6-16 所示，不同弱化强度下各排桩最大弯矩、最大剪力量值及其位置如表 6-2、6-3 所示，各排桩桩顶弯矩与剪力量值如表 6-4 所示。

　　由表 6-1 可知，在相同的稳定系数下，随着弱化强度的降低，作用于组合结构上的净推力迅速增大（当 R 为 0.9、0.8、0.7、0.6、0.5 时的净推力分别是 $R=1.0$ 时的 2.6、4.5、7.0、10.5、15.3 倍），呈现出以下规律：除了当 R 由 1.0 降为 0.9 时净推力增加较大外，弱化强度每下降 10%，净推力增大约 45% ~ 75%，且随着 R 的降低，增大率逐渐降低。随着 R 的降低（抗剪强度降低），潜在滑面也逐渐往深处发展，组合结构布设位置处的滑面倾角也逐渐变缓（见图 6-10、表 6-1），由表 6-1 可知，组合结构平均受荷段长度（h_a）变化情况：3.44 m→3.75 m（较前者增大 9%）→4.38 m（增大 16.8%）→5.25 m（增大 19.9%）→6.52 m（增大 24.2%）→7.90 m（增大 21.2%），原先预设的组合结构单桩长为 10 m，对于 $R \geqslant 0.8$ 时，嵌固段长度大于受荷段长度，但当 $R<0.8$ 时，嵌固段长度小于受荷段长度。特别地，当 $R = 0.5$ 时，嵌固段长度仅有 2.1 m（不到受荷段长度的 1/3）。由此可见，弱化强度对作用于组合结构上的净推力、边坡滑面形态均具有较大影响。

　　图 6-11 ~ 6-13 为弱化强度分别为峰值强度的 50%、60%、70%、80%、90%、100%（即峰值强度）时各排桩桩身弯矩分布图。可见，随着弱化强度的降低，各排桩的最大弯矩显著增大（见图 6-11 ~ 6-13、表 6-2）。对于后排桩，当 R 分别为 0.9、0.8、0.7、0.6、0.5 时

的最大弯矩是 R 为 1.0 时的 2.76、5.58、10.55、19.43、34.46 倍；对于中排桩，当 R 分别为 0.9、0.8、0.7、0.6、0.5 时的最大弯矩是 R 为 1.0 时的 2.80、5.71、10.76、19.87、35.05 倍；对于前排桩，当 R 分别为 0.9、0.8、0.7、0.6、0.5 时的最大弯矩是 R 为 1.0 时的 2.89、6.14、11.92、22.78、41.03 倍。因此，总体呈现为：除了当 R 由 1.0 降为 0.9 时最大弯矩增加较大之外，弱化强度每下降 10%，最大弯矩增大 80%～100%，且随着 R 的降低，增大率逐渐降低。同时，最大弯矩的位置与滑面深度具有一致性，均出现在滑面以下 1%桩长以内的位置（见表 6-1、6-2）。

图 6-14～6-16 为弱化强度分别为峰值强度的 50%、60%、70%、80%、90%、100%（即峰值强度）时各排桩桩身剪力分布图。可见，随着弱化强度的降低，各排桩的最大剪力显著增大（见图 6-14～6-16、表 6-3）。对于后排桩，当 R 分别为 0.9、0.8、0.7、0.6、0.5 时的最大剪力是 R 为 1.0 时的 2.77、5.63、10.48、19.57、34.62 倍；对于中排桩，当 R 分别为 0.9、0.8、0.7、0.6、0.5 时的最大剪力是 R 为 1.0 时的 2.83、5.84、10.92、20.32、35.83 倍；对于前排桩，当 R 分别为 0.9、0.8、0.7、0.6、0.5 时的最大剪力是 R 为 1.0 时的 2.90、6.15、11.62、22.65、41.14 倍。基本呈现为：除了当 R 由 1.0 降为 0.9 时最大剪力增加较大之外，弱化强度每下降 10%，最大剪力增大 80%～100%，且随着 R 的降低，增大率逐渐降低。同时，最大剪力的位置与滑面深度具有一致性，均出现在滑面以下 5%桩长以内的位置（见表 6-1、6-3）。

由表 6-4 可知，随着弱化强度的降低，各排桩的桩顶弯矩呈现非线性增加的特点。对于各排桩，当 R 分别为 0.9、0.8、0.7、0.6、0.5 时的桩顶弯矩是 R 为 1.0 时的 2.70、5.23、9.45、16.67、28.52 倍。基本呈现为：除了当 R 由 1.0 降为 0.9 时最大弯矩增加较大外，弱化强度每下降 10%，最大弯矩增大 70%～95%，且随着 R 的降低，增大率逐渐降低。

同时，随着弱化强度的降低，各排桩的桩顶剪力呈现非线性增加的特点（见表 6-4）。对于后排桩，当 R 分别为 0.9、0.8、0.7、0.6、0.5 时的桩顶剪力是 R 为 1.0 时的 2.77、3.43、4.94、6.60、9.13 倍；对于中排桩，当 R 分别为 0.9、0.8、0.7、0.6、0.5 时的桩顶剪力是 R 为 1.0 时的 2.46、4.08、6.20、8.90、12.68 倍；对于前排桩，当 R 分别为 0.9、0.8、0.7、0.6、0.5 时的桩顶剪力是 R 为 1.0 时的 3.17、6.55、10.97、17.60、26.12 倍。基本呈现为：除了当 R 由 1.0 降为 0.9 时最大剪力增加较大之外，弱化强度每下降 10%，最大剪力增大 40%～100%，且随着 R 的降低，增大率逐渐降低。

综上所述，对于均质土坡，弱化强度对滑面的分布、组合结构受荷段长度、作用于组合结构上的净推力以及组合结构的内力量值均具有较大影响。随着弱化强度的降低，主要呈现如下规律：① 滑面逐渐往深部发展，弱化强度每降低 10%，组合结构受荷段长度增大 10%～25%；② 作用于组合结构上的净推力增大（R 为 0.9、0.8、0.7、0.6、0.5 时的净推力分别是 R 为 1.0 时的 2.6、4.5、7.0、10.5、15.3 倍），弱化强度每下降 10%，净推力增大 45%～75%，且随着 R 的降低，增大率逐渐降低；③组合结构内力沿着桩身的分布形状没有明显变化，但内力的量值呈非线性增大，弱化强度每下降 10%，全桩最大弯矩与剪力增大 80%～100%，桩顶弯矩与桩顶剪力增大 40%～100%。

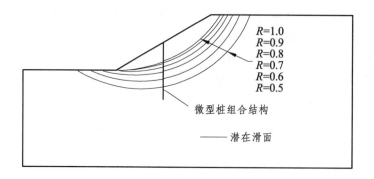

图 6-10   不同弱化强度下的潜在滑面形态

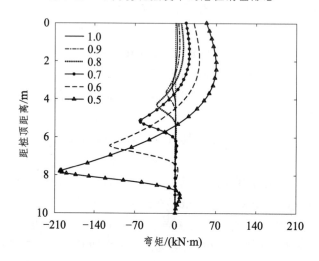

图 6-11   后排桩弯矩对比

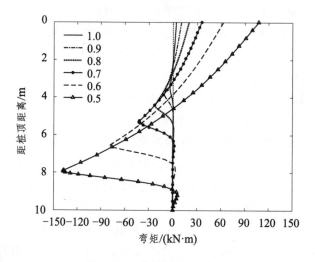

图 6-12   中排桩弯矩对比

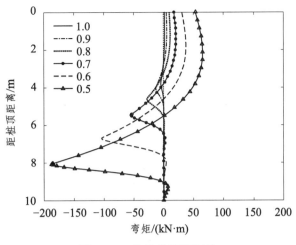

图 6-13 前排桩弯矩对比

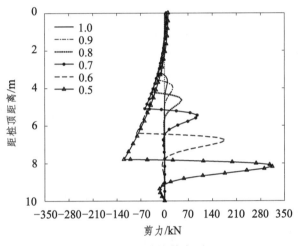

图 6-14 后排桩剪力对比

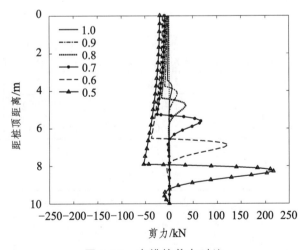

图 6-15 中排桩剪力对比

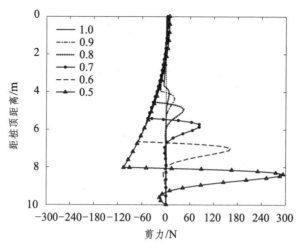

图 6-16　前排桩剪力对比

表 6-1　不同弱化强度下受力及滑面特征

R	1.0	0.9	0.8	0.7	0.6	0.5
$P/$（kN/m）	27.9	71.6	125.4	196.6	293.1	427.1
P^{dl}	1.0	2.6	4.5	7.0	10.5	15.3
h_a/m	3.44	3.75	4.38	5.25	6.52	7.90
h_a/h_t	0.344	0.375	0.438	0.525	0.652	0.79
h_1/m	3.20	3.55	4.21	5.09	6.39	7.78
h_2/m	3.44	3.75	4.38	5.25	6.52	7.90
h_3/m	3.68	3.95	4.55	5.41	6.65	8.02
滑面倾角/（°）	21.76	18.78	15.68	14.73	12.14	11.7

注：P^{dl} 表示以 $R=1.0$ 的净推力为基准算出的无量纲净推力（下同），其余符号同前。

表 6-2　不同弱化强度下各排桩最大弯矩及其位置

R	1.0		0.9		0.8		0.7		0.6		0.5	
项目	量值/（kN·m）	位置/m	量值/（kN·m）	位置/m	量值/（kN·m）	位置/m	量值/（kN·m）	位置/m	量值/（kN·m）	位置/m	量值/（kN·m）	位置/m
后	5.83	3.28	16.09	3.62	32.49	4.28	61.49	5.15	113.20	6.43	200.80	7.83
中	3.94	3.51	11.02	3.82	22.47	4.44	42.38	5.30	78.23	6.56	138.00	7.92
前	4.57	3.75	13.20	4.02	28.02	4.61	54.42	5.46	104.00	6.69	187.30	8.07

注：表中的"后""中""前"分别表示"后排""中排""前排"，下同。

表 6-3　不同弱化强度下各排桩最大剪力及其位置

R	1.0		0.9		0.8		0.7		0.6		0.5	
项目	量值/kN	位置/m	量值/kN	位置/m	量值/kN	位置/m	量值/kN	位置/m	量值/kN	位置/m	量值/kN	位置/m
后	9.08	3.67	25.20	3.99	51.12	4.61	95.21	5.43	177.80	6.75	314.50	8.17
中	6.04	3.89	17.10	4.18	35.28	4.77	66.00	5.58	122.80	6.87	216.50	8.27
前	7.15	4.12	20.74	4.37	43.98	4.93	83.10	5.73	161.90	6.98	294.10	8.38

表 6-4 不同弱化强度下各排桩桩顶内力

R	1.0		0.9		0.8		0.7		0.6		0.5	
项目	弯矩/ (kN·m)	剪力/ kN	弯矩/ (kN·m)	剪力/ kN	弯矩/ (kN·m)	剪力/ kN	弯矩/ (kN·m)	剪力/ kN	弯矩/ (kN·m)	剪力/ kN	弯矩/ (kN·m)	剪力/ kN
后	1.88	1.21	5.06	2.73	9.81	4.14	17.71	5.96	31.26	7.96	53.48	11.01
中	3.75	1.53	10.12	3.75	19.62	6.23	35.42	9.47	62.53	13.58	107.00	19.35
前	1.88	0.32	5.06	1.01	9.81	2.09	17.71	3.51	31.26	5.63	53.48	8.35

6.4.2 基岩-覆盖层式边坡

在此选取某省干线公路一基覆式边坡（见图 6-17），边坡处于高原山区，地势较高，未见地表明流及地下水出露，因此这里不考虑地下水的作用。坡体内的地层主要为 5～9 m 厚的粉质黏土覆盖层、下伏微风化粉砂质泥岩。边坡岩土体物理力学参数如表 6-5 所示。自然边坡安全系数为 1.23，边坡设计安全系数取 1.30。采用微型桩组合结构进行加固，组合结构布设于陡缓坡交接处（见图 6-17），单桩长度均为 15 m，组合结构间距为 2.0 m（见图 6-18），每根微型单桩孔径为 130 mm，由 3 根直径 40 mm 的螺纹钢组成（见图 1-2），微型桩弹性模量为 200 GPa，单桩的等效惯性矩及抗弯刚度分别为 $1.382\ 3\times10^{-6}\ \text{m}^4$ 与 $276.46\ \text{kN}\cdot\text{m}^2$，排间距、列间距均为 0.5 m，顶板边缘距边桩 0.2 m（见图 6-18）。滑床土体地基系数 k 取为 120 MPa/m。

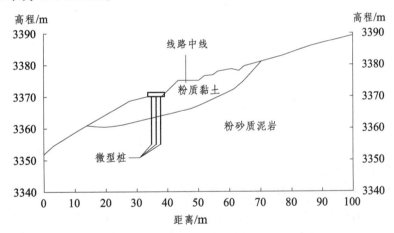

图 6-17 基覆式边坡工程实例剖面图

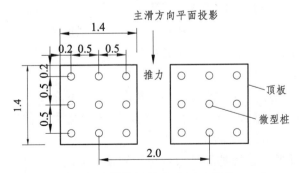

图 6-18 组合结构平面布置图（单位：m）

表 6-5　基覆式边坡实例岩土体及结构物理力学参数

名称	容重 γ/（kN/m^3）	黏聚力 c/kPa	内摩擦角 φ/（°）
粉质黏土	21.2	18	13
钙质粉砂岩	23	480	23
微型桩	27	—	—
顶板	25	—	—

由于覆盖层厚度较薄（见图 6-17），组合结构布设位置厚度约 6.5 m，推测潜在滑面沿着基覆界面。后排桩、中排桩与前排桩的受荷段长度分别为 6.15 m、6.48 m 与 6.81 m，则 h_a = 6.48 m。

考虑在同一稳定系数条件下，滑带土不同弱化强度（R 分别为 50%、60%、70%、80%、90%、100%）对组合结构内力的影响。对边坡潜在滑体进行条分，条块及其编号如图 6-19 所示。采用第 5.2 节中的计算方法对滑坡推力进行计算（见图 5-3 流程图）。不同弱化强度下每个组合结构单元每列受荷段在滑面处所受的侧向力 P_1、弯矩 M_1'' 如表 6-6 所示。

由表 6-6 可知，在相同的稳定系数下，随着弱化强度的降低，作用于组合结构上的净推力迅速增大（R 为 0.9、0.8、0.7、0.6、0.5 时的净推力分别是 R 为 1.0 时的 7.2、13.3、19.5、25.7、31.1 倍），除了当 R 由 1.0 降为 0.9 时净推力增加较大之外，弱化强度每下降 10%，净推力增大 21%~86%，且随着 R 的降低，增大率逐渐降低。可见，弱化强度的合理取值对作用于组合结构上的滑坡推力具有重要影响。

根据第 5.3 节中的计算理论对组合结构内力进行计算（见图 5-3），不同弱化强度下组合结构内力沿桩身的分布如图 6-20 ~ 6-25 所示。不同弱化强度下，各排桩最大弯矩、最大剪力量值及其位置如表 6-7、6-8 所示，各排桩桩顶弯矩与剪力量值如表 6-9 所示。

图 6-20 ~ 图 6-22 为弱化强度分别为峰值强度的 50%、60%、70%、80%、90%、100%（即峰值强度）时各排桩桩身弯矩分布图。可见，随着弱化强度的降低，各排桩的最大弯矩显著增大（见图 6-20 ~ 6-22、表 6-7）。对于各排桩，当 R 分别为 0.9、0.8、0.7、0.6、0.5 时的最大弯矩均是 R 为 1.0 时的 7.16、13.34、19.52、25.74、31.06 倍。基本呈现为：除了当 R 由 1.0 降为 0.9 时最大弯矩增加较大之外，弱化强度每下降 10%，最大弯矩增大 20%~90%，且随着 R 的降低，增大率逐渐降低。同时，最大弯矩的位置与滑面深度具有一致性，均出现在滑面附近 1.5%桩长以内的位置（见表 6-6、6-7）。

图 6-23 ~ 6-25 为弱化强度分别为峰值强度 50%、60%、70%、80%、90%、100%（即峰值强度）时各排桩桩身剪力分布图。可见，随着弱化强度的降低，各排桩的最大剪力显著增大（见图 6-23 ~ 6-25、表 6-8）。对于各排桩，当 R 分别为 0.9、0.8、0.7、0.6、0.5 时的最大剪力均是 R 为 1.0 时的 7.16、13.35、19.53、25.74、31.08 倍。基本呈现为：除了当 R 由 1.0 降为 0.9 时最大弯矩增加较大之外，弱化强度每下降 10%，最大弯矩增大 20%~90%，且随着 R 的降低，增大率逐渐降低。同时，最大剪力的位置与滑面深度具有一致性，均出现在滑面以下 4%桩长以内的位置（见表 6-6、6-8）。

随着弱化强度的降低，各排桩的桩顶弯矩与桩顶剪力均呈现非线性增加的特点。对于各排桩，当 R 分别为 0.9、0.8、0.7、0.6、0.5 时的桩顶弯矩与桩顶剪力是 R 为 1.0 时的 7.16、13.35、19.53、25.74、31.08 倍。基本呈现为：除了当 R 由 1.0 降为 0.9 时桩顶弯矩与剪力增加较大之外，弱化强度每下降 10%，桩顶弯矩与剪力增大 20% ~ 90%，且随着 R 的降低，增大率逐渐降低（见表 6-9）。

综上所述，对于基覆式边坡，弱化强度对作用于组合结构上的净推力以及组合结构的内力量值均具有较大影响。随着弱化强度的降低，主要呈现如下规律：① 作用于组合结构上的净推力增大，R 为 0.9、0.8、0.7、0.6、0.5 时的净推力分别是 R 为 1.0 时的 7.2、13.3、19.5、25.7、31.1 倍，弱化强度每下降 10%，净推力增大 21% ~ 86%，且随着 R 的降低，增大率逐渐降低；② 组合结构内力沿着桩身的分布形状没有明显变化，但内力的量值呈非线性增大，弱化强度每下降 10%，全桩最大弯矩与剪力增大 20% ~ 90%。

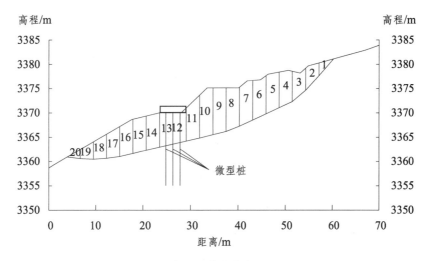

图 6-19　算例边坡滑体条块及其编号

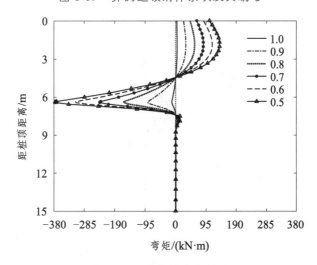

图 6-20　后排桩弯矩对比

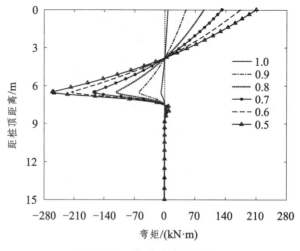

图 6-21 中排桩弯矩对比

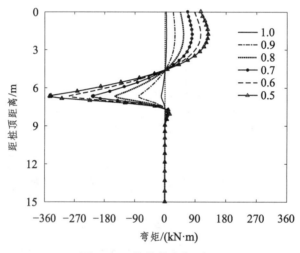

图 6-22 前排桩弯矩对比

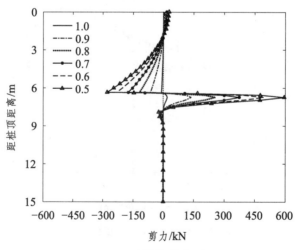

图 6-23 后排桩剪力对比

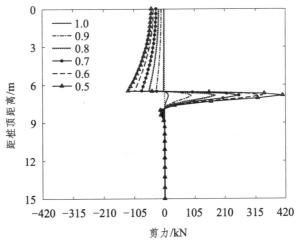

图 6-24　中排桩剪力对比

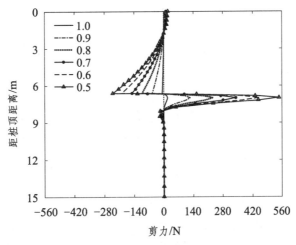

图 6-25　前排桩剪力对比

表 6-6　不同弱化强度下受力

R	1.0	0.9	0.8	0.7	0.6	0.5
P_1/kN	21.1	151.2	281.7	412.6	544.0	656.8
P_1^{dl}	1.0	7.2	13.3	19.5	25.7	31.1
M_1^u/（kN·m）	45.6	326.6	608.4	891.2	1 175.0	1 418.6

表 6-7　不同弱化强度下各排桩最大弯矩及其位置

R	1.0		0.9		0.8		0.7		0.6		0.5	
项目	量值/（kN·m）	位置/m	量值/（kN·m）	位置/m	量值/（kN·m）	位置/m	量值/（kN·m）	位置/m	量值/（kN·m）	位置/m	量值/（kN·m）	位置/m
后	12.13	6.37	86.84	6.37	161.80	6.37	236.80	6.37	312.20	6.37	376.80	6.37
中	8.40	6.50	60.17	6.50	112.10	6.50	164.10	6.50	216.30	6.50	261.10	6.50
前	11.12	6.64	79.60	6.64	148.30	6.64	217.00	6.64	286.10	6.64	345.40	6.64

表 6-8　不同弱化强度下各排桩最大剪力及其位置

R	1.0		0.9		0.8		0.7		0.6		0.5	
项目	量值/kN	位置/m	量值/kN	位置/m	量值/kN	位置/m	量值/kN	位置/m	量值/kN	位置/m	量值/kN	位置/m
后	19.16	6.73	137.20	6.73	255.70	6.73	374.10	6.73	493.20	6.73	595.40	6.73
中	13.19	6.86	94.46	6.86	176.00	6.86	257.60	6.86	339.60	6.86	409.90	6.86
前	17.55	6.99	125.70	6.99	234.20	6.99	342.70	6.99	451.80	6.99	545.40	6.99

表 6-9　不同弱化强度下各排桩桩顶内力

R	1.0		0.9		0.8		0.7		0.6		0.5	
项目	弯矩/(kN·m)	剪力/kN	弯矩/(kN·m)	剪力/kN	弯矩/(kN·m)	剪力/kN	弯矩/(kN·m)	剪力/kN	弯矩/(kN·m)	剪力/kN	弯矩/(kN·m)	剪力/kN
后	3.37	0.87	24.10	6.21	44.92	11.56	65.73	16.92	86.65	22.31	104.60	26.93
中	6.73	1.47	48.21	10.54	89.83	19.64	131.50	28.73	173.30	37.88	209.20	45.72
前	3.37	0.60	24.10	4.33	44.92	8.07	65.73	11.81	86.65	15.57	104.60	18.79

6.5　本章小结

本章总结了黏性土残余强度的国内外研究结果，将黏性土残余强度产生影响的因素大体归纳为：黏土含量、塑性指数、液性指数，其中黏土含量与塑性指数的影响较大。在对边坡岩土体弱化强度进行估计时，应考虑其中的黏土含量与塑性指数，以使弱化强度的取值合理。

在第 4、5 章的基础上，通过定义滑面抗剪强度弱化因子，阐明了考虑弱化强度时微型桩组合结构在加固均质土坡与基覆式边坡时的组合内力分析计算方法。分别通过两个工程实例（均质土坡与基覆式边坡）对考虑弱化强度的组合结构内力计算方法做了详细地阐述，结果表明，弱化强度对滑面形态（均质土坡）、组合结构受到的净推力、组合结构内力均具有较大影响。

通过本章的讨论分析得到了弱化强度对两类边坡中组合结构所受外力、桩身内力的影响特征：① 相比于均质土坡，弱化强度的降低对基覆式边坡中组合结构所受推力的影响更大；② 无论是均质土坡还是基覆式边坡，弱化强度的降低，对桩身内力的分布形状均无明显影响，但对桩身内力的量值影响较大；③ 在弱化强度降低幅度相同的情况下，基覆式边坡中的组合结构内力平均变化幅度大于均质土坡。

第 7 章

微型桩组合结构参数分析与合理结构型式

7.1 概 述

微型桩组合结构的单元布置型式、单桩间距、桩体倾角、单桩刚度以及桩长等均会对结构受力产生一定的影响，从而影响边坡的加固效果。本章在前面分析的基础上，针对均质土坡与基覆式边坡，分 3 类结构布置型式进行讨论，即：微型桩呈 3×3 布置型（单个顶板下有 9 个微型桩）、2×2 布置型、3×2 布置型，其中前两类的顶板为正方形，后一类的顶板为长方形。同时，对于这 3 类结构分别采用三维数值模拟方法研究在中小滑坡推力（700 kN/m 及以下）作用下，其桩间距在 3d ~ 8d（d 为微型桩孔径）、桩体与竖向倾角在 0° ~ 25°变化情况下单元微型桩群的受力特征，分析桩间距（包括沿坡体滑动方向和沿坡体走向）、桩体倾角、单桩刚度、组合桩数（布置型式）、桩长（嵌固深度）等因素对组合结构受力的影响特点，得出组合结构加固这两类边坡的合理结构型式。

7.2 均质土坡

采用的均质土坡实例的几何尺寸与计算参数都与第 3 章相同（见图 3-1、表 3-1），此处不再赘述。

7.2.1 桩间距

以 3 排×3 列布置型式的微型桩组合结构为例，分以下 2 种情况进行分析：① 不同排间距对桩身内力的影响；② 不同列间距对桩身内力的影响。

1. 横断面内

考虑到实际工程中的微型桩群，桩体常与竖向成一定的夹角。在此以桩体倾角为 15°为例，固定列间距为 4d，讨论排间距分别为 3d、4d、5d、6d、8d 时的桩身内力分布特征，进而确定出桩身内力分布较为合理的排间距。

图 7-1 为不同排间距情况下各排桩桩身内力分布图，其中 R_{dd} 表示排间距与桩径的比值。图 7-2 ~ 7-7 分别为各排桩内力随排间距的变化图。表 7-1 为桩身内力最大值随排间距的影响分析。

由图 7-1、表 7-1 可知，排间距对桩身内力具有一定的影响，以下分别从桩身弯矩与剪力两个方面进行阐述：① 由图 7-2 ~ 7-4 可知，桩顶弯矩、全桩最大弯矩随排间距的变化不具有单调性，桩身（不含桩顶）位置的最大弯矩随排间距的增大总体呈递增趋势，当桩间距为 3d 或 5d 时最大弯矩较小，全桩最大弯矩由桩顶和桩身（不含桩顶）位置共同控制；② 由图 7-5 ~ 7-7 可知，桩顶剪力、全桩最大剪力随排间距的变化不具有单调性，桩身（不含桩顶）位置的最大剪力随排间距的增大总体呈递增趋势，当桩间距为 3d、5d、8d 时最大剪力较小，全桩最大剪力主要由桩顶控制。

综上可知，从全桩最大弯矩看，3d 或 5d 是较合适的排间距。从全桩最大剪力看，3d、5d、8d 是较为适宜的排间距。综合考虑，3d、5d 是较为适宜的排间距。

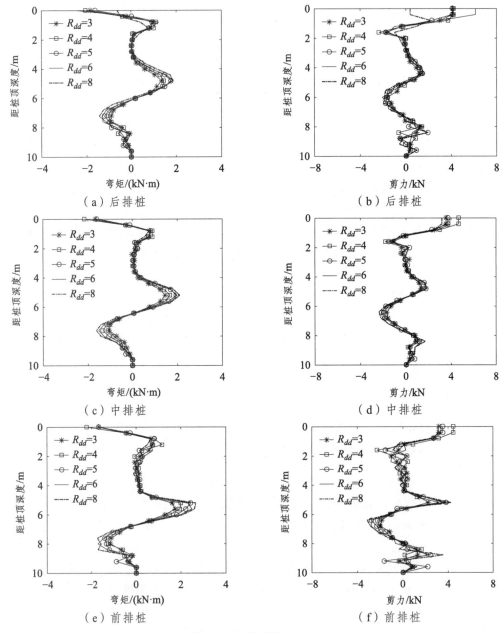

图 7-1　各排桩桩身内力

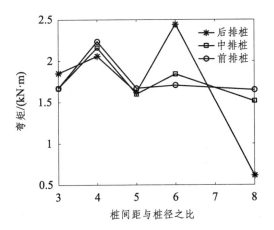

图 7-2　桩顶弯矩与排间距关系

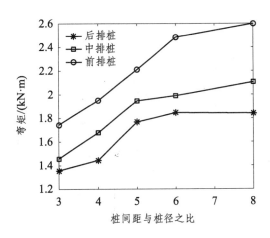

图 7-3　桩身最大弯矩与排间距关系

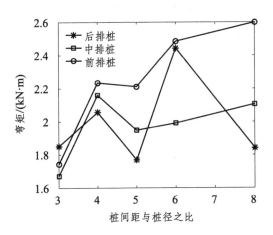

图 7-4　全桩最大弯矩与排间距关系

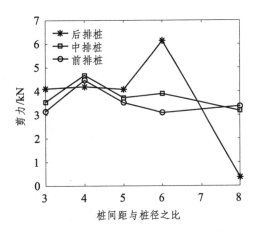

图 7-5　桩顶剪力与排间距关系

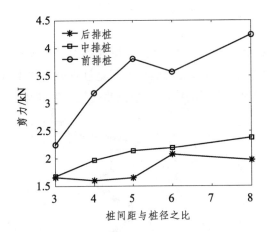

图 7-6　桩身最大剪力与排间距关系

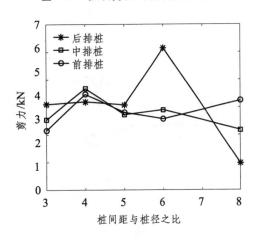

图 7-7　全桩最大剪力与排间距关系

表 7-1　排间距对桩身内力最大值的影响分析

项目	弯矩/（kN·m）			剪力/kN		
	最大	最小	变化幅度	最大	最小	变化幅度
后排	2.444	1.768	38.24%	6.145	1.969	212.09%
中排	2.16	1.672	29.19%	4.672	3.176	47.10%
前排	2.599	1.743	49.11%	4.463	3.158	41.32%
平均值	2.401	1.728	38.84%	5.093	2.768	100.17%

2. 横断面外

同样以桩体倾角为 15° 为例，固定排间距为 $4d$，讨论列间距分别为 $3d$、$4d$、$5d$、$6d$、$8d$ 时的桩身内力分布特征，进而确定出内力分布较为合理的列间距。

图 7-8 为不同列间距情况下各排桩桩身内力分布图，其中 R_{ds} 表示列间距与桩径的比值。图 7-9 与图 7-12 分别为桩顶弯矩与桩顶剪力随列间距的变化图。图 7-10 与图 7-13 分别为桩身（不含桩顶）最大弯矩与最大剪力随列间距的变化图。图 7-11 与图 7-14 分别为各排桩全桩最大弯矩与最大剪力随列间距的变化图。表 7-2 为对桩身内力最大值随列间距的影响分析。

由图 7-8、表 7-2 可知，列间距对桩身内力具有一定的影响，以下分别从桩身弯矩与剪力两个方面进行阐述：① 由图 7-9 ~ 7-11 可知，桩顶弯矩、全桩最大弯矩随排间距的变化不具有单调性，桩身（不含桩顶）位置的最大弯矩随排间距的增大总体呈递增趋势，当桩间距为 $3d$ 或 $5d$ 时最大弯矩较小，全桩最大弯矩由桩顶和桩身（不含桩顶）位置共同控制；② 由图 7-12 ~ 7-14 可知，桩顶剪力、全桩最大剪力随列间距的变化不具有单调性，桩身（不含桩顶）位置的最大剪力随列间距的增大总体呈递增趋势，当桩间距为 $3d$、$5d$、$8d$ 时最大剪力较小，全桩最大剪力主要由桩顶控制。

综上可知，从全桩最大弯矩看，$4d$、$6d$ 是较合适的列间距。从全桩最大剪力看，$4d$、$6d$ 是较为适宜的列间距。综合考虑，$4d$、$6d$ 是较为适宜的列间距。

这样，对于均质土坡，排间距为 $3d$、$5d$，列间距为 $4d$、$6d$ 时，可使桩身内力达到较小值。同时应注意：桩顶的内力大部分大于桩身其他位置内力最大值（尤其是桩身剪力均由桩顶剪力控制），因此在实际工程中应加强微型桩与顶板之间的联结，避免此处先发生破坏。

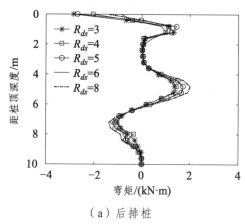

（a）后排桩

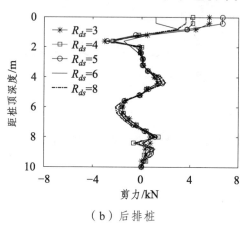

（b）后排桩

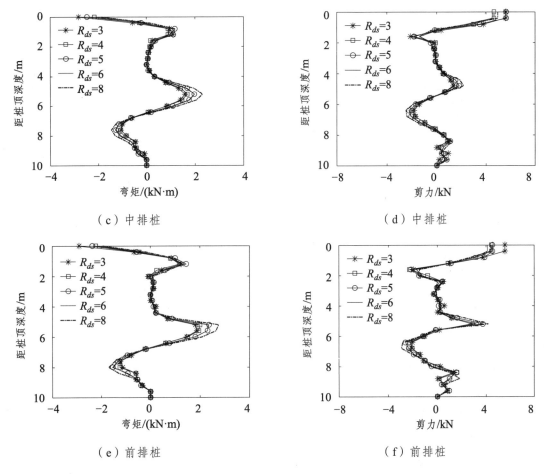

（c）中排桩　　　　　　　　　　　　　　　（d）中排桩

（e）前排桩　　　　　　　　　　　　　　　（f）前排桩

图 7-8　各排桩桩身内力

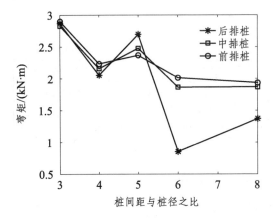

图 7-9　桩顶弯矩与列间距关系

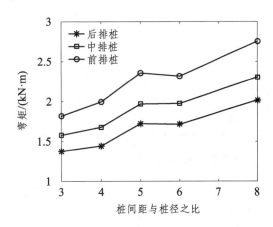

图 7-10　桩身最大弯矩与列间距关系

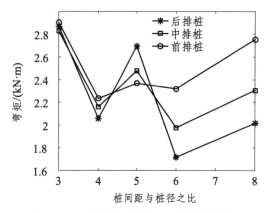

图 7-11 全桩最大弯矩与列间距关系

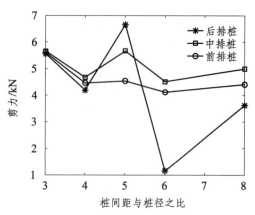

图 7-12 桩顶剪力与列间距关系

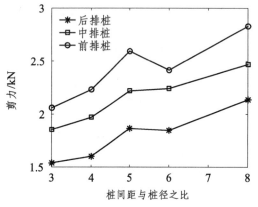

图 7-13 桩身最大剪力与列间距关系

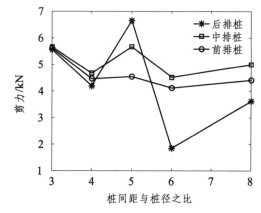

图 7-14 全桩最大剪力与列间距关系

表 7-2 列间距对桩身内力最大值的影响分析

项目	弯矩/（kN·m）			剪力/kN		
	最大	最小	变化幅度	最大	最小	变化幅度
后排	2.866	1.715	67.11%	6.655	1.846	260.51%
中排	2.828	1.974	43.26%	5.665	4.519	25.36%
前排	2.901	2.234	29.86%	5.612	4.118	36.28%
平均值	2.865	1.974	46.74%	5.977	3.494	107.38%

7.2.2 桩体倾角

基于前面桩间距对桩身内力的影响分析，以排间距、列间距均为 $4d$ 为例，研究桩体倾角为 5°、10°、15°、20°、25° 情况下各排桩的桩身内力分布特征，进而确定出内力分布较为合理的桩体倾角。

图 7-15 为不同桩体倾角情况下各排桩桩身内力分布图，其中 α 表示桩体倾角。图 7-16～7-21 分别为各排桩内力随桩体倾角的变化图。表 7-3 为桩身内力最大值随桩体倾角的影响分析。

由图 7-15、表 7-3 可知，桩体倾角对桩身内力具有较大影响。由图 7-16～7-18（弯矩）、

图 7-19～7-21（剪力）可知，桩顶内力、桩身（不含桩顶）位置的最大内力、全桩最大内力随桩体倾角的增大总体均呈递减趋势，当桩体倾角为 20°、25°时最大内力较小。全桩最大内力均由桩顶控制。从全桩最大弯矩与最大剪力看，20°、25°是均较合适的桩体倾角。

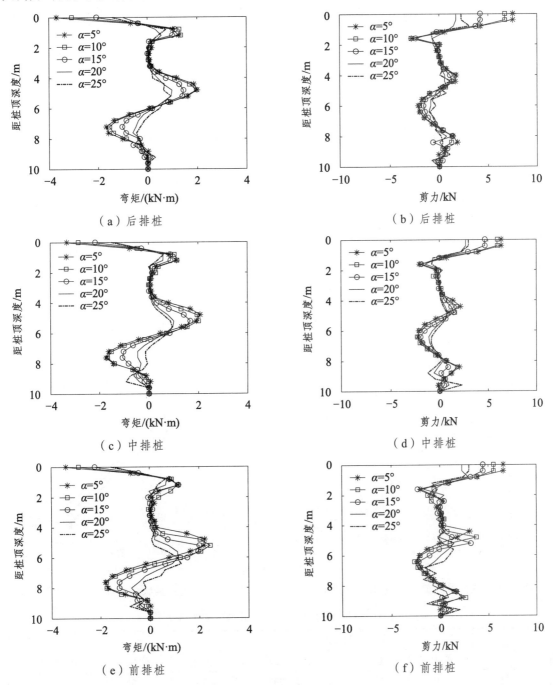

（a）后排桩   （b）后排桩

（c）中排桩   （d）中排桩

（e）前排桩   （f）前排桩

图 7-15   各排桩桩身内力

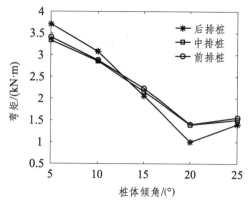

图 7-16　桩顶弯矩与桩体倾角关系

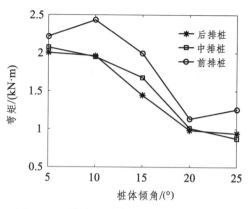

图 7-17　桩身最大弯矩与桩顶倾角关系

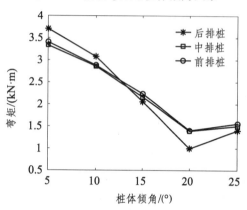

图 7-18　全桩最大弯矩与桩体倾角关系

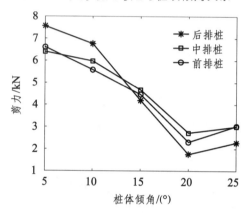

图 7-19　桩顶剪力与桩体倾角关系

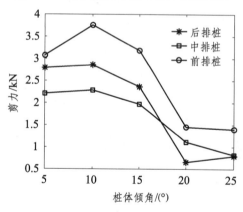

图 7-20　桩身最大剪力与桩体倾角关系

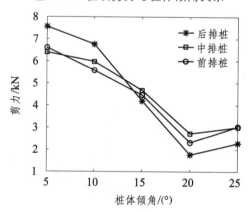

图 7-21　全桩最大剪力与桩体倾角关系

表 7-3　桩体倾角对桩身内力最大值的影响分析

项目	弯矩/（kN·m）			剪力/kN		
	最大	最小	变化幅度	最大	最小	变化幅度
后排	3.707	0.997	271.93%	7.560	1.761	329.30%
中排	3.333	1.393	139.27%	6.403	2.725	134.97%
前排	3.405	1.405	142.35%	6.611	2.315	185.57%
平均值	3.482	1.265	184.51%	6.858	2.267	216.62%

7.2.3 单桩刚度

为便于叙述，这里规定由 3 束直径为 32 mm 的螺纹钢所组成的单根微型桩的等效截面惯性矩与弹性模量的乘积（抗弯刚度）为 1.00EI，于是直径为 28 mm、32 mm、36 mm、40 mm、50 mm 所对应的（相对）抗弯刚度可分别表示为 0.59EI、1.00EI、1.60EI、2.44EI、5.96EI。

基于前面桩间距及桩体倾角对桩身内力的影响分析，以排间距、列间距均为 4d，桩体倾角为 15°的微型桩组合结构为例，研究不同单桩刚度（0.59EI、1.00EI、1.60EI、2.44EI、5.96EI）情况下各排桩的桩身内力分布特征，进而确定出内力分布较为合理的单桩刚度，从而为螺纹钢的直径选取提供依据。

图 7-22 ~ 7-28 为不同单桩刚度情况下各排桩内力分布图。表 7-4 为桩身内力最大值随单桩刚度的影响分析。由图 7-22、表 7-4 可知，单桩刚度对桩身内力具有较大影响。由图 7-23 ~ 7-25（弯矩）、图 7-26 ~ 7-28（剪力）可知，桩顶内力随单桩刚度的增大总体呈先增大后减小的趋势，桩身（不含桩顶）位置的最大内力、全桩最大内力则均呈递增趋势，当单桩刚度为 0.59EI、1.00EI 时最大内力较小，全桩最大内力由桩顶、桩身（不含桩顶）位置控制。从全桩最大弯矩与最大剪力看，0.59EI、1.00EI 均是较合理的单桩刚度。

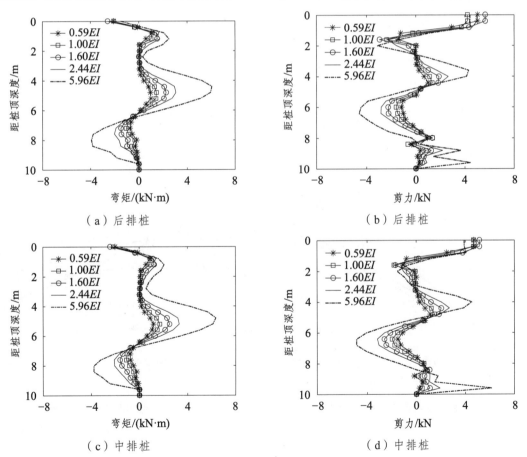

（a）后排桩   （b）后排桩

（c）中排桩   （d）中排桩

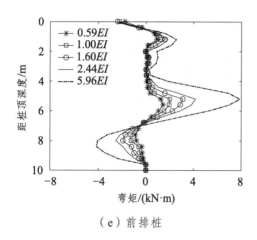
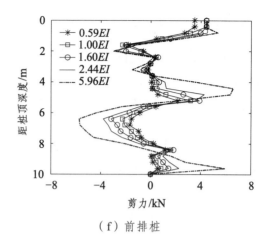

（e）前排桩　　　　　　　　　　　　　（f）前排桩

图 7-22　各排桩桩身内力

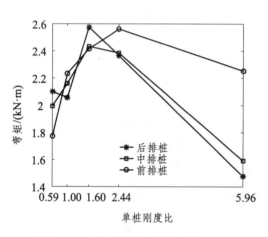

图 7-23　桩顶弯矩与单桩刚度关系

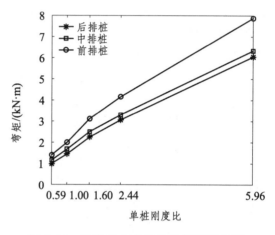

图 7-24　桩身最大弯矩与单桩刚度关系

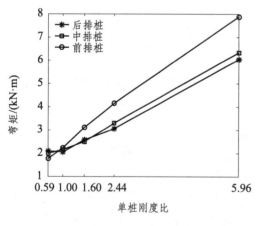

图 7-25　全桩最大弯矩与单桩刚度关系

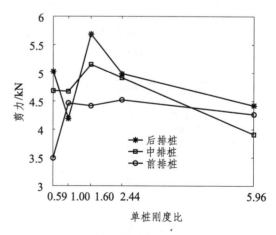

图 7-26　桩顶剪力与单桩刚度关系

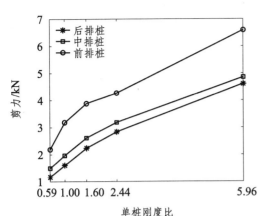
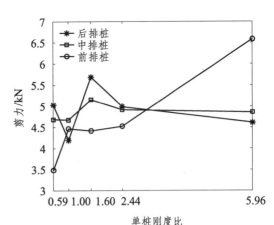

图 7-27　桩身最大剪力与单桩刚度关系　　　图 7-28　全桩最大剪力与单桩刚度关系

表 7-4　单桩刚度对桩身内力最大值的影响分析

项目	弯矩/（kN·m）			剪力/kN		
	最大	最小	变化幅度	最大	最小	变化幅度
后排	6.045	2.057	193.87%	5.687	4.195	35.57%
中排	6.337	1.995	217.64%	5.151	4.672	10.25%
前排	7.880	1.771	344.95%	6.582	3.487	88.76%
平均值	6.754	1.941	252.16%	5.807	4.118	44.86%

7.2.4　组合桩数

基于前面桩间距、桩体倾角及单桩刚度对桩身内力的影响分析，以排间距、列间距均为 4d，桩体倾角为 15°，单桩刚度比为 1.00（螺纹钢的直径为 32 mm）时的微型桩组合结构为例，研究单元中 2×2、3（排）×2（列）、3×3 三种桩数时各排桩的桩身内力分布特征。

图 7-29 为不同桩数情况下各排桩桩身内力分布图，图中只用虚线标出桩数为 9 时的受荷段长度（后排：5.65 m，前排：6.33 m）。表 7-5 为桩身内力最大值随组合桩数的影响分析。由图 7-29 可知，当桩数增加时，桩顶内力、桩身（不含桩顶）位置桩身内力都明显地降低。可见，桩数对桩身内力有显著影响（见表 7-5），可以通过增加桩数降低桩身内力。组合桩数为 9 时可使全桩的内力分配较为合理。此时，桩身内力最大值由桩顶内力控制。

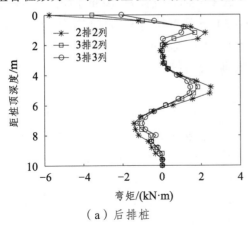
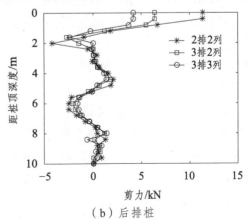

（a）后排桩　　　　　　　　　　　　　　　（b）后排桩

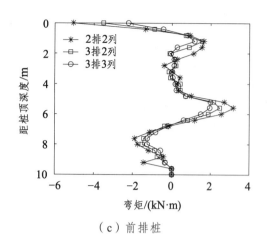 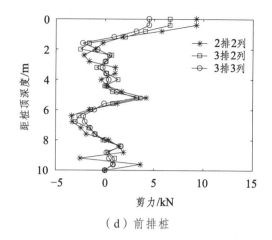

（c）前排桩　　　　　　　　　　（d）前排桩

图 7-29　各排桩桩身内力

表 7-5　组合桩数对桩身内力最大值的影响分析

项目	弯矩/（kN·m）			剪力/kN		
	最大	最小	变化幅度	最大	最小	变化幅度
后排	5.739	2.057	179.00%	11.37	4.195	171.04%
前排	5.056	2.234	126.32%	9.260	4.463	107.48%
平均值	5.398	2.146	152.66%	10.315	4.329	139.26%

7.2.5　嵌固深度

　　基于前面桩间距、桩体倾角及单桩刚度对桩身内力的影响分析，以 3×3 布置型式，排间距、列间距均为 $4d$，桩体倾角为 15°，单桩刚度比为 1.00（螺纹钢的直径为 32 mm）时的微型桩组合结构为例，研究不同桩长（嵌固深度）时各排桩的桩身内力分布特征，进而确定内力分布较为合理的桩长（嵌固深度）。在此，将微型桩嵌固段长度与全长的比值称为"嵌固比"。对于均质土坡，以排间距、列间距均为 $4d$ 时的受荷段长度平均值 5.6 m 为参照，计算相应的嵌固比。

　　图 7-30 为不同桩长（10 m、12 m、13 m、14 m、15 m，相应的嵌固比为：0.44、0.53、0.57、0.60、0.63）情况下各排桩桩身内力分布图，图中只标出桩长为 10 m 时的受荷段长度（后排 5.69 m，中排 6.05 m，前排 6.32 m）。图 7-31 与图 7-34 分别为桩顶弯矩与剪力随桩长的变化图。图 7-32 与图 7-35 分别为桩身（不含桩顶）最大弯矩与剪力随桩长的变化图。图 7-33 与图 7-36 分别为各排桩全桩最大弯矩与最大剪力随桩长的变化图。表 7-6 为桩身内力最大值随嵌固深度的影响分析。

　　由图 7-30、表 7-6 可知，桩长对桩身内力具有一定影响，但影响较小。由图 7-31 ~ 7-33（弯矩）、图 7-34 ~ 7-36（剪力）可知，桩顶内力、全桩最大内力随桩长的变化不具单调性，桩身（不含桩顶）位置的最大内力随桩长的增大而减小，当桩长为 10 m、12 m、14 m（相应嵌固比为 0.44、0.53、0.60）时最大内力较小，全桩最大内力由桩顶控制。

　　综上可知，从全桩最大弯矩与最大剪力看，10 m、12 m、14 m（相应嵌固比为 0.44、

0.53、0.60）均是较合适的桩长。考虑工程经济性，10 m、12 m（相应嵌固比为 0.44、0.53）是较为适宜的桩长。

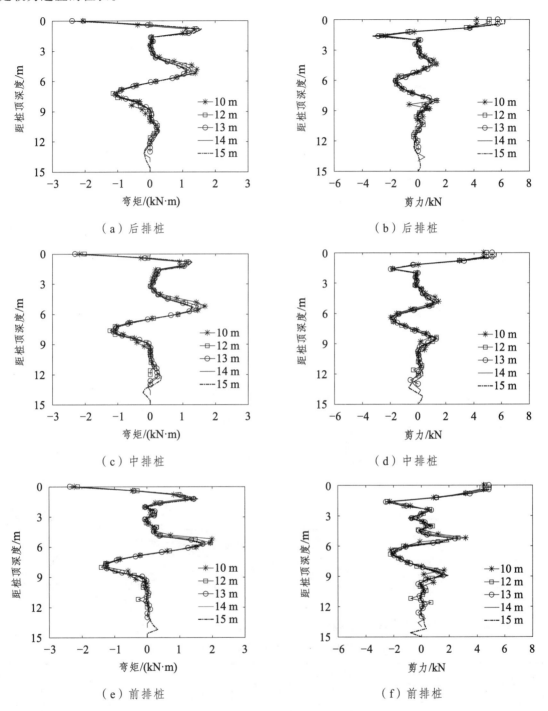

（a）后排桩

（b）后排桩

（c）中排桩

（d）中排桩

（e）前排桩

（f）前排桩

图 7-30 各排桩桩身内力

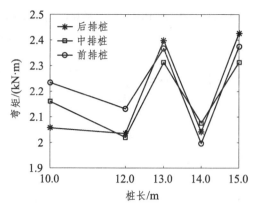

图 7-31　桩顶弯矩与桩长关系

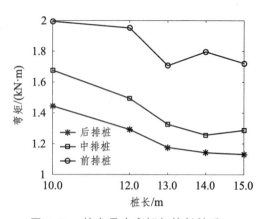

图 7-32　桩身最大弯矩与桩长关系

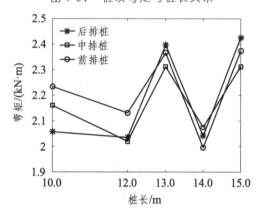

图 7-33　全桩最大弯矩与桩长关系

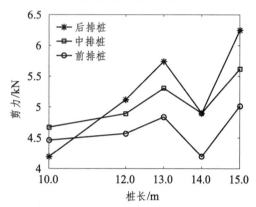

图 7-34　桩顶剪力与桩长关系

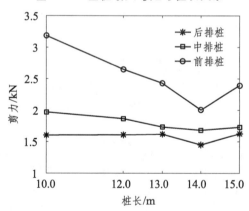

图 7-35　桩身最大剪力与桩长关系

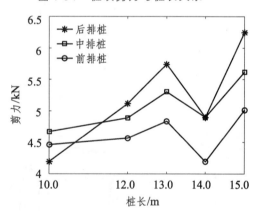

图 7-36　全桩最大剪力与桩长关系

表 7-6　嵌固深度对桩身内力最大值的影响分析

项目	弯矩/（kN·m）			剪力/kN		
	最大	最小	变化幅度	最大	最小	变化幅度
后排	2.398	2.035	17.84%	6.246	4.195	48.89%
中排	2.313	2.020	14.50%	5.616	4.672	20.21%
前排	2.374	1.996	18.94%	5.013	4.192	19.58%
平均值	2.362	2.017	17.09%	5.625	4.353	29.56%

7.2.6 合理结构型式

综合前述的 5 个组合结构影响因素，微型桩组合结构加固均质土坡时，合理结构型式应满足（见图 7-37）：

（1）排间距、列间距：$d_1=3d$、$5d$，$d_2=4d$、$6d$；

（2）桩体倾角：$\varepsilon_1=20°\sim25°$、$\varepsilon_3=20°\sim25°$；

（3）微型桩螺纹钢直径（d）为 $28\sim32$ mm；

（4）组合桩数为 9（3 排×3 列）；

（5）嵌固比为 0.44 或 0.53。

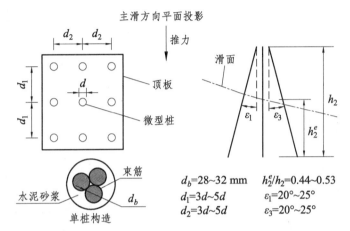

图 7-37　合理组合结构型式（均质土坡）示意图

7.3 基岩-覆盖层式边坡

选取的基覆式边坡算例的几何尺寸与计算参数都与第 3 章相同（见图 3-9、表 3-12），不再赘述。

7.3.1 桩间距

以 3 排×3 列布置型式为例，分以下 2 种情况进行分析：① 不同排间距对桩身内力的影响；② 不同列间距对桩身内力的影响。现分述如下：

1. 横断面内

考虑到实际工程中微型桩群中桩体常与竖向成一定的夹角，这里以桩体倾角为 15° 为例，固定列间距为 $4d$，研究排间距分别为 $3d$、$4d$、$5d$、$6d$、$8d$ 时的桩身内力分布特征，进而确定出内力分布较为合理的排间距。

图 7-38～7-44 为不同排间距情况下各排桩内力分布图。表 7-7 为桩身内力最大值随排间距的影响分析。由图 7-38、表 7-7 可知，排间距对桩身内力具有一定的影响。由图 7-39～7-41（弯矩）、图 7-42～7-44（剪力）可知，桩顶内力、桩身（不含桩顶）位置的最大内力、全桩最大内力随排间距的变化均不具有单调性，当桩间距为 3d、5d、6d 时最大弯

矩较小，当桩间距为 4d、5d 时最大剪力较小，全桩最大内力由桩身（不含桩顶）位置控制。

综上可知，从全桩最大弯矩看，3d、5d、6d 是较合适的排间距。从全桩最大剪力看，则是 4d、5d。综合考虑，5d 是较为适宜的排间距。

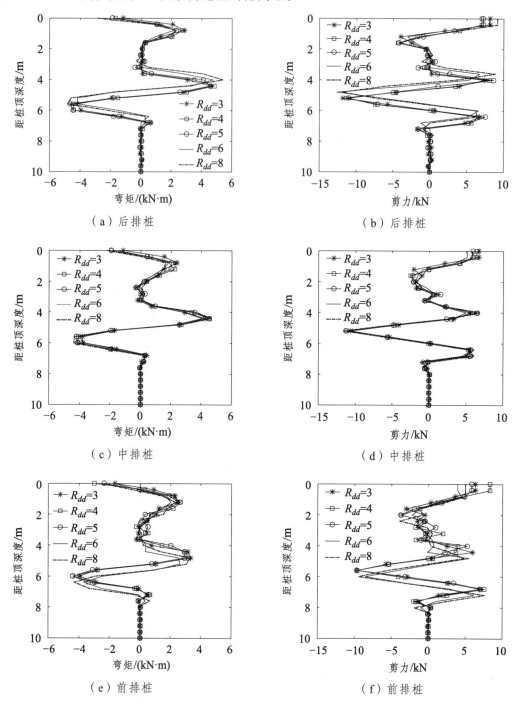

图 7-38　各排桩桩身内力

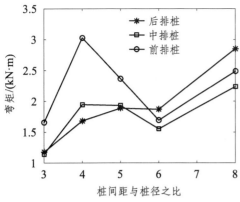

图 7-39　桩顶弯矩与排间距关系

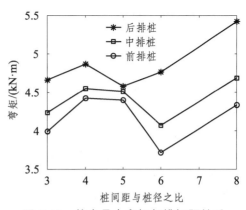

图 7-40　桩身最大弯矩与排间距关系

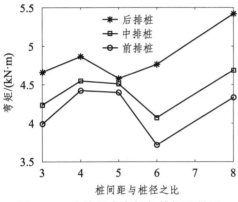

图 7-41　全桩最大弯矩与排间距关系

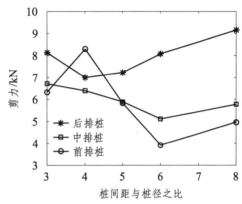

图 7-42　桩顶剪力与排间距关系

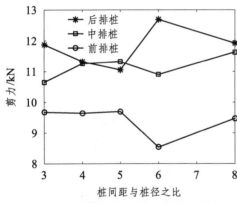

图 7-43　桩身最大剪力与排间距关系

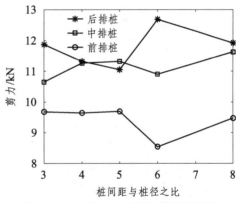

图 7-44　全桩最大剪力与排间距关系

表 7-7　排间距对桩身内力最大值的影响分析

项目	弯矩/（kN·m）			剪力/kN		
	最大	最小	变化幅度	最大	最小	变化幅度
后排	5.419	4.580	18.32%	12.69	11.05	14.84%
中排	4.688	4.072	15.13%	11.63	10.65	9.20%
前排	4.423	3.717	18.99%	9.698	8.538	13.59%
平均值	4.843	4.123	17.48%	11.339	10.079	12.54%

2. 横断面外

同样以桩体倾角为 15° 为例，固定排间距为 $4d$，研究列间距分别为 $3d$、$4d$、$5d$、$6d$、$8d$ 时的桩身内力特征，进而确定出内力分布较为合理的列间距。

图 7-45 为不同列间距情况下各排桩桩身内力分布图。图 7-46 与图 7-49 分别为桩顶弯矩与桩顶剪力随列间距的变化图。图 7-47 与图 7-50 分别为桩身（不含桩顶）最大弯矩与最大剪力随列间距的变化图。图 7-48 与图 7-51 分别为各排桩全桩最大弯矩与最大剪力随列间距的变化图。表 7-8 为对桩身内力最大值随列间距的影响分析。

由图 7-45、表 7-8 可知，列间距对桩身内力具有一定的影响。由图 7-46 ~ 7-48（弯矩）、图 7-49 ~ 7-51（剪力）可知，各排桩桩顶内力随列间距的变化不具有单调性。桩身（不含桩顶）位置的最大内力、全桩最大内力随列间距的增大总体呈先递减再缓增的趋势。当桩间距为 $4d$、$5d$、$6d$ 时最大弯矩较小，当桩间距为 $4d$ 时最大剪力较小。全桩最大内力由桩身（不含桩顶）位置控制。

综上可知，从全桩最大弯矩看，$4d$、$5d$、$6d$ 是较合适的列间距。从全桩最大剪力看，$4d$ 是较为适宜的列间距。综合考虑，$4d$ 是较为适宜的列间距。

综上所述，对于基覆式边坡，排间距、列间距分别为 $5d$ 与 $4d$ 时，可使桩身内力达到较小值。同时应注意：桩顶的内力大部分小于桩身其他位置内力最大值，这与均质土坡有所不同。

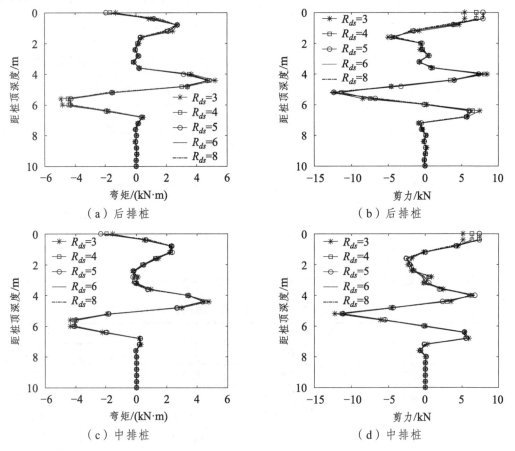

（a）后排桩　　（b）后排桩　　（c）中排桩　　（d）中排桩

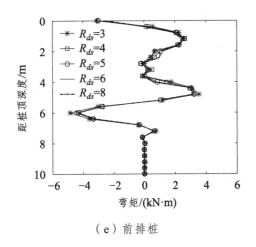

（e）前排桩

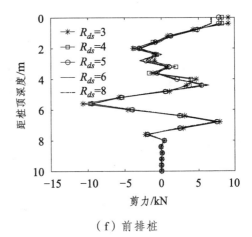

（f）前排桩

图 7-45 各排桩桩身内力

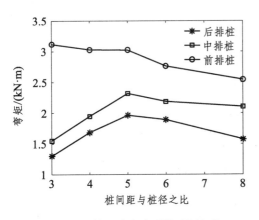

图 7-46 桩顶弯矩与列间距关系

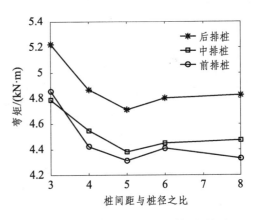

图 7-47 桩身最大弯矩与列间距关系

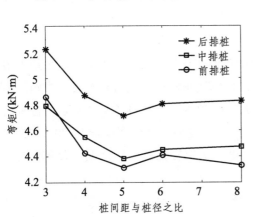

图 7-48 全桩最大弯矩与列间距关系

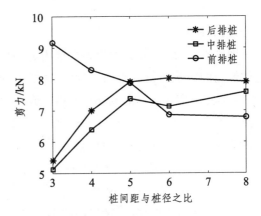

图 7-49 桩顶剪力与列间距关系

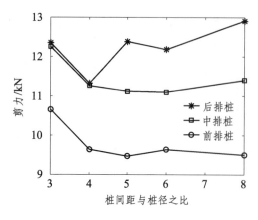
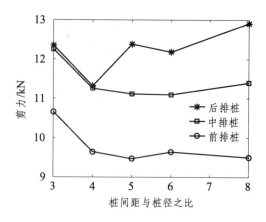

图 7-50　桩身最大剪力与列间距关系　　　图 7-51　全桩最大剪力与列间距关系

表 7-8　列间距对桩身内力最大值的影响分析

项目	弯矩/（kN·m）			剪力/kN		
	最大	最小	变化幅度	最大	最小	变化幅度
后排	5.223	4.711	10.87%	12.91	11.32	14.05%
中排	4.788	4.383	9.24%	12.25	11.1	10.36%
前排	4.855	4.314	12.54%	10.66	9.472	12.54%
平均值	4.955	4.469	10.88%	11.940	10.631	12.32%

7.3.2　桩体倾角

　　基于前面桩间距对桩身内力的影响分析，以排间距、列间距均为 4d 为例，研究桩体倾角为 5°、10°、15°、20°、25°情况下各排桩的桩身内力分布特征，进而确定出内力分布较为合理的桩体倾角。

　　图 7-52～图 7-58 分别为各排桩内力随桩体倾角的变化图。表 7-9 为桩身内力最大值随桩体倾角的影响分析。由图 7-52、表 7-9 可知，桩体倾角对桩身内力具有较大影响。由图 7-53～7-55（弯矩）、图 7-56～7-58（剪力）可知，桩顶内力、桩身（不含桩顶）位置的最大内力、全桩最大内力随桩体倾角的增大总体均呈递减趋势。当桩体倾角为 20°、25°时最大内力较小。全桩最大内力由桩顶、桩身（不含桩顶）位置控制。从全桩最大弯矩与最大剪力看，20°、25°是均较合适的桩体倾角。

　　值得指出的是，对于基覆式边坡，只有当桩体倾角为 5°时，桩身内力最大值由桩顶控制，其他倾角下则不然，这与均质土坡情况有所不同。

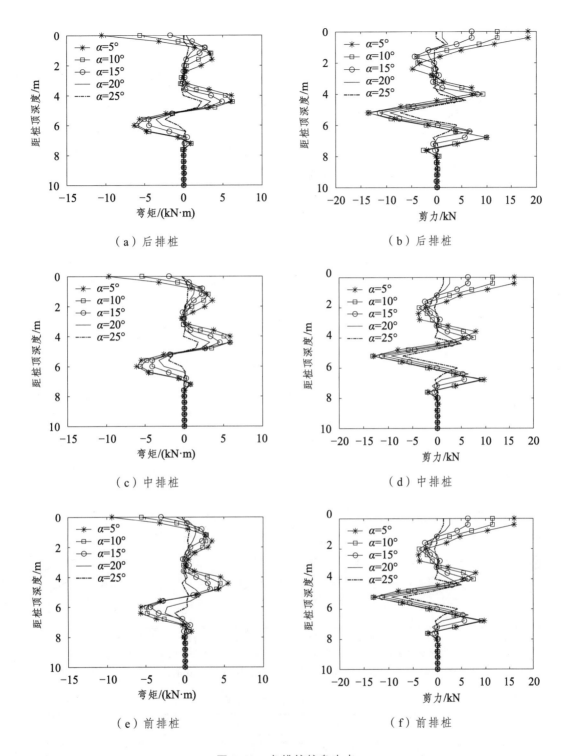

（a）后排桩   （b）后排桩

（c）中排桩   （d）中排桩

（e）前排桩   （f）前排桩

图 7-52　各排桩桩身内力

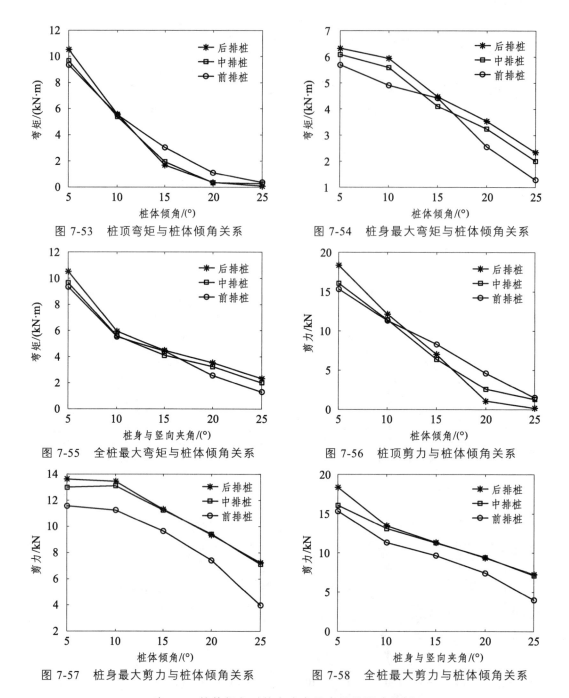

图 7-53　桩顶弯矩与桩体倾角关系

图 7-54　桩身最大弯矩与桩体倾角关系

图 7-55　全桩最大弯矩与桩体倾角关系

图 7-56　桩顶剪力与桩体倾角关系

图 7-57　桩身最大剪力与桩体倾角关系

图 7-58　全桩最大剪力与桩体倾角关系

表 7-9　桩体倾角对桩身内力最大值的影响分析

项目	弯矩/（kN·m）			剪力/kN		
	最大	最小	变化幅度	最大	最小	变化幅度
后排	10.53	2.338	350.38%	18.36	7.243	153.49%
中排	9.658	2.010	380.50%	16.07	7.121	125.67%
前排	9.355	1.291	624.63%	15.35	3.985	285.19%
平均值	9.848	1.880	451.84%	16.593	6.116	188.12%

7.3.3 单桩刚度

基于前面桩间距及桩体倾角对桩身内力的影响分析，以排间距、列间距均为 $4d$，桩体倾角为 15°的微型桩组合结构为例，研究不同单桩刚度情况下各排桩的桩身内力分布特征，进而确定出内力分布较为合理的单桩刚度。

图 7-59 ~ 图 7-65 分别为各排桩内力随单桩刚度的变化图。表 7-10 为桩身内力最大值随单桩刚度的影响分析。由图 7-59、表 7-10 可知，单桩刚度对桩身内力具有较大影响。由图 7-60 ~ 图 7-62（弯矩）、图 7-63 ~ 图 7-65（剪力）可知，桩顶内力中除了后排桩、中排桩桩顶弯矩呈先减后增之外，其余均呈先增后减。桩身（不含桩顶）位置的最大内力、全桩最大内力均随单桩刚度的增大而增大。当单桩刚度为 $0.59EI$ 时全桩最大内力较小。全桩最大内力均由桩身（不含桩顶）位置控制，这与均质土坡不同。从全桩最大弯矩与最大剪力看，$0.59EI$ 是较合理的单桩刚度。

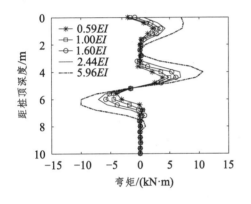

（a）后排桩   （b）后排桩

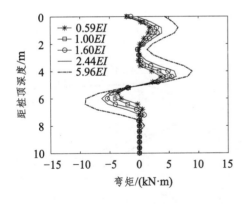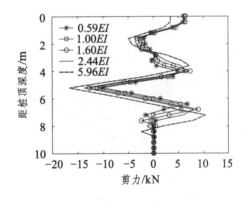

（c）中排桩   （d）中排桩

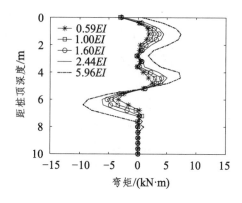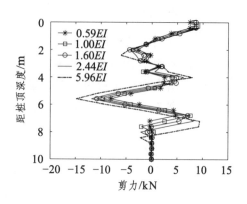

（e）前排桩　　　　　　　　　　　　　　　　（f）前排桩

图 7-59　各排桩桩身内力

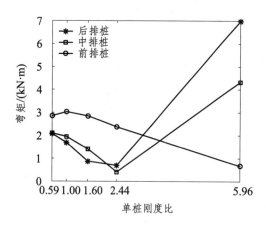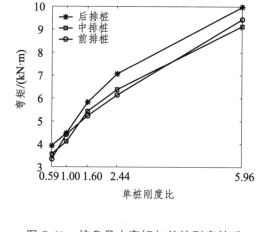

图 7-60　桩顶弯矩与单桩刚度关系　　　　图 7-61　桩身最大弯矩与单桩刚度关系

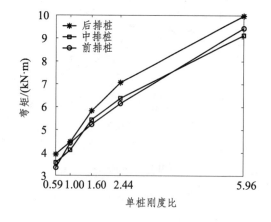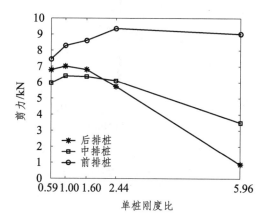

图 7-62　全桩最大弯矩与单桩刚度关系　　　图 7-63　桩顶剪力与单桩刚度关系

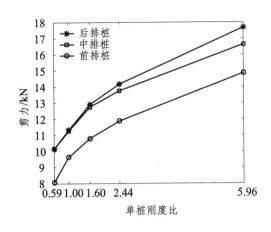
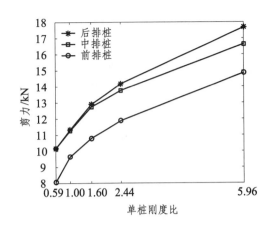

图 7-64　桩身最大剪力与单桩刚度关系　　　　图 7-65　全桩最大剪力与单桩刚度关系

表 7-10　单桩刚度对桩身内力最大值的影响分析

项目	弯矩/（kN·m）			剪力/kN		
	最大	最小	变化幅度	最大	最小	变化幅度
后排	9.981	3.924	154.36%	17.67	10.16	73.92%
中排	9.138	3.560	156.69%	16.63	10.16	63.68%
前排	9.441	3.336	183.00%	14.85	8.072	83.97%
平均值	9.520	3.607	164.68%	16.383	9.464	73.86%

7.3.4　组合桩数

　　基于前面桩间距、桩体倾角及单桩刚度对桩身内力的影响分析，以排间距、列间距均为 4d，桩体倾角为 15°，单桩刚度比为 1.00（即螺纹钢直径为 32 mm）时的微型桩组合结构为例，研究单元中 2×2、3（排）×2（列）、3×3 三种桩数对各排桩的桩身内力分布的影响。

　　图 7-66 为不同桩数情况下各排桩桩身内力分布图，图中只用虚线标出桩数为 9 时的受荷段长度（后排：4.85 m，前排：5.57 m）。表 7-11 为桩身内力最大值随组合桩数的影响分析。由图 7-66 可知，当桩数增加时，桩顶内力、桩身（不含桩顶）位置桩身内力都明显地降低。可见，桩数对桩身内力有显著影响（见表 7-11），可以通过增加桩数降低桩身内力。组合桩数为 9 时可使全桩的内力分配较为合理。此时，桩身内力最大值由桩顶、桩身（不含桩顶）位置控制。这与均质土坡的情况有所不同。

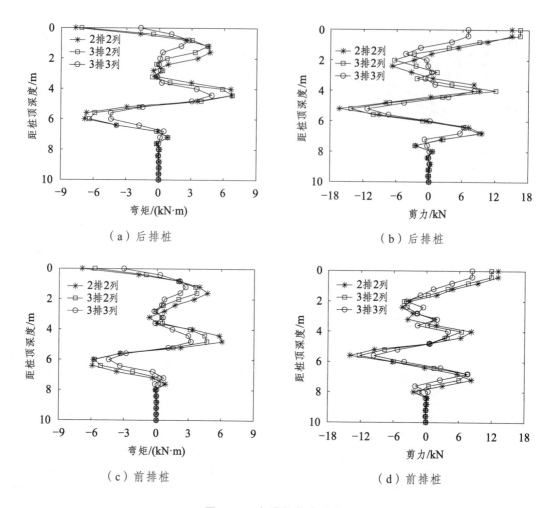

（a）后排桩   （b）后排桩

（c）前排桩   （d）前排桩

图 7-66　各排桩桩身内力

表 7-11　组合桩数对桩身内力最大值的影响分析

项目	弯矩/（kN·m）			剪力/kN		
	最大	最小	变化幅度	最大	最小	变化幅度
后排	7.709	4.471	72.42%	16.38	11.32	44.70%
前排	6.914	4.423	56.32%	14.02	9.644	45.38%
平均值	7.312	4.447	64.37%	15.200	10.482	45.04%

7.3.5　嵌固深度

　　基于前面桩间距、桩体倾角及单桩刚度对桩身内力的影响分析，以 3×3 布置型式，排间距、列间距均为 4d，桩体倾角为 15°，单桩刚度比为 1.00（即螺纹钢直径为 32 mm）时的微型桩组合结构为例，研究桩长（嵌固深度）对各排桩的桩身内力分布的影响，进而确定内力分布较为合理的桩长（嵌固深度）。以排间距、列间距均为 4d 时的受荷段长度平均值 5.0 m 为参照，计算相应的嵌固比。

图 7-67 为不同桩长（10 m、12 m、13 m、14 m、15 m，相应的嵌固比为：0.50、0.58、0.62、0.64、0.67）情况下各排桩桩身内力分布图，图中只标出桩长为 10 m 时的受荷段长度（后排 4.85 m，中排 5.01 m，前排 5.57 m）。图 7-68 与图 7-71 分别为桩顶弯矩与剪力随桩长的变化图。图 7-69 与图 7-72 分别为桩身（不含桩顶）最大弯矩与剪力随桩长的变化图。图 7-70 与图 7-73 分别为各排桩全桩最大弯矩与最大剪力随桩长的变化图。表 7-12 为桩身内力最大值随嵌固深度的影响分析。

由图 7-67、表 7-12 可知，桩长对桩身内力具有一定影响，但影响较小。由图 7-68 ~ 7-70（弯矩）、图 7-71 ~ 7-73（剪力）可知，桩顶内力、桩身（不含桩顶）位置的最大内力、全桩最大内力随桩长的变化均不具单调性。当桩长为 10 m、12 m、14 m（相应嵌固比为 0.50、0.58、0.64）时最大内力较小。全桩最大内力由桩身（不含桩顶）位置控制，这与均质土坡情况有所不同。从全桩最大弯矩与最大剪力看，10 m、12 m、14 m（相应嵌固比为 0.50、0.58、0.64）均是较为适宜的桩长。考虑工程经济性，10 m、12 m（相应嵌固比为 0.50、0.58）是较适宜的桩长。

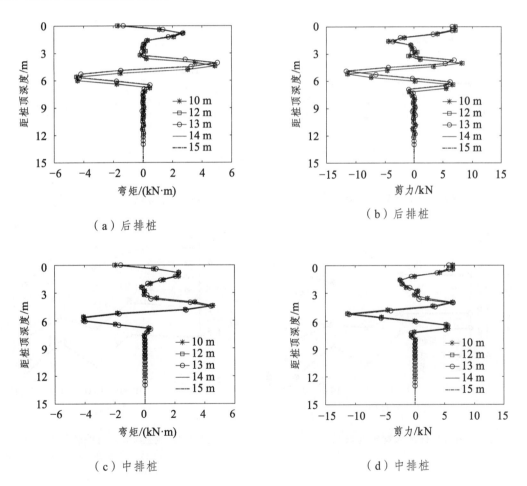

（a）后排桩　　　　　　　　　　　（b）后排桩

（c）中排桩　　　　　　　　　　　（d）中排桩

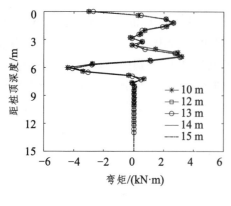

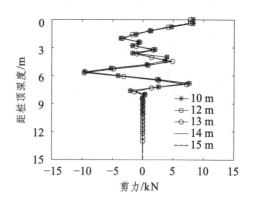

（e）前排桩　　　　　　　　　　　　　　　　（f）前排桩

图 7-67　各排桩桩身内力

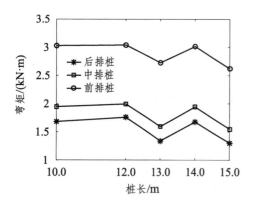

图 7-68　桩顶弯矩与桩长关系

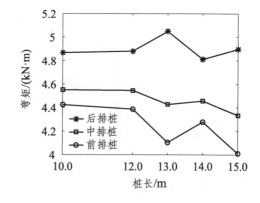

图 7-69　桩身最大弯矩与桩长关系

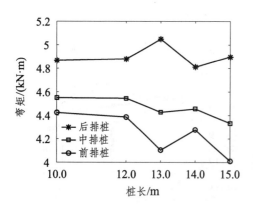

图 7-70　全桩最大弯矩与桩长关系

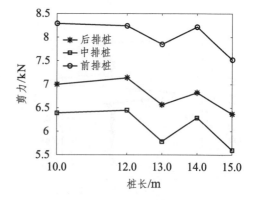

图 7-71　桩顶剪力与桩长关系

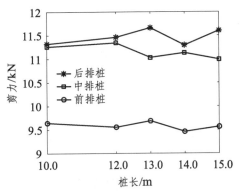
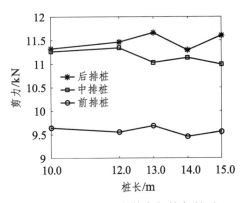

图 7-72　桩身最大剪力与桩长关系　　　　图 7-73　全桩最大剪力与桩长关系

表 7-12　嵌固深度对桩身内力最大值的影响分析

项目	弯矩/（kN·m）			剪力/kN		
	最大	最小	变化幅度	最大	最小	变化幅度
后排	5.048	4.811	4.93%	11.68	11.29	3.45%
中排	4.549	4.333	4.98%	11.34	10.99	3.18%
前排	4.423	4.011	10.27%	9.644	9.459	1.96%
平均值	4.673	4.385	6.73%	10.888	10.580	2.86%

7.3.6　合理结构型式

综合前述的 5 个组合结构影响因素，微型桩组合结构加固基覆式边坡时，合理结构型式应满足（见图 7-74）：

（1）排间距、列间距：$d_1=5d$、$d_2=4d$；

（2）桩体倾角：$\varepsilon_1=20°\sim25°$、$\varepsilon_3=20°\sim25°$；

（3）微型桩螺纹钢直径（d）为 28 mm；

（4）组合桩数为 9（3 排×3 列）；

（5）嵌固比为 0.50 或 0.58。

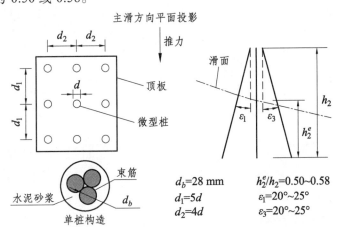

图 7-74　合理组合结构型式（基覆式边坡）示意图

7.4 本章小结

本章通过三维数值模拟方法，针对均质土坡与基覆式边坡这两类边坡中的微型桩组合结构，较为详细地分析了桩间距（包括沿坡体滑动方向和沿坡体走向）、桩体倾角、单桩刚度、组合桩数（布置型式）、桩长（嵌固深度）等因素对组合结构受力的影响特征，得出了桩间距、桩体倾角、单桩刚度与组合桩数对桩身内力的影响较大，而嵌固深度的影响则较小的结果。

在上述 5 个影响因素中，全桩最大弯矩、剪力随桩体倾角增大呈非线性减小，随单桩刚度增大呈非线性增大，随组合桩数增大呈非线性减小，随其余因素不具有明显单调性。

同时，也得到了这两类边坡中的合理组合结构型式分别为：

对于均质土坡：① 排间距、列间距：横断面内 $5d$、横断面外 $3d$；② 桩体倾角：ε_1、$\varepsilon_3=20° \sim 25°$；③ 微型桩螺纹钢直径为 $28 \sim 32$ mm；④组合桩数为 9（3 排×3 列）；⑤嵌固比为 0.44 或 0.53。

对于基覆式边坡：① 排间距、列间距：横断面内 $5d$，横断面外 $4d$；② 桩体倾角：ε_1、$\varepsilon_3=20° \sim 25°$；③ 微型桩螺纹钢直径为 28 mm；④ 组合桩数为 9（3 排×3 列）；⑤ 嵌固比为 0.50 或 0.58。

第 8 章

微型桩组合结构加固边坡稳定性分析方法

8.1 概　述

前已述及，对于微型桩组合结构加固边坡，主要涉及两个问题：① 组合结构的受力分析；② 加固边坡的稳定性评价。前面第 4 ~ 6 章已对第一个问题进行了详细论述，其中设计滑坡推力的计算可采用单一滑面的极限分析法（均质土坡）与传递系数法（基覆式边坡）。本章将对第二个问题的分析方法进行论述。综观国内外文献，包括单一滑面的极限分析法与传递系数法在内，目前边坡稳定性分析中的方法大体分为：① 基于极限平衡理论的方法；② 基于强度折减技术的数值模拟方法（强度折减法）；③ 基于极限分析理论的方法。其中，应用最为广泛的方法主要是极限平衡法与基于强度折减技术的数值模拟法。

在实际工程中与边坡的稳定性评价相关的重要指标是边坡的稳定系数及其对应滑面。前者是表征边坡稳定性的直观指标，也是边坡稳定性分析中最为重要的概念[259, 260]，后者则是稳定性分析、滑坡灾害预警预报、加固治理方案选取的重要前提和基础性依据。因此，任何一种评价边坡稳定性的方法都需要清晰地给出上述两个指标。

本章针对微型桩组合结构加固的边坡，基于以往边坡稳定性分析方法，进一步发展出3 种加固边坡稳定性分析方法，即：基于强度折减技术的快速收敛优化算法（简称优化折减法）、基于桩体两侧双滑面的塑性极限分析上限法（简称双滑面极限分析法）、基于变形能与极值原理的分析法（简称能量法）。

8.2　基于强度折减技术的快速收敛优化算法

极限平衡法是最经典的边坡稳定性分析方法，截至目前，已有的极限平衡条分法就有十几种[261]，且仍有一些学者对其改进研究进行尝试[262]，但由于极限平衡法将边坡当作刚体，无法考虑岩土体应力应变关系，在进行边坡安全系数及临界滑面求解时附加了一定的假定（包括滑面的形状和位置、条间力等）[165, 167, 263]，因此所得结果的正确性与准确性在很大程度上依赖于上述假设对所研究问题的适用性。

随着计算机与数值计算方法的发展，边坡稳定性分析的强度折减法[216]应运而生，由于其具有能考虑坡体材料的应力应变、滑动面自动搜索、不需要为求解不定方程附加额外假设、可应用于复杂条件下边坡稳定性分析（如考虑地下水、地震[264]、岩土结构相互作用等因素对坡体的影响[265]、不同本构模型）等优点而得到广泛使用[266-273]。但它同时也存在求解计算量大[259]、耗时较长[265]，易受网格尺寸、形状及边界范围影响等缺点[274]。关于网格尺寸、形状及边界范围对边坡稳定性分析的影响已有相关报道[274-276]。但就耗时问题的研究却少见报道，陈育民[277]曾给出一种基于FLAC³ᴰ3.0版自编强度折减法求解安全系数的方法，但该法由于在每一次折减时都需对初始应力场进行求解计算而致使其节约机时有限（尤其在求解初始应力场比较耗时的模型中），同时对每次折减所需的计算时步也未能给出普遍性说明。同时，该法在 FLAC³ᴰ5.0 版中运行时机时比软件内置的求解方法耗时更长（见文后算例），因此，该方法在求解时间上并未有太多改善。此外，FLAC³ᴰ3.0 版与 5.0 版均自带了求解安全系数的方法，为便于后面的叙述，本书将其称为内置法。但内置法存在如下缺点：① 只能用于有限本构模型中（3.0 版只能用于摩尔-库仑本构模型中，5.0 版对此虽进行了一定扩展，但仍然有限）[215]；② 由于每次折减计算的时步数过大，导致计算求解时间较长（尤其对于复杂问题，有时是难以接受的）；③ 中断后需重新计算；④ 强度折减范围的不可控性[215]。

有鉴于此，提出一种能够有效克服上述缺点的强度折减优化算法就显得尤为重要，本节基于 FLAC³ᴰ 的强度折减法对安全系数及相应滑面求解算法进行有效优化，能够有效解决上述问题。下面对该法进行详细介绍。

8.2.1 强度折减法的基本原理

1. 安全系数的定义

传统意义上的强度折减法关于安全系数及其对应滑面的定义为：当岩土体的抗剪强度指标通过某个折减系数进行折减后使得边坡处于临界失稳状态[式（8-1）]，那么该折减系数就定义为该边坡的安全系数[267, 278]，此时对应的滑面即为该边坡的临界滑动面。

$$\begin{cases} c' = \dfrac{c}{F_{trial}} \\ \tan\varphi' = \dfrac{\tan\varphi}{F_{trial}} \end{cases} \tag{8-1}$$

式中，c、φ 与 c'、φ' 分别对应折减前后的抗剪强度参数（黏聚力和内摩擦角）；F_{trial} 为折减系数。

显然，上述定义涉及一个重要概念，即临界状态的判定标准问题。综观国内外文献，对于临界状态（失稳）的判定方法主要有：① 鼓胀测试法（特征部位位移判定法）[279, 280]；② 剪应力极限法[281]；③ 塑性区贯通法[280]；④ 求解的不收敛法[282]。

考虑到不同判定方法所得到的安全系数差异很小[278]，且求解的不收敛法具有较为广泛的应用[267, 283, 284]。因此，不妨选用计算是否收敛作为临界状态的判定方法，以 FLAC³ᴰ 中不平衡比率作为判别指标。

2. 滑面（带）的确定

纵观国内外文献，在强度折减法中针对滑动面的确定主要有以下方法：最大剪应变增量云图[215]、网格变形法[267, 285]、位移法[286, 287]、广义塑性应变云图法[278]等。由于最大剪应变增量云图可由 FLAC^{3D} 后处理程序直接生成，且较为清晰地表示出滑动面的分布形态，因此采用该法来确定滑面。

8.2.2 快速收敛优化算法

为改善内置于 FLAC^{3D} 的传统强度折减迭代算法计算效率低的缺陷，这里给出一种优化算法。优化算法采用二分法搜索边坡临界失稳时的折减系数（安全系数），通过对以往算法进行改进，使得每次折减计算最多时步为 $3N_r$（以往算法为 $6N_r$）；同时，对每次折减计算的终止条件进行了改进，从而大幅减少计算所用机时。图 8-1 给出了本优化算法实现过程的流程图。

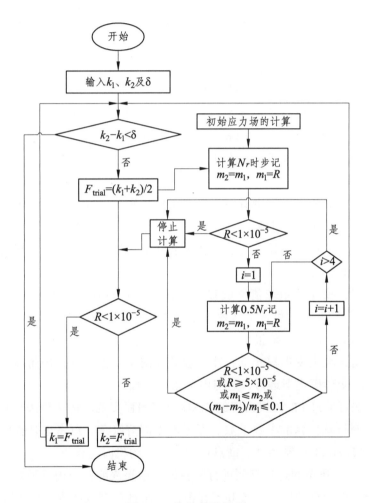

图 8-1　优化算法流程

快速收敛优化算法具体实现过程：

（1）计算初始应力场。

（2）计算特征时步 N_r（遵循 FLAC^{3D} 手册关于特征时步的求解方法[215]）。

（3）输入迭代计算的上下限 k_1、k_2 及迭代终止阈值 δ，按式（8-1）对剪切强度进行折减，将折减后的参数赋值于边坡所采用的本构模型，对边坡计算 N_r 时步，在计算过程中，当出现不平衡比率 R 小于 1.0×10^{-5} 时计算结束，否则继续计算 $0.5N_r$ 时步（多计算 $1N_r$ 时步或者更多亦可，但会增加求解消耗机时。经作者大量计算测试，每次循环多计算 $0.5N_r$ 时步较为合理），在这 $0.5N_r$ 时步中若满足 R 小于 1.0×10^{-5}，则停止计算，否则一直计算到 $0.5N_r$ 为止，此时将不平衡比率与上一次计算到 N_r 时步的情况进行比较，当满足以下任一条件时停止计算，否则继续计算 $0.5N_r$ 时步，直到已经计算了 4 次 $0.5N_r$ 为止：① 每一次的 $0.5N_r$ 时步计算过程中的 R 小于 1.0×10^{-5}；② $0.5N_r$ 时步计算完成时的 R 大于 5.0×10^{-5}；③ $0.5N_r$ 时步计算完成时的 R 大于上一次计算循环时；④ 每一次的 $0.5N_r$ 时步计算完成时 R 减小率小于 10%。

（4）上下限更新：当计算停止时的 R 小于 1.0×10^{-5} 时，表明计算收敛，此时将下限更新为折减系数，否则将上限更新为折减系数。

（5）重复（3）~（4）的步骤，直至上下限差值小于给定的阈值 δ（核心参数）时迭代计算终止，输出此时的上下限及对应的安全系数。

关于初始上下限的取值，这里提供一种方法：采用极限平衡法计算试算，作者经过大量计算表明，Morgenstern-Price 法或 Spencer 法得到的结果与强度折减法计算得到的安全系数较为相近，因此推荐采用这两种方法进行试算，得到的安全系数 ±0.5 作为优化算法初始计算的上下限。

若发现计算终止时的上下限中有一个等于初值，则可推知安全系数不在初始上下限值之内。此时应调整该值（若为上限，则可 +0.5，若为下限可 -0.5）。经过作者大量的计算表明，采用上述推荐方法设置初始上下限，暂未遇到上述情况，这在某种程度上说明上下限的推荐取法具有较好的可靠性。

优化算法中最终安全系数取值一般有两种取法：① 取最后的上下限的平均值；② 取最后下限值。若为保守起见，可选第 2 种取法，此时的求解精度为 δ。当 δ 设置值较小时，这两种取法得到的安全系数相差很小。

值得指出的是，在大变形模式下，往往会导致网格发生畸变，进而终止计算。因此，建议优化算法在小变形模式下运行，这与内置法是一致的。

上述优化算法可通过 FLAC^{3D} 内置的 FISH 语言编程实现。优化算法具有可适用于任何本构模型、可控制折减计算的参数个数、可考虑不同剪胀角、可考虑是否同步折减、可控制折减范围、可修改关键控制条件、断点可续算、节约机时等优点。

文献[288]通过 3 个典型的边坡算例进行了验证，结果表明：与内置强度折减算法相比，优化算法不仅能求得合理的安全系数和潜在滑面，而且可有效减少计算机时 40% ~ 60%；同极限平衡法的结果相比，优化算法能也可得到相近的合理结果。这就较为充分地验证了上述方法的可行性与高效性。

该方法不仅了克服了基于极限平衡理论的方法所具有的缺点，也继承了传统强度折减法的优点，同时还具有计算机时短、断点续算、可控制折减计算的参数个数、可考虑不同剪胀角、可考虑是否同步折减、可控制折减范围、可修改关键控制条件等优点。该方法原则上适用于任何复杂的边坡，不仅适用于天然边坡，也适用于加固边坡的稳定性评价，是本章所给出的三种方法中适用范围最广的一种方法。虽然较传统的基于强度折减技术的数值模拟方法更为省时，但与本章即将要介绍的其他两种方法相比，求解更为耗时。

8.3 基于双滑面的塑性极限分析上限法

抗滑桩作为加固边（滑）坡的重要工程措施，在工程实践中，设计人员往往关注两个重要指标：达到设计安全系数所需的抗力及相应的滑面。为求得这两个指标，已有不少学者采用极限分析上限法进行研究并取得一定的研究成果[218, 289, 290]。

传统的极限分析上限法，滑面穿过桩体，即假设桩前与桩后的滑面同属一个滑面，滑面与坡体构成的旋转机构围绕一个旋转中心发生转动，根据作用于滑体上的外力功率与滑面上的耗散功率相等导出作用于桩上的作用力计算公式，同时确定出相应的滑动面[218]。但桩前后的滑面在大多数情况下并非同属于一个滑面[291]，因此，本节给出的方法基于极限分析上限法，但有别于以往学者的研究假设。这里假定组合结构前后（在此将组合结构后部与前部的坡体分别称为"上坡体"与"下坡体"）的滑面分别为两个独立的滑面，且考虑桩土之间协调作用模式，下坡体的滑面起点不高于上坡体的滑面终点[291]，以此求解作用于组合结构上的力及相应的滑动面。

图 8-2 所示的微型桩组合结构加固的均质边坡，为求得作用于组合结构上的净推力及相应的滑面，可采用如下步骤：

（1）用对数螺旋线描述某深度处的滑面；

（2）分别计算上部坡体与下部坡体对组合结构的推力与抗力；

（3）确定坡体对组合结构的净推力；

（4）变化深度，重复（1）～（3）的步骤，得到一系列深度所对应的净推力，通过比较得到其中最大净推力及其所对应的滑面（上坡体与下坡体）。

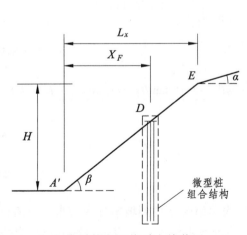

（a）微型桩加固均质土坡简图

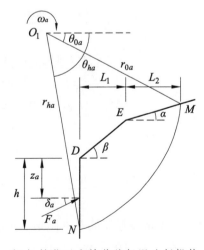

（b）桩位以上坡体的极限分析机构

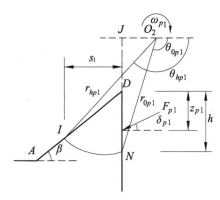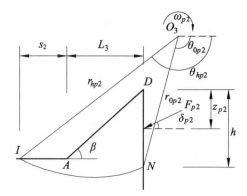

$$s_1 \leqslant H/\tan\beta - L_1 \qquad\qquad\qquad s_1 > H/\tan\beta - L_1$$

（c）桩位以下坡体的极限分析机构

图 8-2　极限分析模型图[292]

对于组合结构后部坡体["上坡体"，见图 8-2（b）]，潜在滑面可表示如下：

$$r_{ha} = r_{0a} \cdot \mathrm{e}^{(\theta_{ha} - \theta_{0a})\tan\varphi} \tag{8-2}$$

式中，r、θ 分别表示对数螺旋线的半径及其弦转角，其下标 $0a$ 与 ha 分别表示上坡体潜在滑面的起点及终点；φ 表示坡体材料的内摩擦角。

根据极限分析上限定理，外力功率等于耗散功率[217]，则有

$$W_{Ga} + W_{Fa} = E_{d1} \tag{8-3}$$

式中，W_{Ga} 与 W_{Fa} 分别表示重力做功与组合结构做功的功率，E_{d1} 表示滑面 MN 的耗散功率。重力做功的功率 W_{Ga} 表示为[217]

$$W_{Ga} = \gamma r_{0a}^3 \omega_a (f_1 - f_2 - f_3 - f_4) \tag{8-4}$$

式中，γ 为土体容重，ω_a 为转动角速度，f_i（$i=1\sim4$）为无量纲系数，分别表示如下：

$$f_1 = \frac{(3\tan\varphi \cdot \cos\theta_{ha} + \sin\theta_{ha}) \cdot \mathrm{e}^{3(\theta_{ha} - \theta_{0a})\tan\varphi} - (3\tan\varphi \cdot \cos\theta_{0a} + \sin\theta_{0a})}{3(1 + 9\tan^2\varphi)} \tag{8-5a}$$

$$f_2 = \frac{L_2 \sin(\theta_{0a} + \alpha) \cdot (2r_{0a}\cos\theta_{0a} - L_2)}{6r_{0a}^2 \cos\alpha} \tag{8-5b}$$

$$f_3 = \frac{[L_1(r_{0a}\sin\theta_{0a} + L_2\tan\alpha) + (r_{0a}\cos\theta_{0a} - L_2)L_1\tan\beta] \cdot [2(r_{0a}\cos\theta_{0a} - L_2) - L_1]}{6r_{0a}^3}$$

$$\tag{8-5c}$$

$$f_4 = \frac{h \cdot \mathrm{e}^{(\theta_{ha} - \theta_{0a})\tan\varphi} \cdot r_{ha}\cos^2\theta_{ha}}{3r_{0a}^2} \tag{8-5d}$$

式中，α 表示坡顶面的水平倾角；β 表示坡角；L_1 表示组合结构到坡肩外缘的水平距离；L_2 表示上坡体中的潜在滑面与坡顶的交点到坡肩外缘的水平距离；h 表示设置组合结构处潜在滑面距离桩顶的深度[见图 8-2（b）]。

组合结构做功的功率 W_{Fa} 表示为

$$W_{Fa} = -F_a \omega_a [(r_{ha}\sin\theta_{ha} - h + z_a)\cos\delta_a + r_{ha}\cos\theta_{ha}\sin\delta_a] \qquad (8\text{-}6)$$

式中，F_a 表示组合结构对上坡体的单宽作用力；z_a 表示作用于组合结构上的力到桩顶的距离；δ_a 表示作用于组合结构上的力的水平倾角。

滑面 MN 的耗散功率 E_{d1} 表示如下[217]：

$$E_{d1} = \frac{cr_{0a}^2 \omega_a}{2\tan\varphi}[\mathrm{e}^{2(\theta_{ha}-\theta_{0a})\tan\varphi} - 1] \qquad (8\text{-}7)$$

式中，c 表示坡体材料的黏聚力。

将式（8-4）、（8-6）以及（8-7）代入式（8-3），整理得组合结构受到的推力为

$$F_a = \frac{\gamma r_{0a}^3(f_1 - f_2 - f_3 - f_4) - [cr_{0a}^2/(2\tan\varphi)][\mathrm{e}^{2(\theta_{ha}-\theta_{0a})\tan\varphi} - 1]}{(r_{ha}\sin\theta_{ha} - h + z_a)\cos\delta_a + r_{ha}\cos\theta_{ha}\sin\delta_a} \qquad (8\text{-}8)$$

对于图 8-2（b）所示机构的物理意义为：在任意给定的 h 下，组合结构受到的推力在上坡体达到极限状态时将达到最大值[292]。由式（8-8）可知，对于给定的 h，F_a 只与 θ_{0a} 与 θ_{ha} 有关，因此，当 F_a 的值达到最大时应满足

$$\begin{cases} \dfrac{\partial F_a}{\partial \theta_{0a}} = 0 \\[2mm] \dfrac{\partial F_a}{\partial \theta_{ha}} = 0 \end{cases} \qquad (8\text{-}9)$$

对于组合结构前部的坡体["下坡体"，见图 8-2（c）]，分以下两种情况：

（1）当 $s_1 \leqslant H/\tan\beta - L_1$ 时，对应图 8-2（c）左边的机构，潜在滑面可表示如下：

$$r_{hp1} = r_{0p1} \cdot \mathrm{e}^{(\theta_{hp1}-\theta_{0p1})\tan\varphi} \qquad (8\text{-}10)$$

式中，r、θ 分别表示对数螺旋线的半径及其弦转角，其下标 $0p1$ 与 $hp1$ 分别表示下坡体潜在滑面的起点及终点。

根据极限分析上限定理，外力功率等于耗散功率[217]，则有

$$W_{Gp1} + W_{Fp1} = E_{d2} \qquad (8\text{-}11)$$

式中，W_{Gp1} 与 W_{Fp1} 分别表示下坡体的重力产生的功率、组合结构对下坡体的功率；E_{d2} 表示滑面 NI 的耗散功。

重力做功的功率 W_{Gp1} 表示为[217]

$$W_{Gp1} = \gamma r_{0p1}^3 \omega_{p1}(f_5 - f_6 - f_7) \qquad (8\text{-}12)$$

式中，r_{0p1} 对应弦转角位 θ_{0p1} 时的半径；ω_{p1} 为转动角速度[见图 8-2（c）]；f_i（$i=5\sim7$）为无量纲系数，分别表示如下：

$$f_5 = \frac{(3\tan\varphi \cdot \cos\theta_{hp1} + \sin\theta_{hp1}) \cdot \mathrm{e}^{3(\theta_{hp1}-\theta_{0p1})\tan\varphi} - (3\tan\varphi \cdot \cos\theta_{0p1} + \sin\theta_{0p1})}{3(1 + 9\tan^2\varphi)} \qquad (8\text{-}13a)$$

$$f_6 = -\frac{1}{3}\frac{h \cdot \cos^2\theta_{0p1}}{r_{0p1}} \qquad (8\text{-}13b)$$

$$f_7 = \frac{s_1[\cos\theta_{0p1} + \mathrm{e}^{(\theta_{hp1}-\theta_{0p1})\tan\varphi} \cdot \cos\theta_{hp1}] \cdot \mathrm{e}^{(\theta_{hp1}-\theta_{0p1})\tan\varphi} \cdot \sin(\theta_{0p1}+\beta)}{6r_{0p1}\cos\beta} \qquad (8\text{-}13c)$$

式中，s_1 表示下坡体潜在滑面与坡面的交点到桩的水平距离[见图 8-2（c）]。

组合结构做功的功率 W_{Fp1} 表示为

$$W_{Fp1} = F_{p1}\omega_{p1}[(r_{0p1}\sin\theta_{0p1} - h + z_{p1})\cos\delta_{p1} + r_{0p1}\cos\theta_{0p1}\sin\delta_{p1}] \qquad (8\text{-}14)$$

式中，F_{p1} 表示组合结构对下坡体的单宽作用力；z_{p1} 表示作用于组合结构上的力到桩顶的距离；δ_{p1} 表示作用于桩上的力的水平倾角。

滑面 NI 的耗散功率 E_{d2} 表示如下[217]：

$$E_{d2} = \frac{cr_{0p1}^2\omega_{p1}}{2\tan\varphi}[\mathrm{e}^{2(\theta_{hp1}-\theta_{0p1})\tan\varphi} - 1] \qquad (8\text{-}15)$$

将式（8-12）、（8-14）、（8-15）代入式（8-11），可得组合结构受到的抗力为

$$F_{p1} = \frac{[cr_{0p1}^2/(2\tan\varphi)][\mathrm{e}^{2(\theta_{hp1}-\theta_{0p1})\tan\varphi} - 1] - \gamma r_{0p1}^3(f_5 - f_6 - f_7)}{(r_{0p1}\sin\theta_{0p1} - h + z_{p1})\cos\delta_{p1} + r_{0p1}\cos\theta_{0p1}\sin\delta_{p1}} \qquad (8\text{-}16)$$

对于图 8-2（c）左边机构的物理意义为：在任意给定的 h 下，组合结构受到的抗力在下坡体达到极限状态时将达到最小值[292]。由式（8-16）可知，对于给定的 h，F_{p1} 只与 θ_{0p1} 与 θ_{hp1} 有关，因此，当 F_{p1} 的值达到最小时应满足：

$$\begin{cases} \dfrac{\partial F_{p1}}{\partial \theta_{0p1}} = 0 \\ \dfrac{\partial F_{p1}}{\partial \theta_{hp1}} = 0 \end{cases} \qquad (8\text{-}17)$$

（2）当 $s_1 > H/\tan\beta - L_1$ 时，对应图 8-2（c）右边的机构，潜在滑面可表示如下：

$$r_{hp2} = r_{0p2} \cdot \mathrm{e}^{(\theta_{hp2}-\theta_{0p2})\tan\varphi} \qquad (8\text{-}18)$$

式中，r、θ 分别表示对数螺旋线的半径及其弦转角，其下标 $0p2$ 与 $hp2$ 分别表示下坡体潜在滑面的起点及终点。

根据极限分析上限定理，外力功率等于耗散功率[217]，则有

$$W_{Gp2} + W_{Fp2} = E_{d3} \qquad (8\text{-}19)$$

式中，W_{Gp2} 与 W_{Fp2} 分别表示下坡体的重力产生的功率、组合结构对下坡体作用力的功率；E_{d3} 表示滑面 NI 的耗散功率，W_{Gp2} 由式（8-20）表示。

$$W_{Gp2} = \gamma r_{0p2}^3\omega_{p2}(f_8 - f_9 - f_{10} - f_{11}) \qquad (8\text{-}20)$$

式中，r_{0p2} 为对应弦转角位 θ_{0p2} 时的半径；ω_{p2} 为转动角速度；f_i（$i = 8 \sim 11$）为无量纲系数，分别表示如下：

$$f_8 = \frac{(3\tan\varphi \cdot \cos\theta_{hp2} + \sin\theta_{hp2}) \cdot e^{3(\theta_{hp2}-\theta_{0p2})\tan\varphi} - (3\tan\varphi \cdot \cos\theta_{0p2} + \sin\theta_{0p2})}{3(1 + 9\tan^2\varphi)} \quad (8\text{-}21a)$$

$$f_9 = \frac{s_2 \cdot r_{hp2} \sin\theta_{hp2}(2r_{hp2} \cdot \cos\theta_{hp2} + s_2)}{6r_{0p2}^3} \quad (8\text{-}21b)$$

$$f_{10} = \frac{L_3[r_{0p2}\sin\theta_{0p2} - h + \tan\beta(r_{hp2}\cos\theta_{hp2} + L_3 + s_2)][2(r_{hp2}\cos\theta_{hp2} + s_2) + L_3]}{6r_{0p2}^3} \quad (8\text{-}21c)$$

$$f_{11} = -\frac{h \cdot \cos^2\theta_{0p2}}{3r_{0p2}} \quad (8\text{-}21d)$$

式中，s_2 表示下坡体潜在滑面与坡脚外侧区域的交点到坡脚的水平距离[见图 8-2（c）]；L_3 表示组合结构到坡脚的水平距离。

组合结构做功的功率 W_{Fp2} 表示为

$$W_{Fp2} = F_{p2}\omega_{p2}[(r_{0p2}\sin\theta_{0p2} - h + z_{p2})\cos\delta_{p2} + r_{0p2}\cos\theta_{0p2}\sin\delta_{p2}] \quad (8\text{-}22)$$

式中，F_{p2} 表示组合结构对下坡体的单宽作用力；z_{p2} 表示作用于组合结构上的力与桩顶的距离；δ_{p2} 表示作用于组合结构上的力的水平倾角。

滑面 NI 的耗散功率 E_{d3} 表示如下[217]：

$$E_{d3} = \frac{cr_{0p2}^2\omega_{p2}}{2\tan\varphi}[e^{2(\theta_{hp2}-\theta_{0p2})\tan\varphi} - 1] \quad (8\text{-}23)$$

将式（8-20）、（8-22）以及式（8-23）代入式（8-19）中，整理得桩前抗力计算式如下：

$$F_{p2} = \frac{[cr_{0p2}^2/(2\tan\varphi)][e^{2(\theta_{hp2}-\theta_{0p2})\tan\varphi} - 1] - \gamma r_{0p2}^3(f_8 - f_9 - f_{10} - f_{11})}{(r_{0p2}\sin\theta_{0p2} - h + z_{p2})\cos\delta_{p2} + r_{0p2}\cos\theta_{0p2}\sin\delta_{p2}} \quad (8\text{-}24)$$

同样，对于图 8-2(c) 右边机构，在任意 h 下，最小桩前抗力 F_{p2} 可采用如下式子计算：

$$\begin{cases} \dfrac{\partial F_{p2}}{\partial \theta_{0p2}} = 0 \\[3mm] \dfrac{\partial F_{p2}}{\partial \theta_{hp2}} = 0 \end{cases} \quad (8\text{-}25)$$

由于实际工程中，推力在水平方向的分量比竖直方向的分量对工程设计具有更为重要的意义，因此，这里仅考虑推力在水平方向的分量 F_n。

当 $s_1 < H/\tan\beta - L_1$ 时，F_n 的计算式为

$$F_n = F_a\cos\delta_a - F_{p1}\cos\delta_{p1} \quad (8\text{-}26a)$$

当 $s_1 > H/\tan\beta - L_1$ 时，F_n 的计算式为

$$F_n = F_a\cos\delta_a - F_{p2}\cos\delta_{p2} \quad (8\text{-}26b)$$

当考虑边坡设计安全系数时，可采用下式将上述公式中的 c 与 φ 替换为 c_d 与 φ_d。

$$\begin{cases} c_d = \dfrac{c}{F_s} \\ \tan\varphi_d = \dfrac{\tan\varphi}{F_s} \end{cases} \tag{8-27}$$

值得注意的是，对于每一个 h，都对应唯一的 F_n，其最大值可由式（8-28）得到。

$$\frac{\partial F_n}{\partial h} = 0 \tag{8-28}$$

采用以上公式，利用计算机编程，可求解出作用于组合结构上的水平方向净推力 F_n 及其相应的滑面。此方法还可以考虑上坡体是否发生越顶，具体方法如下：计算桩顶处的净推力，若大于等于 0，表示此桩位处在设计安全系数下将发生越顶破坏，若小于 0 则表示不会发生越顶破坏。因此，在边坡设计时，应将桩位设置于桩顶净推力小于 0 的部位，以避免发生越顶破坏。

8.4 基于变形能与极值原理的分析法

截至目前，边坡稳定性分析方法仍以极限平衡法的应用最为广泛，但该法没有考虑应力与应变的耦合作用，这使得数值模拟方法应运而生。但总体而言，上述两种方法仍主要存在以下两种缺点：

（1）基于将稳定系数定义为总的极限抗力与总的剪切下滑力的方法：由于沿着潜在滑面，抗剪力方向并不在同一直线上，无法直接进行叠加；同时，这种计算方法也没有明确的物理意义。

（2）基于将稳定系数定义为强度折减系数的数值模拟方法：尚存在收敛准则与强度参数取值的争议[280, 282]。

8.4.1 稳定系数的定义

为克服上述方法的缺点，这里采用一种基于变形能与极值原理的边坡稳定性分析方法[208]。其中，边坡稳定系数可定义为

$$F_s = \sqrt{e_u / e_a} \tag{8-29}$$

式中，e_u 表示总的极限变形能；e_a 表示总的弹性变形能。

对于绝大部分边坡，主要发生剪切破坏[293]。因此，考虑边坡中剪切应变能，式（8-29）可表达为

$$F_s = \sqrt{\dfrac{\int \left[\int_0^{\varepsilon_f} \tau(\varepsilon)\mathrm{d}\varepsilon \right] \mathrm{d}V}{\int \left[\int_0^{\varepsilon_a} \tau(\varepsilon)\mathrm{d}\varepsilon \right] \mathrm{d}V}} \tag{8-30}$$

式中，ε_f 为极限强度下的最小剪切应变；ε_a 为弹性状态下的局部剪切应变；$\mathrm{d}V$ 表示滑带单元体积（$\mathrm{d}V = \mathrm{d}S \times t$）；$\mathrm{d}S$ 与 t 分别表示滑带单元体的面积与厚度。

假设坡体材料为弹性-理想塑性材料，且应力应变满足如图 8-3 所示的关系，其中 τ_f 满

足 Mohr-Coulomb 破坏准则。

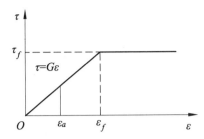

图 8-3 弹性-理想塑性情况下剪应力与剪应变曲线

因此，式（8-30）可进一步化简为

$$F_s = \sqrt{\dfrac{\sum\limits_{i=1}^{n}(c_i + \sigma_i \tan\varphi_i)^2}{\sum\limits_{i=1}^{n}\tau_{i\alpha}^2}} \tag{8-31}$$

式中，n 表示滑带单元数；c_i、φ_i 表示第 i 个单元的黏聚力与内摩擦角；σ_i、$\tau_{i\alpha}$ 表示第 i 个单元水平倾角为 α 平面上的正应力与剪应力。

这种基于变形能定义边坡稳定系数的方法与传统的简化 Bishop 法及 Morgenstern-Price 法是统一的[208]。

8.4.2 临界滑面的确定

由式（8-31）可知，只要将潜在滑面上所有分段上的正应力与剪应力求出，整个滑面所对应的安全系数即可求出。为了同时考虑边坡的应力应变，可采用数值模拟方法求出滑面任意点处的应力，进而求出任意一点处的临界滑面的倾向及正应力与剪应力，最后代入式（8-31）求解出对应的稳定系数。

可根据 Xiao 等[294]所提出的"潜在滑面随机搜索方法"确定潜在滑面。该方法的主要思想为：假定潜在滑面的起点为 P_0（见图 8-4），采用极值原理计算出通过 P_0 的临界滑面方向，结合一定的步长，得到滑面上的下一个点 P_1，重复以上步骤，可得出整个潜在滑面在空间的展布。改变潜在滑面的起点位置，重复上述步骤，可得到所有可能的潜在滑面分布。

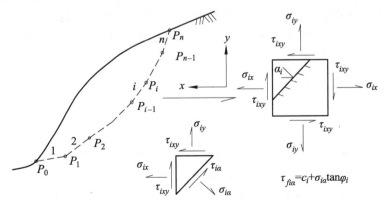

图 8-4 临界滑面随机搜索示意图

对于微型桩组合结构加固的边坡，在所有的潜在滑面相应稳定系数中最小值即为边坡的稳定系数，相应的滑面即为临界滑面。"能量法"的优点在于[208]：① 无须预设潜在滑面的形状，因此可适用于任何形状的滑面；② 简单易行，该方法可用于极限平衡与数值模拟方法；③ 克服了传统的数值模拟强度折减法迭代计算速度慢的缺点，具有更高的计算效率。

8.5 三种方法优缺点分析

上述的三种边坡稳定性分析方法，均可用于微型桩加固边坡的稳定性分析。但各有特点，因而各有其适用范围。为方便应用，这里从是否需要预设滑面、能否考虑应力应变关系、是否可用于非均质边坡、能否考虑越顶破坏模式以及计算效率的高低 5 个方面，将所提出的这 3 种方法的优缺点（或适宜性）归纳于表 8-1 中。可见：

（1）优化折减法不需要预设滑面，且能考虑复杂的岩土体应力应变关系，可适用于非均质边坡，但效率较低；

（2）双滑面极限分析法不能考虑岩土体应力应变关系，且不适用于非均质边坡，但计算效率较高；

（3）能量法则既不需要预设滑面，又可考虑岩土体的应力应变关系，同时又具有较高的计算效率，因而有较强的综合优势。

表 8-1 稳定性分析方法优缺点

方法	是否预设滑面	能否考虑应力应变关系	是否适于非均质边坡	能否考虑越顶破坏模式	计算效率
快速收敛优化算法	否	能	是	能	低
双滑面极限分析法	否	不能	否	能	高
能量法	否	能	是	能	高

值得指出的是，三种方法判断越顶破坏模式是否发生的具体依据分别为：① 快速收敛优化算法根据最大剪应变增量云图是否在上坡体部分形成越过组合结构的贯通滑动带来判断；② 双滑面极限分析法根据组合结构顶部的净推力是否大于 0 来判断；③ 能量法可根据发生在上坡体中的潜在滑体的安全系数与穿过组合结构的潜在滑面的安全系数的大小来判断。

8.6 工程实例分析

8.6.1 均质土坡

图 8-5 为微型桩组合结构加固下的均质土坡，该边坡为西南某高速公路路堑边坡，边坡由黏性土构成，岩土体物理力学参数如表 8-2 所示。自然条件下，边坡稳定性系数为 1.16，根据《公路路基设计规范》（JTG D30—2015）[234]，该边坡属于二级边坡，设计安全

系数取 1.25。微型桩组合结构布设于距离坡脚 8.66 m（即坡面中部）的位置（见图 8-5），单桩长度均为 15 m（为便于后面的叙述，用 h_t 表示），组合结构间距为 2.0 m（见图 8-6），每根微型单桩孔径为 130 mm，由 3 根直径为 50 mm 的螺纹钢组成（见图 1-2），微型桩弹性模量为 200 GPa，单桩的等效惯性矩及抗弯刚度分别为 3.3748×10^{-6} m^4 与 674.95 kN·m^2，排间距、列间距分别为 0.6 m、0.5 m，顶板边缘距边桩 0.2 m（见图 8-6）。

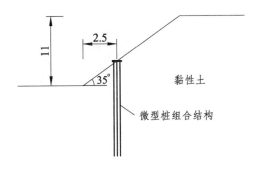

图 8-5 均质土坡工程实例横断面图（单位：m）

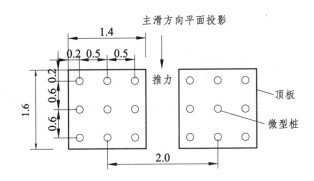

图 8-6 组合结构平面布置图（单位：m）

表 8-2 实例边坡土体及结构物理力学参数

名称	容重 γ/（kN/m^3）	黏聚力 c/kPa	内摩擦角 φ/（°）	弹性模量 E/MPa	泊松比
黏土	21.5	20	14	10	0.32
微型桩	27	—	—	210 000	0.3
顶板	25	—	—	30 000	0.2

利用前述的三种方法对组合结构加固下的边坡进行稳定性评价。分述如下：

1. 优化折减法

建立图 8-5 所示边坡的数值模型如图 8-7 所示，坡体材料与组合结构分别采用实体单元模拟与结构单元模拟，横断面外布置 3 个组合结构单元，单元间距 2 m，每个单元含 9 根微型桩。边坡模型单元数为 50 280，节点数为 56 316。边界条件为：底部边界固定，左右边界上施加 y 方向位移约束，前后边界施加 x 方向位移约束。采用 8.2 节中所述的优化算法计算，设置初始下限 $k_1=1.0$，上限 $k_2=1.5$，迭代终止阈值 $\delta = 0.01$，迭代计算 6 次，用时约 4.5 h（CPU 型号为 i7-4790，内存容量为 16G），计算出边坡在微型桩组合结构加固下的稳定系数为 1.254，满足设计安全系数的要求。当折减系数为 1.254 时的最大剪应变增量云图如图 8-8 所示。可见，边坡的滑动面基本贯通，同时也表明加固后的边坡不会发生越顶破坏。

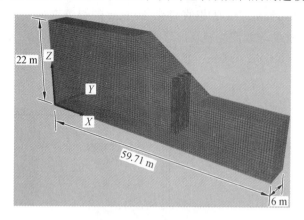

图 8-7　均质土坡数值模型

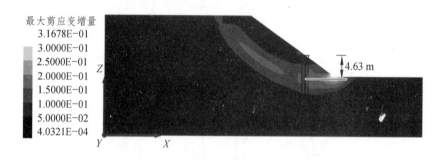

图 8-8　最大剪应变增量云图

2. 双滑面极限分析法

采用 8.3 节中的方法，可得到不同设计安全系数（F_{sd}）下组合结构受荷段长度、作用于组合结构上的净推力。不同设计安全系数（F_{sd}）下作用于组合结构上的净推力如图 8-9 所示，其中净推力用无量纲量 K_{Fmax} 表示[见式（8-32）]。不同 F_{sd} 情况下组合结构受荷段长度如图 8-10 所示，其中受荷段长度用无量纲量 K_h 表示[见式（8-33）]。将受荷段长度与净推力代入第 4 章中的组合结构计算理论（见图 4-3），可得到组合结构最大弯矩与最大剪力随 F_{sd} 变化曲线如图 8-11、8-12 所示。

$$K_{F\max} = \frac{F_{n\max}}{0.5 \cdot \gamma H^2} \qquad (8\text{-}32)$$

式中，$F_{n\max}$ 表示最危险潜在滑面所对应的净推力；其余符号含义同前。

$$K_h = \frac{h_c}{H} \qquad (8\text{-}33)$$

式中，h_c 表示最危险潜在滑面所对应的受荷段长度；其余符号含义同前。

由第 3 章 3.2 节可知，单根微型桩截面的等效惯性矩为

$$I = \frac{11\pi d_b^4}{64} \qquad (8\text{-}34)$$

式中，d_b 为单根螺纹钢的直径。

根据材料力学梁弯曲理论，有

$$\sigma_{max} = \frac{M \cdot y_{max}}{I} \qquad (8\text{-}35)$$

式中，σ_{max} 为横截面上最大弯曲正应力；M 为梁任意截面的弯矩；y_{max} 为距离中性轴的最大距离。

由几何关系得

$$y_{max} = \left(\frac{1}{2} + \frac{\sqrt{3}}{3}\right)d_b \qquad (8\text{-}36)$$

为了避免桩身发生拉伸屈服破坏，应满足

$$\sigma_{max} \leqslant \sigma_s \qquad (8\text{-}37)$$

式中，σ_s 为抗拉屈服强度。

联立式（8-34）~ 式（8-37）可得

$$M \leqslant \frac{66\pi\sigma_s d_b^3}{64(3 + 2\sqrt{3})} = M_{max} \qquad (8\text{-}38)$$

式中，M_{max} 表示全桩最大弯矩。

同理，由材料力学可知，圆截面上的最大切应力为

$$\tau_{max} = \frac{4}{3}\frac{Q}{A} \qquad (8\text{-}39)$$

式中，A 为截面面积。

为避免桩身发生剪切破坏，应满足

$$\tau_{max} \leqslant \tau_s \qquad (8\text{-}40)$$

式中，τ_s 为剪切屈服强度。

由式（8-39）、（8-40）可得

$$Q \leqslant \frac{3A\tau_s}{4} = Q_{max} \qquad (8\text{-}41)$$

式中，Q_{max} 表示全桩最大剪力。

螺纹钢为 HRB400 钢筋，则 σ_s 取 400 MPa，τ_s 取 240 MPa。代入式（8-38）与（8-41）计算得：M_{max}=25.06 kN·m，Q_{max}=1 172.19 kN。由图 8-11、8-12 可知，与最大弯矩对应的稳定系数为 1.320，而与最大剪力相对应的稳定系数远大于 1.35，因此，边坡可达到的稳定系数为 1.320。边坡最危险潜在滑面分布如图 8-13 所示，坡顶滑体宽度 5.96 m，前缘距坡脚 0.4 m，受荷段长度 6.05 m。

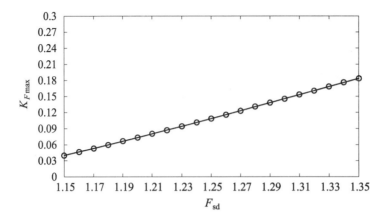

图 8-9　净推力随设计安全系数变化曲线

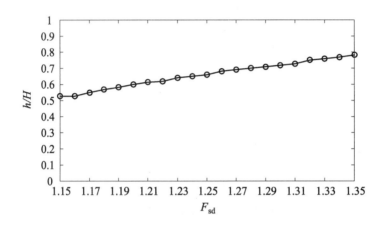

图 8-10　受荷段长度随设计安全系数变化曲线

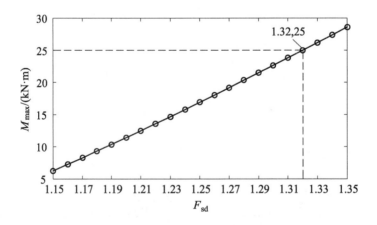

图 8-11　最大弯矩随设计安全系数变化曲线

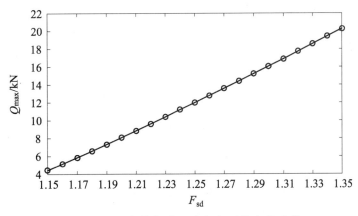

图 8-12　最大剪力随设计安全系数变化曲线

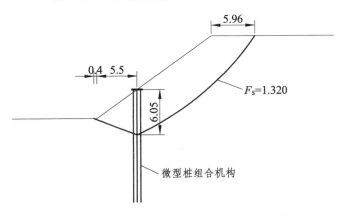

图 8-13　双滑面极限分析法潜在滑面分布（单位：m）

3. 能量法

基于前述的数值模型，得到组合结构加固边坡的应力场，利用 8.4 节中的能量法计算，得到临界滑面及其对应的安全系数如图 8-14 所示。可见，边坡稳定系数为 1.278，最危险潜在滑面通过组合结构，坡顶滑体宽度 4.48 m，前缘距坡脚 0.8 m，受荷段长度 4.28 m。同时，组合结构上坡方向的最危险潜在滑体的稳定系数为 1.538。因此，边坡稳定性由前者控制，但两个潜在滑面在坡顶处近乎重合，坡顶滑体宽度为 4.48 m。

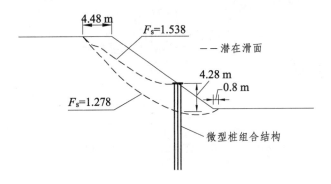

图 8-14　滑面分布及其稳定系数

4. 综合对比

为了验证上述三种方法的合理性，这里将所提方法计算得到的评价结果与简化 Bishop 法（SBM）、严格满足力与力矩平衡条件的 Morgenstern-Price 法（MPM）以及 Ausilio 等人提出的极限分析法进行比较。为便于叙述，将 SBM、MPM 以及 Ausilio 等人的方法统称为"已有方法"。各种方法得到的潜在滑面及其稳定系数如图 8-15、表 8-3 所示。可见：① 优化折减法与能量法求得的安全系数和 SBM 及 MPM 法较为接近，双滑面极限分析法算得的安全系数介于 Ausilio 等人的方法与其他方法之间；② SBM 与 MPM 的滑面几乎重合，优化折减法计算得到的受荷段长度介于已有方法之间，双滑面极限分析法与能量法得到的受荷段长度则分别大于和小于已有方法；③ 优化折减法与双滑面极限分析法算得的潜在滑面在坡顶的宽度大于已有方法，而能量法的结果则小于已有方法；④ 各种方法计算的潜在滑面在前缘的剪出口与坡脚的距离较为接近。综上可知，本书所提出的方法与已有方法计算结果较为接近，进一步说明了其合理性。就所提的 3 种方法而言，双滑面极限分析法得到的稳定系数最大，滑面也较深；能量法得到的稳定系数介于优化折减法与双滑面极限分析法之间，但滑面最浅；三种方法计算得到的稳定系数偏差不超过 6%；双滑面极限分析算法计算得到的组合结构受荷段长度最大，能量法最小，前者为后者的 1.4 倍左右，这是由于这 3 种方法所基于的假定以及对安全系数的定义不完全相同所致。

表 8-3 还列出了各种方法的计算时间。其中，已有方法与双滑面极限分析法的求解时间包括不同安全系数下推力（含受荷段长度）及其内力的求解；优化折减法求解时间包含应力场计算与折减计算的时间；由于能量法基于数值模拟应力场的计算，因而表中的能量法计算时间将应力场的数值计算时间包括在内。由表 8-3 可知，所提方法中能量法效率最高，双滑面极限分析法次之，而优化折减法效率则最低。能量法计算效率远大于优化折减法（计算时间平均约减少 91%）。

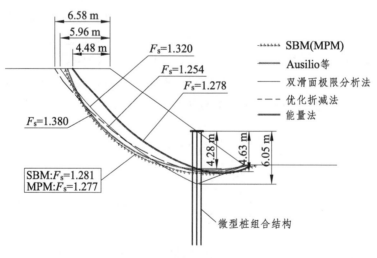

图 8-15　不同方法得到的滑面及其稳定系数

表 8-3　不同方法稳定性分析结果

项目	F_s	受荷段长度/m	坡顶宽度/m	前缘剪出距离/m	求解时间/s
SBM	1.281	4.82	5.40	1.66	528
MPM	1.277	4.82	5.40	1.66	534.6
Ausilio 等	1.380	4.37	5.07	0.60	2 206.8
优化折减法	1.254	4.63	6.58	0.0	16 798.7
双滑面极限分析法	1.320	6.05	5.96	0.4	2 750
能量法	1.278	4.28	4.48	0.8	1 532.5

注：前缘剪出距离指剪出口与坡脚的水平距离。

8.6.2　基岩-覆盖层式边坡

图 8-16 所示为一高速公路路堑边坡，边坡由上层的强风化黏土岩与下伏的中风化黏土岩组成，岩土体物理力学参数如表 8-4 所示。在边坡中部台阶中部布设 3×3 型微型桩组合结构单元，单元间距 2 m，排间距、列间距均为 0.5 m（见图 8-17）。

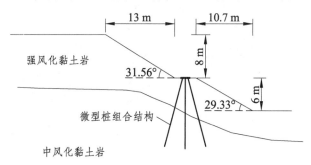

图 8-16　基覆式边坡实例

表 8-4　实例边坡岩土体及结构物理力学参数

名称	容重 γ/（kN/m³）	黏聚力 c/kPa	内摩擦角 φ/（°）	弹性模量 E/MPa	泊松比
强风化黏土岩	20	19	12	30	0.35
中风化黏土岩	20.5	35	20	40	0.32
微型桩	27	—	—	210 000	0.3
顶板	25	—	—	30 000	0.2

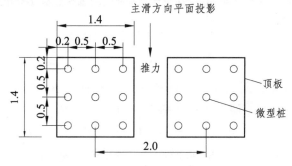

图 8-17　组合结构平面布置图（单位：m）

利用前述的"优化折减法"与"能量法"对组合结构加固下的边坡进行稳定性评价。分述如下：

1. 优化折减法

建立图 8-16 所示边坡的数值模型如图 8-18 所示，坡体材料与组合结构分别采用实体单元模拟与结构单元模拟，横断面外布置 3 个组合结构单元，单元间距 2 m，每个单元含 9 根微型桩。边坡模型单元数为 64 572，节点数为 72 215。边界条件为：底部边界固定，左右边界上施加 y 方向位移约束，前后边界施加 x 方向位移约束。采用 8.2 节中所述的优化算法计算，设置初始下限 $k_1=1.0$，上限 $k_2=1.6$，迭代终止阈值 $\delta=0.01$，迭代计算 6 次，用时约 7 h，计算出边坡在微型桩组合结构加固下的稳定系数为 1.34，满足设计安全系数的要求。当折减系数为 1.34 时的最大剪应变增量云图如图 8-19 所示，可见，边坡的滑动面基本贯通，同时也表明加固后的边坡不会发生越顶破坏。

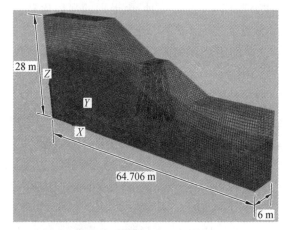

图 8-18　基覆式边坡数值模型

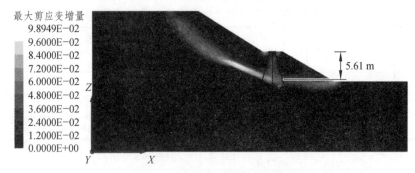

图 8-19　最大剪应变增量云图

2. 能量法

基于前述的数值模型，得到组合结构加固边坡的应力场，利用 8.4 节中的能量法计算，得到临界滑面及其对应的稳定系数如图 8-20 所示。可见，边坡稳定系数为 1.39，最危险潜在滑面穿过组合结构，在中排桩位置处滑面距离桩顶约 2.89 m，滑面前缘距离坡脚 0.4 m。同时，组合结构上坡方向的最危险潜在滑体的安全系数为 1.43，前者控制边坡整体稳定性。两个潜在滑面在坡顶处近乎重合，坡顶滑体宽度为 3.08 m。

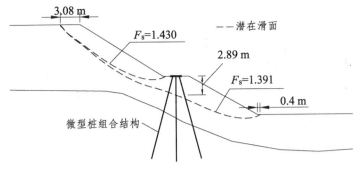

图 8-20　滑面分布及其稳定系数

3. 综合对比

为了验证优化折减法与能量法的正确性，这里将它们计算得到的稳定性评价结果与 Morgenstern-Price 法（MPM）进行比较。各种方法得到的潜在滑面分布特征及其稳定系数如图 8-21、表 8-5 所示。可见，优化折减法得到的滑面与稳定系数均与 MPM 相差不大，而能量法计算得到的滑面较其他两种方法浅，稳定系数也较大。能量法得到的稳定系数比优化折减法约大 4%，但计算时间约减少 95%，具有较高的效率。

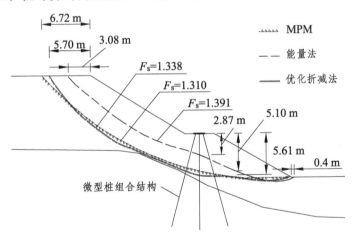

图 8-21　两种分析方法滑面分布及其稳定系数

表 8-5　两种方法稳定性分析结果

项目	F_s	受荷段长度/m	坡顶宽度/m	前缘剪出距离/m	求解时间/s
MPM	1.310	5.10	6.72	-0.15	543.4
优化折减法	1.338	5.61	5.70	-0.15	25 200
能量法	1.391	2.87	3.08	0.4	1506

注：前缘剪出距离指剪出口与坡脚的水平距离，负值表示剪出口出现于坡面。

8.7　本章小结

本章提出了 3 种计算微型桩组合结构加固边坡稳定性分析方法，分别是：基于强度折减技术的快速收敛优化算法、基于双滑面的塑性极限分析上限法、基于变形能与极值原理的能量法，较为详细地介绍了这 3 种方法的原理、特点及适用范围。

针对微型桩组合结构加固均质土坡与基覆式边坡的工程实例，采用所提方法对加固边坡的稳定性进行了评价分析，较为详细地阐明了所提方法的具体计算过程。

对于均质土坡，双滑面极限分析法计算得到的安全系数最大，滑面也较深；能量法计算得到的安全系数则最小，且滑面最浅；三种方法计算得到的安全系数最大相差 5.3%左右，滑面深度相差约 40%。三种方法计算效率由高到低排序为：双滑面极限分析法、能量法、优化折减法，前两者计算时间比优化折减法减少约 90%。

对于基覆式边坡，采用优化折减法与能量法两种方法评价了加固边坡的稳定性，后者求得的安全系数比前者大 4%左右，滑面深度约为前者的 1/2，计算时间约减少 95%。上述 3 种方法计算的安全系数较为接近，但滑面深度有所不同，对于均质土坡，双滑面极限分析较深，对于基覆式边坡，能量法计算滑面深度较浅。

因此，在实际工程应用时，可以综合考虑这 3 种方法的适宜性，以高效地对微型桩组合结构加固边坡的稳定性进行合理评价，为微型桩组合结构加固边坡的合理设计提供依据。

第 9 章

基于锚固机制的结构设计方法

9.1 概　述

微型抗滑桩具有施工快捷、安全高效等诸多优点，在实践中得到越来越广泛的应用。其中，束筋型微型桩抗滑桩结构，一般采用 3 根钢筋组成束筋，将其置入微型钻孔（孔径通常为 130 ~ 150 mm）内，再在其周边灌注水泥砂浆予以保护，并于若干根（例如：4 根、6 根或 9 根）微型桩顶部采用顶板或顶梁进行连接形成一个抗滑结构单元，近年来在工程边坡治理与在滑坡灾害应急抢险中应用十分普遍。由于工程应用先于理论研究，如何合理设计此类微型桩结构一直是相关工程实践中关注的一类焦点问题。

对于微型抗滑桩结构的分析，以往多按受弯构件模式计算。周德培等[60]将滑床对微型抗滑桩结构的约束作用视为固定约束，所分析对象主要为微型桩在滑床以上的部分，采用平面刚架模型，基于横向约束的 Winkler 弹性地基梁理论分析微型抗滑桩结构内力与位移。肖世国等[97]则将微型抗滑桩结构以滑面为界等效拆分为上下两个部分，上部分基于平面刚架模型按弹性地基梁采用"m"法分析，下部分各桩按弹性地基梁采用"k"法分析。孙书伟等[62, 63]基于地基系数 p-y 曲线法，确定微型桩加固边坡的水平抗力，给出了微型桩截面极限弯矩及剪力的分析方法，采用有限差分模式导出了微型桩内力与位移的计算公式。Deng 等[295]和 Xiao 等[296]从坡体稳定性角度分析和讨论了加固土坡的微型桩所提供有效剪力的计算方法，在滑面上下将坡体对微型桩的反力分段视为随深度呈线性增大模式，且假定其可通过极限状态或静止土压力系数确定。Zeng 与 Xiao[297]采用桩位前后两段滑面的极限分析方法，在确定微型桩需提供剪力和弯矩（在滑面处）的基础上，基于平面刚架和弹性地基梁模型建立了微型抗滑桩结构内力及位移计算方法。

以往这些基于微型桩抗弯模式的计算方法，对工程设计提供了借鉴与参考。然而，其中的关键环节在于桩身弯矩计算的合理性。以 3 根钢筋组成的束筋型微型桩为例，不同钢筋类型的单桩设计极限弯矩如表 9-1 所示。可见，对于实践中常用的直径 32 mm 的 HRB400 型钢筋，其设计极限弯矩仅有 5.91 kN·m，而一些分析方法计算得到的桩身设计最大弯矩均超过该极限值。这说明采用抗弯模式分析束筋型微型桩的方法未必合理，其主要原因在于各桩桩前抗力难以合理确定（多以假定处理，保守式弱化了桩前抗力效应）。同时，现行国家标准《滑坡防治设计规范》（GB/T 38509—2020）[300]中基于微型桩抗弯模式给出的计算方法涉及 19 个公式与 42 个计算参数，公式复杂且许多参数又无法准确确定，不便于工程技术人员操作。

表 9-1　束筋型微型桩设计极限弯矩及典型实例最大设计弯矩

钢筋类型	设计强度/ MPa	钢筋直径/ mm	极限弯矩/ kN·m	桩身最大设计弯矩/（kN·m）		
				周德培等[60]	张益锋[298]	曾锦秀[299]
HRB400	360	32	5.91			
HRB400	360	40	11.55	16.9	8.1	12.55
HRB500	435	32	7.14			
HRB500	435	40	13.95			

实际上，由于微型桩结构的桩径较小，桩体两侧的坡体压力作用效果相当，其抗弯效应并不显著，而抗剪及抗拉或抗压效应则相对更为重要。因此，考虑到束筋型微型桩结构的实际作用特点，可将其视为锚固角等于或接近于 90° 的锚杆结构，从而可按类似于锚杆的锚固结构模式分析此类微型桩结构。本章以加固边坡的稳定性为着眼点，基于第 2.3.3 节所述的微型桩加固边坡的锚固作用机制，将微型桩的锚拉与抗剪作用引入到坡体稳定性分析中，建立桩体轴力与剪力计算公式，形成微型抗滑桩结构简化设计方法[304]。这样，既可避免按受弯模式分析中桩前抗力不确定性的问题，也无须涉及诸多计算公式与参数，可大为简化相关工程设计计算。

9.2　设计计算方法

对于微型抗滑桩结构加固边坡，确保边坡稳定性达到设计要求是根本目标。因此，微型抗滑桩结构的主要设计计算步骤包括：

（1）确定加固边坡的稳定性设计安全系数。

（2）确定微型桩布设角度。

（3）确定微型桩设计抗剪与抗拔、抗压作用力。

（4）微型桩桩身抗剪与轴向拉、压强度验算。

（5）桩体锚固段抗拔验算，确定桩体锚固段长度及桩体全长。

（6）根据计算分析，兼顾构造要求与施工方便，拟定结构的基本几何尺寸，包括：单元间距、一个单元中微型桩个数及间距、桩体孔径及其中钢筋数量与类型、顶板或顶梁平面尺寸。

（7）按混凝土结构构造要求确定顶板或顶梁配筋，顶板或顶梁厚度可按施工方便确定，根据工程经验，一般可取 40 ~ 50 cm。

（8）绘制施工设计图。

其中，微型桩设计抗剪与抗拔、抗压作用力计算是关键环节。对于微型桩加固边坡（见图 9-1），可根据加固后坡体稳定性的设计要求，采用式（9-1）表达的传递系数法计算公式，在设计安全系数为 K 时，潜在滑体出口条块（第 n 块）推力为零，以此计算需微型桩提供的剪力和轴力。为简化分析，可近似认为同一顶板或顶梁组合桩群结构下各桩的剪力相同。

$$E_i = KT_i - R_i + E_{i-1}\psi_{i-1} - \Delta E_i \qquad (9\text{-}1)$$

式中，E_i 为第 i 条块向前传递的剩余下滑力；K 为加固边坡稳定性的设计安全系数；T_i 为第

i 条块滑体重力下滑力 $T_i = W_i \cdot \sin\alpha_i$；$R_i$ 为滑面土体抗滑力 $R_i = F_i \cdot \tan\varphi_i + c_i l_i = W_i \cos\alpha_i \cdot \tan\varphi_i + c_i l_i$，其中，$W_i$、$\alpha_i$、$\varphi_i$、$c_i$、$l_i$ 分别为第 i 条块的自重、滑面倾角、滑面内摩擦角、黏聚力和滑面长度；ψ_{i-1} 为第 $i-1$ 条块对第 i 条块的剩余下滑力的传递系数，计算表达式为

$$\psi_{i-1} = \cos(\alpha_{i-1} - \alpha_i) - \sin(\alpha_{i-1} - \alpha_i)\tan\varphi_i \quad (9\text{-}2\text{a})$$

ΔE_i 为微型桩提供的沿滑面的抗滑力，包括桩体沿滑面向剪力 Q 与轴力 N_i 作用两部分，其表达式为

$$\Delta E_i = N_i[\cos(\theta_i - \alpha_i)\tan\varphi_i + \sin(\theta_i - \alpha_i)] + Q \quad (9\text{-}2\text{b})$$

$$N_i = Q[\cos(\theta_i - \alpha_i)f + \sin(\theta_i - \alpha_i)] \quad (9\text{-}2\text{c})$$

式中，N_i 可由桩体 AB 段轴向静力平衡确定，其中不计 AB 段挠曲变形（一般相对较小[60]）对其影响，以简化分析；f 为桩侧面与滑体之间的摩擦系数[301, 302]。

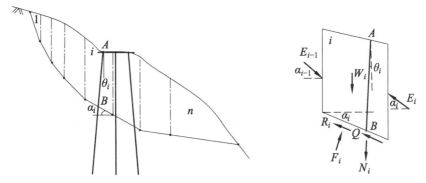

图 9-1　微型桩加固边坡稳定性分析模型

这样，微型桩的设计内力计算就转变为先根据式（9-1）计算桩身剪力 Q（kN/m），再由式（9-2c）计算桩身轴力 N_i（kN/m）。若横断面外微型桩群的间距为 S，相应的微型桩列数为 n，则单孔微型桩设计剪力 Q_d 与轴力 N_{id} 应满足如下条件（3 根钢筋套筒连接成一束）：

$$Q_d = \frac{QS}{n} \leqslant \frac{3\pi d^2 \sigma_s}{4\sqrt{3}\cos(\theta_i - \alpha_i)} \quad (9\text{-}3\text{a})$$

$$N_{di} = \frac{N_i S}{n} \leqslant \frac{3\pi d^2 \sigma_s}{4} \quad (9\text{-}3\text{b})$$

式中，σ_s 为钢筋的设计强度。

因此，根据桩身剪力与轴力，可设计确定每个钻孔中的钢筋直径及钢筋数（一般不超过 3）。此外，根据桩身轴向拉力，按式（9-4）计算其锚固段设计长度 L_m。

$$L_m = \frac{K_m N_i S}{\pi D [\tau] n} \quad (9\text{-}4)$$

式中，K_m 为锚固段长度设计安全系数，可取 1.6~2.0[233]；D 为钻孔直径；$[\tau]$ 为包裹钢筋的水泥砂浆体与岩土体间的容许抗剪强度。

实际上，根据规范[233]，锚固段应同时满足杆体、杆体与砂浆、砂浆与土层的强度检算要求，但由于这里所述的微型桩桩体通常为螺纹钢束筋型结构，而钢筋抗拉断强度、钢

筋与砂浆之间的握裹抗剪强度一般均远大于砂浆与岩土体界面抗剪强度[222]，故后者常为控制设计因素。在必要情况下，其余两者可按相关规范方法验算，这里不再赘述。

需要注意的是，由于桩前土体抗力对微型桩结构稳定性（特别是抗弯）影响很大，在设计和施工中应特别注意桩前土体的稳定性，确保其能为微型桩结构提供必要的抗力，例如：采用框架锚杆或土钉墙防护桩前局部坡体。

9.3 工程实例分析

9.3.1 实例一

图 9-2 所示的四川广元至巴中高速公路 K51 + 166.48 断面路堑边坡，坡体所在场地出露地层主要为崩坡积和坡洪积层（$Q_4^{col+dl+pl}$）、侏罗系中统沙溪庙组地层（J_{2s}）。前者以含角砾低液限黏土、块石土质土与块石夹土为主，其中的土颗粒主要为泥岩全风化产物形成的低液限黏土，土体承载力低，自身的稳定性差；后者则以粉砂质泥岩为主，根据风化程度不同分为强风化粉砂质泥岩（极软，呈碎块状）与弱风化粉砂质泥岩（属软质岩类，岩石呈碎块—大块状，承载力较高，稳定性良好）。

开挖边坡由上覆的覆盖层（含角砾低液限黏土）及下伏基岩（弱风化砂泥岩互层）组成。边坡采用两级放坡，上级地层为含角砾低液限黏土，边坡坡高 8 m、坡率为 1∶1；下级地层主要为弱风化砂泥岩互层，该级边坡坡率为 1∶1.5。考虑到开挖很可能引起覆盖层沿着基岩-覆盖层界面（潜在滑面）发生滑动破坏，在上下级平台（宽约 4.5 m）位置布设 3×3 型（单元）板连式微型抗滑桩结构加固（见图 9-3），覆盖层厚度约为 4.5 m。单元抗滑结构横断面外间距为 3.0 m，微型单桩孔径为 130 mm，由 3 根直径 32 mm 的 HRB400 级螺纹钢组成。微型桩结构平面布置图如图 9-3 所示，排间距、列间距分别为 0.6 m、0.5 m，顶板边缘距边桩 0.2 m。中排桩直立，前、后排桩与竖向倾角 15°，前排桩、中排桩与后排桩的受荷段长度分别约为 4.72 m、4.56 m 与 4.72 m。顶板采用 C30 混凝土浇筑的钢筋混凝土结构。边坡岩土体物理力学参数如表 9-2 所示。

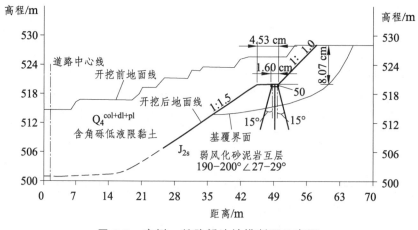

图 9-2 实例一某路堑边坡横断面示意图

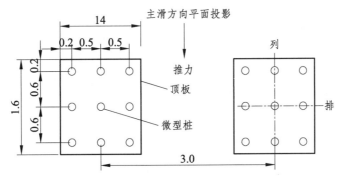

图 9-3　微型抗滑桩结构平面布置图（单位：m）

表 9-2　实例一边坡岩土体主要物理力学参数

名称	重度/（kN/m³）	黏聚力/kPa	内摩擦角/（°）
含角砾低液限黏土	20	15	13.2
弱风化砂泥岩互层	23	100	40

1. 桩身抗剪与抗拉压验算

根据相关规范[234]，边坡设计安全系数取 1.30，对边坡潜在滑体进行条分，条块及其编号如图 9-4 所示。

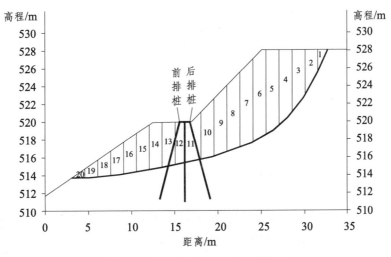

图 9-4　实例一边坡滑体分条图示

由地层条件，桩土间摩擦系数取为 0.4，按式（9-1）可计算得沿滑面方向桩身剪力为 103.61 kN/m（相应各条块剩余推力值见表 9-3），由式（9-3a）可得单孔微型桩设计剪力为 103.61 kN，后排、中排、前排的设计轴力分别为 45.1 kN、19.0 kN 和 -8.2 kN（负值表示压力）。

于是，按式（9-3a）进行桩身抗剪验算为

$$Q_d = 103.61 \text{ kN} \leqslant \frac{3\pi d^2 \sigma_s}{4\sqrt{3}\cos(\theta_i - \alpha_i)} = \begin{cases} 292.7 \text{ kN} & \text{（后排）} \\ 299.1 \text{ kN} & \text{（中排）} \\ 293.2 \text{ kN} & \text{（前排）} \end{cases}$$

按式（9-2c）、（9-3b）进行桩身抗拉或抗压验算为

$$N_{di} = \begin{cases} 45.1\ \text{kN} & \text{(后排)} \\ 19.0\ \text{kN} & \text{(中排)} \\ -8.2\ \text{kN} & \text{(前排)} \end{cases} \leqslant \frac{3\pi d^2 \sigma_s}{4} = 506.7\ \text{kN}$$

表 9-3　实例一各条块剩余推力计算结果

分条号 i	滑面长度 l_i/m	滑面倾角 α_i/(°)	滑体重力 W_i/kN	剩余推力 E_i/kN	备注
1	2.558	64	25.46	−11.25	
2	3.397	61	128.40	80.44	
3	2.517	52	195.00	210.35	
4	2.140	47	235.72	359.56	
5	2.070	34	321.20	471.37	
6	1.754	29	308.56	564.80	
7	1.649	21	286.20	586.80	
8	1.603	18	253.58	600.05	
9	1.751	16	241.78	600.64	
10	1.608	14	191.50	587.89	
11	1.961	13	188.96	452.32	后排桩
12	1.220	12	117.05	332.85	中排桩
13	1.554	11	156.95	205.45	前排桩
14	1.554	11	164.00	185.06	
15	1.583	10	151.94	159.74	
16	1.678	7	136.15	122.27	
17	1.508	6	96.56	89.73	
18	1.575	5	74.03	56.81	
19	1.624	4	47.65	25.38	
20	1.492	2	14.72	0.00	出口

2. 桩体锚固段长度设计

由地层条件，取砂浆与锚固段地层间的容许抗剪强度为 50 kPa，锚固段长度设计安全系数取为 1.8，按式（9-4）算得锚固段长度为

$$L_m = \frac{K_m N_i S}{\pi D [\tau] n} = \frac{1.8 \times 45.1 \times 3}{3.14 \times 0.13 \times 50 \times 3} = 3.98\ \text{m}$$

因此，桩体设计全长为 4.72+3.98=8.70 m，取 9 m。

考虑施工操作方便，顶板厚度取 0.5 m，按一般混凝土板构造要求进行配筋设计。

3. 现场监测与工程应用效果

现场待微型桩顶板达到 28 天强度之后，监测轴力相对最大的后排桩轴向应力随桩体深度变化曲线如图 9-5 所示。可见，桩身轴向应力最大值位于滑面附近，其值约为 17.5 MPa，小于设计值 32 MPa，其原因在于实际监测坡体未达到极限状态，而设计按坡体处于极限状

态考虑。这也说明所设计的微型抗滑桩结构处于安全工作状态，与实际所显示的加固边坡稳定性状态良好的效果相一致（见图 9-6）。

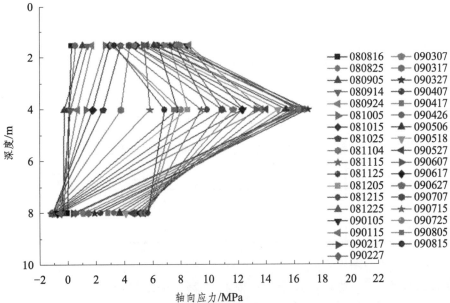

图 9-5　实例一微型桩轴力现场监测曲线

图 9-6　实例一微型桩结构加固路堑边坡竣工后现场照片

9.3.2 实例二

如图 9-7 所示的云南广通至大理铁路 DK63+160 断面路堑边坡，坡体由上覆的含角砾低液限黏土、强风化砂泥岩及下伏基岩（弱风化砂岩）组成。边坡采用三级放坡，上级、中级、下级坡高分别为 7.3 m、8 m、8 m，坡率分别为 1∶1.5、1∶1.25、1∶0.75，中、下级坡面采用框架锚杆防护。根据现场钻孔监测及综合分析，确定开挖边坡潜在滑面位于强风化砂岩中（见图 9-7），为 4 段折线型滑面（分条见图 9-7）。为此，在下级坡顶平台（宽约 3 m）位置布设 3×3 型（单元）板连式微型抗滑桩结构加固，设桩处滑体厚度约为 8 m。单元抗滑结构横断面外间距为 4.0 m。顶板构造、单元抗滑结构中桩体布置及微型单桩构造均同实例一。边坡岩土体物理力学参数如表 9-4 所示。

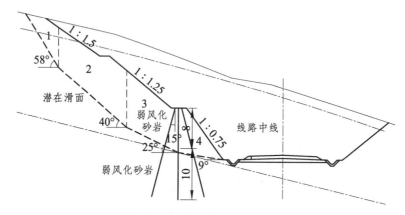

图 9-7　实例二某路堑边坡横断面示意图

表 9-4　实例二边坡岩土体主要物理力学参数

名称	重度/（kN/m³）	黏聚力/kPa	内摩擦角/（°）
强风化砂岩	20	0	30
弱风化砂岩	24	100	40

1. 桩身抗剪与抗拉压验算

根据相关规范[303]，边坡设计安全系数取 1.25。由地层条件，桩土间摩擦系数取为 0.57。按式（9-1）可计算得沿滑面方向桩身需提供的剪力为 134.98 kN/m（相应各滑块剩余推力值见表 9-5），由式（9-3a）可得单孔微型桩设计剪力为 179.97 kN，后排、中排、前排的轴力分别为 120.8 kN、73.2 kN、20.5 kN。

于是，按式（9-3a）进行桩身抗剪验算为

$$Q_d = 134.98 \text{ kN} \leqslant \frac{3\pi d^2 \sigma_s}{4\sqrt{3}\cos(\theta_i - \alpha_i)} = \begin{cases} 294.1 \text{ kN} & \text{（后排）} \\ 296.2 \text{ kN} & \text{（中排）} \\ 294.1 \text{ kN} & \text{（前排）} \end{cases}$$

按式（9-2c）、（9-3b）进行桩身抗拉或抗压验算为

$$N_{di} = \begin{cases} 120.8 \text{ kN} & (\text{后排}) \\ 73.2 \text{ kN} & (\text{中排}) \\ 20.5 \text{ kN} & (\text{前排}) \end{cases} \leqslant \frac{3\pi d^2 \sigma_s}{4} = 506.7 \text{ kN}$$

表 9-5　实例二各条块剩余推力计算结果

分条号 i	滑面长度 l_i/m	滑面倾角 α_i/（°）	滑体重力 W_i/kN	剩余推力 E_i/kN
1	12.39	58	569.34	429.35
2	18.03	40	2 598.07	1 270.18
3	10.96	25	1 904.76	850.16
4	9.83	9	1 033.90	0.00

2. 桩体锚固段长度设计

由地层条件，取砂浆与锚固段地层间的容许抗剪强度为 75 kPa，锚固段长度设计安全系数取为 1.8，按式（9-4）计算得锚固段长度为

$$L_m = \frac{K_m N_i S}{\pi D [\tau] n} = \frac{1.8 \times 120.8 \times 4}{3.14 \times 0.13 \times 75 \times 3} = 9.47 \text{ m}$$

因此，桩体设计全长为 8+9.47 m=17.47 m，取 18 m。

9.4　本章小结

本章采用锚固作用模式分析束筋型微型桩加固边坡问题，将微型桩轴力与剪力引入加固边坡的稳定性分析中，基于传递系数法建立束筋型微型桩设计计算的简化方法，主要得到如下结论：

（1）微型抗滑桩对坡体所提供的沿滑面的抗滑力，包括桩体沿滑面向剪力与桩身轴力作用两部分，在通过传递系数法分析加固边坡稳定性时，两者共同以阻抗作用方式呈现于剩余推力计算表达式中。根据加固边坡稳定性设计安全系数要求，可计算确定微型桩设计剪力与轴力。其间，可反映微型桩的竖向倾角、桩间距等要素对桩体内力的影响。

（2）实例分析表明，对于 3 排束筋型微型桩组成的单元抗滑结构，其后排桩承受轴向拉力、前排桩可能承受轴向压力、中排桩通常承受轴向拉力。对于 3 排微型桩的轴力绝对值，后排桩最大，起控制设计作用。

（3）对于微型桩结构加固边坡，工程实践中在抗弯作用机制难以合理量化分析（合理确定桩前抗力）的情况下，对于微型桩抗滑结构加固边坡的设计计算，建议基于锚固作用机制进行设计，操作过程简单明确。

第 10 章

多级微型桩结构分析方法

10.1 概　述

微型桩群作为一种轻型支挡结构，因其施工操作便捷性、安全性等诸多优点在中小型滑坡或边坡治理工程中得到逐渐应用。但是在实际工程中，通常采用的是单排微型桩群加固坡体，如前所述，这对于单级或二级的低矮中小型边坡可能适用，但对于多级（例如：超过 3 级）的高边坡工程，因滑坡推力较大，可能采用单排微型桩群就不再适用。这时，若采用普通抗滑桩这类较为重型的支挡结构，虽有一定的优点，但容易出现技术、经济、施工操作等方面的困难和问题，甚至是较为不合理之处。因此，有必要考虑寻求新型的结构轻型、技术经济合理且施工操作简单方便的适用于多级边坡的抗滑支挡结构。为此，可在单排微型桩群的基础上，再在多级边坡中某一级或几级上施作长度不等的顶板连接式微型桩群，由此即形成加固高边坡的多排微型桩群，如图 10-1 所示。

对于这种多级微型桩群结构，计算分析中的关键环节在于合理确定作用于各级微型桩群上的坡体压力，然后即可按照前述的单级微型桩群的方法确定各级微型桩群的内力和变形。本章将主要讨论多级微型桩群上滑坡推力的分析方法。

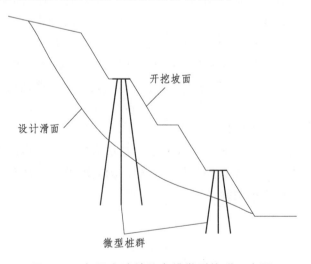

图 10-1　加固高边坡的多排微型桩群示意图

10.2 分析方法

10.2.1 各级微型桩群上滑坡推力

如图 10-2 所示的抗滑桩受荷段分析图式，受荷段高度为 h_1，假定受荷段桩后的滑坡推力呈矩形分布。在滑坡推力 q 作用下，受荷段桩体产生侧向位移 δ。采用 Winkler 弹性地基模型，即认为受荷段前侧各点处的抗力等于各点处的侧向弹性地基系数乘以其侧向位移。为了简化分析问题，假设各点弹性地基系数随深度不变，即采用"k"法分析。于是，可以得到抗滑桩受荷段的挠曲微分方程如式（10-1）所示。

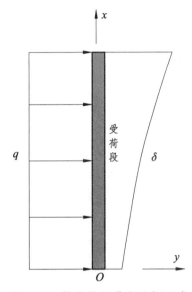

图 10-2　抗滑桩受荷段分析图式

$$\frac{\mathrm{d}^{(4)}y}{\mathrm{d}x^{(4)}} + \frac{kb_0}{EI}y = \frac{q}{EI} \tag{10-1}$$

令 $\beta = \sqrt[4]{\dfrac{kb_0}{4EI}}$，则

$$\frac{\mathrm{d}^{(4)}y}{\mathrm{d}x^{(4)}} + 4\beta^4 y = \frac{q}{EI} \tag{10-2}$$

式（10-2）的齐次通解为

$$y = \mathrm{e}^{\beta x}(C_1 \cos\beta x + C_2 \sin\beta x) + \mathrm{e}^{-\beta x}(C_3 \cos\beta x + C_4 \sin\beta x) \tag{10-3}$$

式（10-2）的非齐次特解为

$$y = \frac{q}{4EI\beta^4} = \frac{q}{kb_0} \tag{10-4}$$

于是，式（10-2）的通解为

$$y = \mathrm{e}^{\beta x}(C_1 \cos \beta x + C_2 \sin \beta x) + \mathrm{e}^{-\beta x}(C_3 \cos \beta x + C_4 \sin \beta x) + \frac{q}{kb_0} \tag{10-5}$$

式（10-5）中有 4 个待定系数 C_1、C_2、C_3、C_4，可根据受荷段边界条件确定。根据图 10-2 所示的分析图式，有如下 4 个条件：

（1）$x = 0$，侧向位移 $y = y_0$；

（2）$x = 0$，截面转角 $\theta = \theta_0$；

（3）$x = h_1$，弯矩 $M = 0$；

（4）$x = h_1$，剪力 $Q = 0$。

于是，可得如下联立方程组：

$$\left. \begin{aligned} C_1 + C_3 &= y_0 - \frac{q}{kb_0} \\ C_1 + C_2 - C_3 + C_4 &= \frac{\theta_0}{\beta} \\ y''_{x=h_1} &= 0 \\ y'''_{x=h_1} &= 0 \end{aligned} \right\} \tag{10-6}$$

根据式（10-6）可以解得 4 个待定系数，则式（10-5）即可确定。于是，可得到受荷段底端剪力 Q_0 和弯矩 M_0 分别为

$$Q_0 = \int_0^{h_1} (q - kyb_0)\mathrm{d}x \tag{10-7}$$

$$M_0 = \int_0^{h_1} (q - kyb_0)x\mathrm{d}x \tag{10-8}$$

据此计算得到滑面处 Q_0、M_0，代入计算抗滑桩锚固段内力和变形，计算得到滑面处的位移 y_0、转角 θ_0，前后相邻两次比较，达到精度要求（例如：相对误差为 1%）即可，否则继续迭代计算。

这样，单位厚度的抗滑桩前侧土体的抗力沿水平方向合力为

$$\Delta E = \int_0^{h_1} kyb_0/L \, \mathrm{d}x \tag{10-9}$$

式中，L 为平面外桩间距。

进而，根据传递系数法，对于位于本抗滑桩前一排的抗滑桩，计算其桩后滑坡推力时第 1 土条向前传递的推力为：

（1）实际推力。

$$E_1 = W_1 \sin \alpha_1 - W_1 \cos \alpha_1 \tan \varphi_1 - c_1 l_1 + \Delta E \cos \alpha_1 + \Delta E \sin \alpha_1 \tan \varphi_1 \tag{10-10}$$

$$E_i = W_i \sin \alpha_i - W_i \cos \alpha_i \tan \varphi_i - c_i l_i + \psi_i E_{i-1} \quad (i>1) \tag{10-11}$$

（2）滑体超载法设计推力。

$$E_1 = F_s W_1 \sin \alpha_1 - W_1 \cos \alpha_1 \tan \varphi_1 - c_1 l_1 + \Delta E \cos \alpha_1 + \Delta E \sin \alpha_1 \tan \varphi_1 \qquad (10\text{-}12)$$

$$E_i = F_s W_i \sin \alpha_i - W_i \cos \alpha_i \tan \varphi_i - c_i l_i + \psi_i E_{i-1} \quad (i>1) \qquad (10\text{-}13)$$

式中，ψ_i 为传递系数，$\psi_i = \cos(\alpha_{i-1} - \alpha_i) - \sin(\alpha_{i-1} - \alpha_i)\tan\varphi_i$。

（3）滑面强度折减法设计推力。

$$E_1 = W_1 \sin \alpha_1 - W_1 \cos \alpha_1 \tan \varphi_1 / F_s - c_1 l_1 / F_s + \Delta E \cos \alpha_1 + \Delta E \sin \alpha_1 \tan \varphi_1 / F_s \qquad (10\text{-}14)$$

$$E_i = W_i \sin \alpha_i - W_i \cos \alpha_i \tan \varphi_i / F_s - c_i l_i / F_s + \psi_i' E_{i-1} \quad (i>1) \qquad (10\text{-}15)$$

式中，ψ_i' 为传递系数，$\psi_i' = \cos(\alpha_{i-1} - \alpha_i) - \sin(\alpha_{i-1} - \alpha_i)\tan\varphi_i / F_s$。

根据上述分析方法，对于多级微型桩群，可采用复合地基法确定每一微型桩组合单元的综合抗弯刚度 EI，根据相应 EI 下普通抗滑桩的滑坡推力与坡体抗力分析结果，确定各级微型桩组合单元结构后的滑坡推力，然后采用第 2 章所述的单级微型桩群受力分析法计算每个微型桩组合体单元的内力和变形。另外，对于最前一级微型桩群的前侧抗力，取按上述方法计算值和受荷段前侧岩土体剩余抗滑力中的小值。

10.2.2　工程实例分析

为了进一步说明前述分析方法，以遂资高速公路 K12 工点软岩高边坡工程为例。如图 10-3 所示的典型工点横断面，坡体主要为强风化和弱风化的泥岩组成，拟分 4 级开挖形成该路堑边坡，其中自路面起的 1~3 级边坡均采用坡率为 1∶0.75、坡高为 8 m 方式放坡，4 级坡采用 1∶1 的坡率放坡，其中 2 等级平台宽度为 2 m，其余平台宽度为 1.5 m。拟采用多级微型桩技术加固此高边坡。

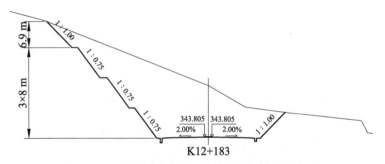

图 10-3　遂资高速公路 K12 工点典型横断面图

对该路堑高边坡，坡体材料的物理力学参数如表 10-1 所示。在开挖不加固的情况下，采用数值模拟分析方法（强度折减）确定的边坡稳定系数为 1.2，相应的潜在滑面如图 10-4 所示。稳定系数不满足边坡设计安全系数要求的 1.3，因此需要进行加固。针对该设计滑面，拟采取两级微型桩群加固该路堑高边坡，分别设置在 1、3 级的平台上，如图 10-5 所示。每一级的单元微型桩群布置如图 10-6 所示，单元微型桩群由 3×3 根微型桩及浇筑在其顶部的钢筋混凝土板组成，每根微型桩又由 3 根 ϕ32 钢筋组成，后一级微型桩长度为 20 m，前一级微型桩长度为 10 m。各单元微型桩群中两侧的微型桩向中间倾斜，但角度不超过 10°。

图 10-4　开挖边坡潜在滑面（单位：m）

表 10-1　坡体材料及微型桩的物理力学参数

名称	弹性模 E/MPa	重度 γ/（kN/m³）	黏聚力 c/kPa	内摩擦角 ϕ/（°）	泊松比
潜在滑体	100	21.0	50.0	25	0.28
滑床	500	22.0	100.0	35	0.25
微型桩	210 000	78.5	—	—	0.33

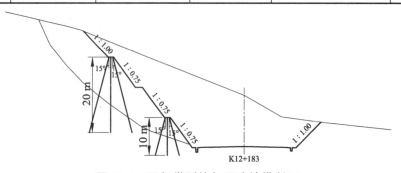

图 10-5　两级微型桩加固边坡横断面

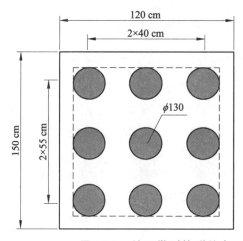

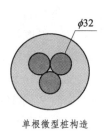

单根微型桩构造

图 10-6　单元微型桩群的布置与构造

取坡体设计安全系数为 1.3，单元微型桩群间距为 4 m，则由第 4.2 节所述的理论分析方法可算得，后一级、前一级微型桩群后侧与前侧的滑坡推力和坡体抗力分别为 875 kN/m 和 644 kN/m、533 kN/m 和 325 kN/m。于是，再利用第 2 章中所述的分析方法，可确定各微型桩组合结构的内力和变形。后一级微型桩群的弯矩和剪力计算结果如图 10-7、10-8 所示；后一级微型桩受荷段轴力如图 10-9 所示；前一级微型桩群的弯矩和剪力计算结果如图 10-10、10-11 所示；前一级微型桩受荷段轴力如图 10-12 所示。可见，对于后一级微型桩群，后中前三排桩的最大弯矩分别约为 5.0 kN·m、3.5 kN·m 和 2.8 kN·m，且均出现在滑面附近；后中前三排桩的最大剪力分别约为 5.0 kN、3.3 kN 和 2.7 kN，且均出现在滑面下约 1 m 处；受荷段内力在距滑面深 4 m 以下几乎为零；后中前三排桩的最大轴力分别为 209 kN、161 kN、-153 kN（压力），分别出现在距桩顶深 8.5 m、7.5 m、6.5 m 处。对于前一级微型桩群，后中前三排桩的最大弯矩分别约为 3.3 kN·m、2.8 kN·m 和 2.6 kN·m，且均出现在滑面附近；后中前三排桩的最大剪力分别约为 3.2 kN、2.7 kN 和 2.5 kN，且均出现在滑面下约 1 m 处；受荷段内力在距滑面深 4 m 以下几乎为零；后中前三排桩的最大轴力分别为 20 kN、-16 kN、-15.7 kN（压力），分别出现在距桩顶深 5.1 m、3.0 m、3.0 m 处。因此，除后级坡的桩体轴力较大外，各桩的弯矩和剪力均较小，而且受荷段内力主要分布在距滑面深 4 m 以内，其下几乎为零。这可能是由于作用于各排微型桩群上剩余推力较小的原因造成的，例如：后一级微型桩群上的剩余推力为 231 kN/m，前一级则为 208 kN/m。因而，在此工点可以采用两级微型桩群加固边坡，且有充分的安全储备。

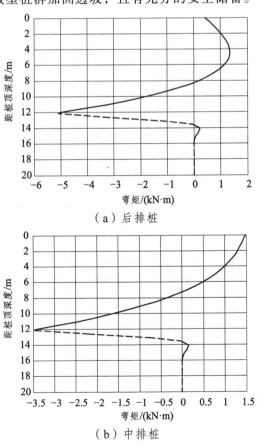

（a）后排桩

（b）中排桩

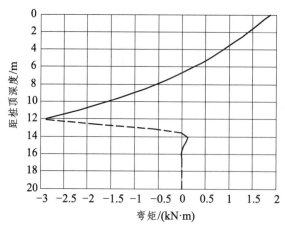

（c）前排桩

图 10-7　后一级微型桩群的弯矩

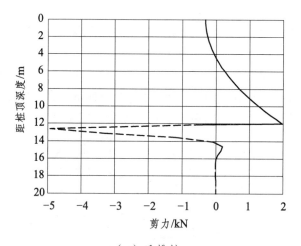

（a）后排桩

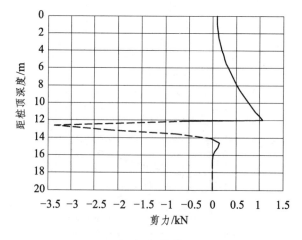

（b）中排桩

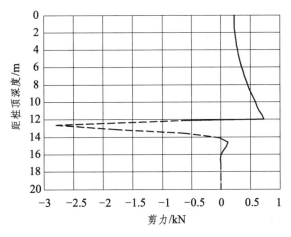

（c）前排桩

图 10-8　后一级微型桩群的剪力

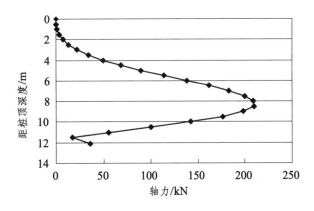

（a）后排桩

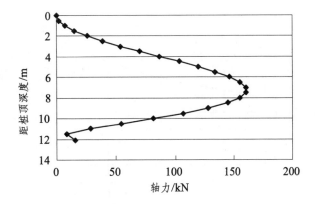

（b）中排桩

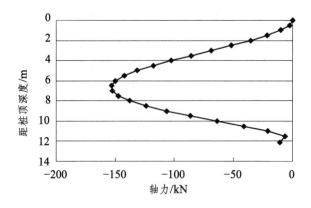

（c）前排桩

图 10-9　后一级微型桩群受荷段的轴力

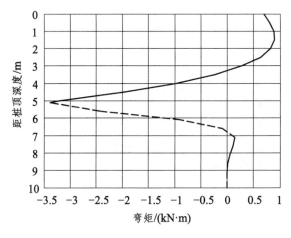

（a）后排桩

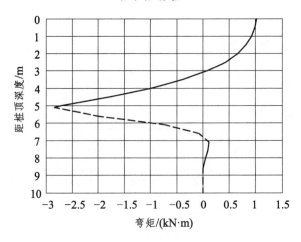

（b）中排桩

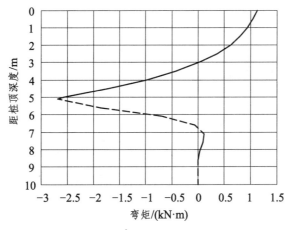

（c）前排桩

图 10-10　前一级微型桩群的弯矩

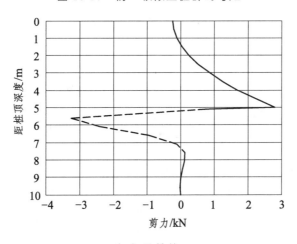

（a）后排桩

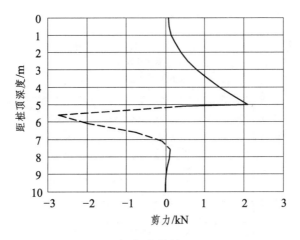

（b）中排桩

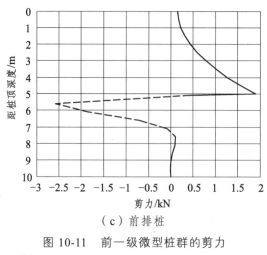

（c）前排桩

图 10-11　前一级微型桩群的剪力

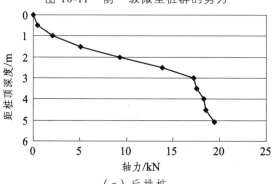

（a）后排桩

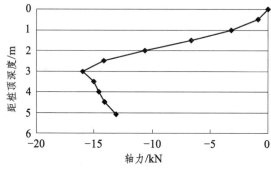

（b）中排桩

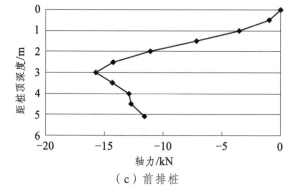

（c）前排桩

图 10-12　前一级微型桩群受荷段的轴力

10.3 模型试验

10.3.1 试验模型

为了进一步模拟分析多级微型桩群加固软岩高边坡的物理力学特征，参考实际工程情况，本研究进行了室内物理模型试验。试验主要参考遂资高速公路 K12+183 典型工点，综合考虑原型边坡高度及试验场地条件，确定试验模型与原型之间的几何缩尺比例为 1∶18。模型箱尺寸为 2 m（净高）×3 m（净长）×0.6 m（净宽），进行了 3 组试验，分别为：模型一——三级微型桩群、模型二——两级较小排距的微型桩群、模型三——两级较大排距的微型桩群。考虑到设计潜在滑面特征，3 组试验模型及细部尺寸如图 10-13 所示。试验模型照片如图 10-14 所示。

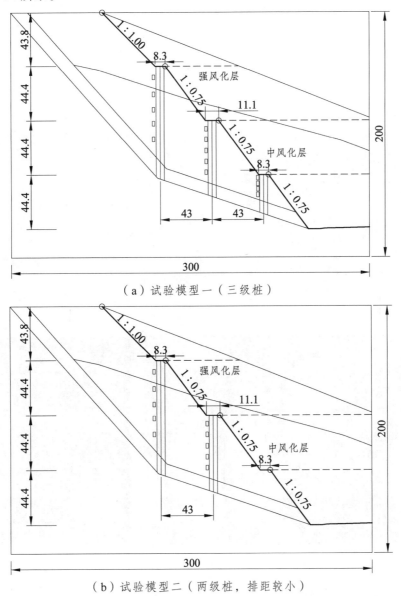

（a）试验模型一（三级桩）

（b）试验模型二（两级桩，排距较小）

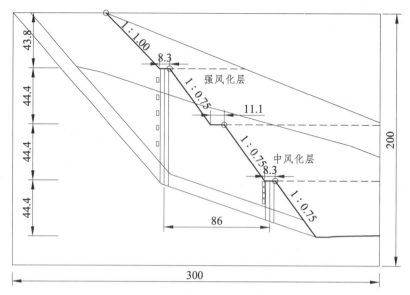

（c）试验模型三（两级桩，排距较大）

图 10-13　试验模型

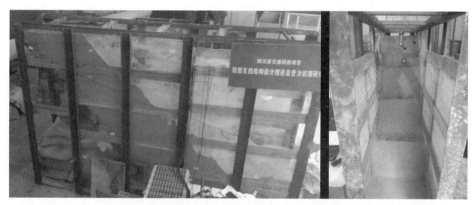

（a）试验模型一

（b）试验模型二

（c）试验模型三

图 10-14　试验模型照片

在试验中，滑面材料采用极细的粉砂模拟，滑床（微型桩锚固段部分）采用 325 号硅酸盐水泥浇筑，单根微型桩采用外径约为 16 mm 的 PVC 管模拟，各级微型桩长度分别约为 90 cm、60 cm、30 cm，桩体穿过滑体及滑面锚固在滑床上。坡体强、中风化层分别采用细砂、中砂、滑石粉、重晶石粉等以不同配比模拟。通过物理力学参数试验，确定试验模型材料的主要参数如表 10-2 所示。

表 10-2　试验模型材料主要物理力学参数

地层	重度/（kN/m^3）	黏聚力/kPa	内摩擦角/（°）
强风化层	20	25	22
中风化层	21	20	35
滑面	19	0	15

桩顶连接顶板采用截面为 8 cm×8 cm×3 cm（厚）的木板模拟，试验中每级坡各对称设置 3 组微型桩群，间距为 16.7 cm，边距为 13.3 cm。模型微型桩群如图 10-15 所示。

图 10-15　模型微型桩群

10.3.2　测点布设与试验操作

1. 测点布设

为了测出在不同开挖阶段各级微型桩群的受力特征，采用高精度微型压力传感器测设微型桩桩后的坡体压力，并在最上面一级边坡坡顶和坡脚处布设了百分表，用以测试开挖施工过程中的坡面位移情况。

具体而言，对于模拟三级桩的试验模型一，如图 10-13（a）所示，在后级、中级、前级微型桩群的后侧分别沿桩长方向等间距对称布设了 5 个、5 个、4 个土压力盒，土压力盒间距分别为 0.15 m、0.10 m、0.06 m，共计 14 个微型土压力盒；在四级坡的坡顶与坡脚分别布设了一个百分表，共计 2 个百分表。对于模拟两级排距较小微型桩的试验模型二，如图 10-13（b）所示，在后级、中级微型桩群的后侧分别沿桩长方向等间距对称布设了 5 个、5 个土压力盒，土压力盒间距分别为 0.15 m、0.10 m，共计 10 个微型土压力盒；在四级坡的坡顶与坡脚分别布设了一个百分表，共计 2 个百分表。对于模拟两级排距较大微型桩的试验模型三，如图 10-13（c）所示，在后级、前级微型桩群的后侧分别沿桩长方向等间距对称布设了 5 个、4 个土压力盒，土压力盒间距分别为 0.15 m、0.06 m，共计 9 个微型土压力盒；在四级坡的坡顶与坡脚分别布设了一个百分表，共计 2 个百分表。试验中土压力盒测点布设如图 10-16 所示，百分表布设如图 10-17 所示。

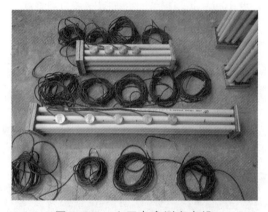

图 10-16　土压力盒测点布设

图 10-17　百分表测点布设

2. 试验操作过程

模拟实际工程分级开挖支挡过程，试验主要操作过程如下：

（1）根据表 10-2 所示的参数经过多次配比试验配制成模型土体后，将其按地层位置分层填筑于模型箱内，其间，每填筑 10 cm 进行一次压实，以确保地层重度达到参数要求，如图 10-18（a）所示。

（2）整个模型均填筑完成后，静置 4 h，如图 10-18（b）所示。

（3）从坡体顶部开始，按设计位置完成最上面一级坡体的开挖，如图 10-18（c）所示。

（4）在最上面一级坡顶及坡脚设置测试坡面位移的百分表，以便监测坡体变形状况，如图 10-18（d）所示。

（5）最上面一级坡坡脚安装好微型桩群，静置 10 min，测读微型土压力盒读数及百分表读数，如图 10-18（d）所示。

（6）按照设计坡面线开挖下一级坡体，完成后静置 10 min，测读土压力盒及百分表读数，如图 10-18（d）所示。

（7）对于模型一、二、三，分别根据微型桩群的设计位置安装微型桩，静置 10 min，测读微型土压力盒及百分表读数。

（8）以此类推，直至最下面一级坡体开挖完成，如图 10-18（e）所示。

（a）模型分层填筑

（b）模型填筑完成

（c）四级坡体开挖完成与设置微型桩群

（d）三级与二级坡施工完成

（e）一级坡开挖完成

图 10-18　模型试验操作过程

10.4　试验结果与分析

10.4.1　模型一——三级微型桩

试验过程中在各级坡体开挖施工完成后，测得各级微型桩群后侧的坡体压力如图 10-19 所示。采用第 10.2 节所述理论分析方法，计算得到的各级微型桩群后侧坡体压力合力及其与试验值的对比如图 10-20 所示。可见，各级桩后侧坡体压力分布均呈中间大两端小的抛物线形模式，其顶点位于受荷段的中下部；同时，后级桩的桩后坡体压力合力与中前级的比值为后级：中级：前级=1：0.61：0.13，后级桩承担的坡体压力最大，前级桩承担的最小。

同时，从图 10-20 中坡体压力的理论值与试验值对比可见，桩后坡体压力的试验结果与理论结果有一定的误差，其中后级桩的误差最大，约为 11.3%，中前级桩分别为 4.9%、7.6%，理论值偏大，这在一定程度上说明了前述理论计算方法的合理性，并具有偏保守的特点。

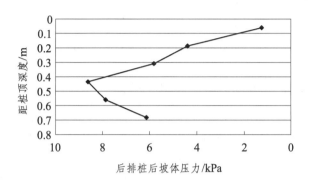

（a）后级桩

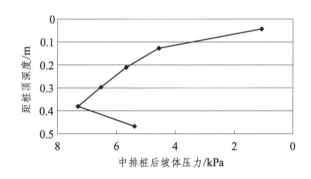

（b）中级桩

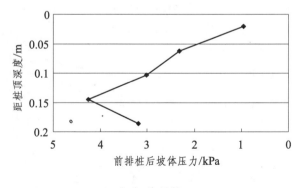

（c）前级桩

图 10-19　各级坡开挖施工完成后各级桩后侧坡体压力

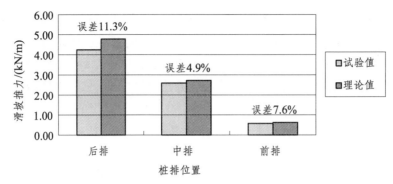

图 10-20　桩后坡体压力合力的理论值与试验值对比

10.4.2　模型二——两级较小排距的微型桩

试验过程中，在各级坡体开挖施工完成后，测得各级微型桩群后侧的坡体压力如图 10-21 所示。采用第 10.2 节所述理论分析方法，计算得到的各级微型桩群后侧坡体压力合力及其与试验值的对比如图 10-22 所示。可见，各级桩后侧坡体压力分布均呈中间大两端小的抛物线形模式，其顶点位于受荷段的中下部；同时，后级桩的桩后坡体压力合力与中级的比值为后级：中级=1：0.57，中级桩承担的坡体压力约为后级桩承担的 60%。

同时，从图 10-22 中坡体压力的理论值与试验值对比可见，桩后坡体压力的试验结果与理论结果有一定的误差，其中后级桩的误差最大，约为 10.9%，中级桩为 2.3%，理论值偏大，这在一定程度上说明了前述理论计算方法的合理性，并具有偏保守的特点。

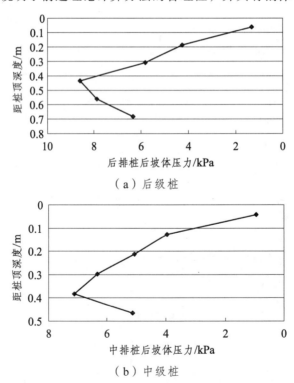

（a）后级桩

（b）中级桩

图 10-21　各级坡开挖施工完成后各级桩后侧坡体压力

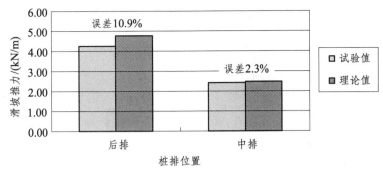

图 10-22　桩后坡体压力合力的理论值与试验值对比

10.4.3　模型三——两级较大排距的微型桩

试验过程中，在各级坡体开挖施工完成后，测得各级微型桩群后侧的坡体压力如图 10-23 所示。采用第 10.2 节所述理论分析方法，计算得到的各级微型桩群后侧坡体压力合力及其与试验值的对比如图 10-24 所示。可见，各级桩后侧坡体压力分布均呈中间大两端小的抛物线形模式，其顶点位于受荷段的中下部；同时，后级桩的桩后坡体压力合力与前级的比值为后级：前级=1：0.21，前级桩承担的坡体压力约为后级桩的 20%。

同时，从图 10-24 中坡体压力的理论值与试验值对比可见，桩后坡体压力的试验结果与理论结果有一定的误差，其前级桩的误差最大，约为 17.4%，后级桩为 11.9%，理论值偏大，这在一定程度上说明了前述理论计算方法的合理性，并具有偏保守的特点。

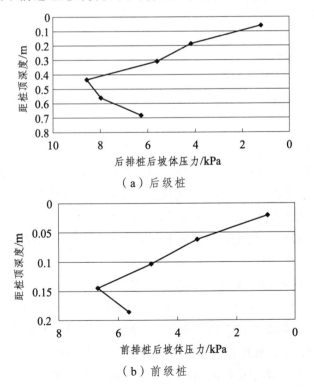

（a）后级桩

（b）前级桩

图 10-23　各级坡开挖施工完成后各级桩后侧坡体压力

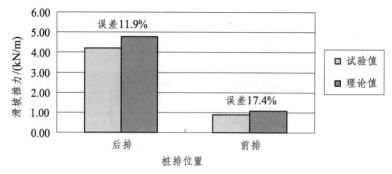

图 10-24　桩后坡体压力合力的理论值与试验值对比

10.5　本章小结

本章主要论述了多级微型桩群的计算分析方法。关于多级微型桩群的计算，关键在于确定作用在各级微型桩群上的滑坡推力荷载，这里提出采用侧向弹性地基约束法确定各级微型桩群上的滑坡推力荷载。即，将各级微型桩群受荷段前侧所受到的坡体约束视为侧向 Winkler 地基，利用桩土变形协调关系，确定作用于桩前的坡体抗力，待后一级微型桩群的前侧坡体抗力确定后，再利用传递系数法计算前一级微型桩群上的滑坡推力，以此类推，即可确定作用于各级微型桩群上的滑坡推力。确定出作用于各级微型桩群上的滑坡推力后，即可采用第 2 章所述方法计算微型桩群中各桩的内力和变形。

遂资高速公路 K12 工点软岩高边坡双级微型桩群加固工程算例分析表明，对于本工点，后一级微型桩群中桩身最大弯矩和剪力、轴力分别为 5 kN·m 和 5 kN、209 kN，前一级微型桩群中桩身最大弯矩和剪力、轴力分别为 3.3 kN·m 和 3.2 kN、20 kN。除后级坡桩体轴力较大外，各桩的弯矩和剪力均较小，而且受荷段内力主要分布在距滑面深 4 m 以内，其下几乎为零。这是可能是由于作用于各级微型桩群上剩余推力较小（后一级剩余推力为 231 kN/m，前一级则为 208 kN/m）的原因造成的。因此，在此工点可以采用两级微型桩群加固边坡，且有充分的安全储备。

同时，依托遂资高速公路 K12 工点典型路堑高边坡工程，阐述了采用室内模型试验方法（缩尺比例为 1∶18）研究加固路堑高边坡的多级微型桩群的受力作用特征。本章进行了三类多级微型桩群的模型试验，主要得到了如下结果：

（1）各级微型桩群桩后侧坡体压力分布均呈中间大两端小的抛物线形模式，其顶点位于受荷段的中下部。

（2）在三级微型桩群的情况下，后级桩的桩后坡体压力合力与中前级的比值为后级∶中级∶前级=1∶0.61∶0.13，后级桩承担的坡体压力最大，前级桩承担的最小。

（3）在两级较小排距微型桩群的情况下，后级桩的桩后坡体压力合力与中级的比值为后级∶中级=1∶0.57，中级桩承担的坡体压力约为后级桩承担的 60%。

（4）在两级较大排距微型桩群的情况下，后级桩的桩后坡体压力合力与前级的比值为后级∶前级=1∶0.21，前级桩承担的坡体压力约为后级桩的 20%。

（5）综合而言，桩后坡体压力的试验结果与理论结果有一定的误差，最大误差约为17.4%，理论值偏大，这在一定程度上说明了前述理论计算方法的合理性，并具有偏保守的特点。

第 11 章

微型桩结构施工与检测

11.1 施工技术概述

　　用于边坡加固的微型桩组合结构如图 11-1 所示，图 11-1（a）是设置于坡面的结构，坡面连系梁将各桩桩顶连接起来，有时也可以不设连系梁。图 11-1（b）是设置于坡中的单级微型桩组合结构，坡面用顶板或框架梁将各桩桩顶牢固连接起来。对于多级高边坡，可设多级微型桩组合结构来加固，如图 11-1（c）所示。

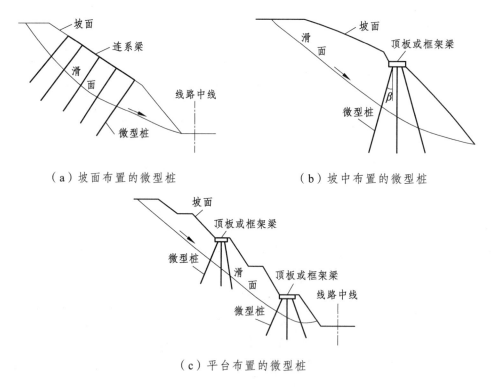

（a）坡面布置的微型桩　　　　　　　　（b）坡中布置的微型桩

（c）平台布置的微型桩

图 11-1　用于边坡加固的微型桩组合结构

　　现有的微型桩组合结构的施工技术，主要针对图 11-1（b）的单级微型桩组合结构，而且倾角为零。本项施工技术将在此基础上加以改进，增加倾斜布桩的技术、防腐的技术等内容，还可适用于图 11-1（a）和（c）的坡面和多级布置的情况。

11.1.1 特　点

如前所述，按现有施工技术施筑的微型桩组合抗滑结构，桩是直立布置，没有倾角 β，其不足之处是没有充分发挥桩的抗滑能力。另外，这种单级微型桩的抗滑力有限，对于土压力较大或滑坡推力较大的高边坡，若都采用微型桩组合结构加固，则需要设置多级微型桩结构。对于这种多级微型桩的施工，除了考虑设置位置外，还应考虑两者的施工顺序、如何避免相互影响等问题。增加的防腐技术使微型桩还可用于腐蚀地层。因此与现有的微型桩施工技术相比，本项施工技术范围更广、实用性更强。

11.1.2 适用范围

在铁路、公路、建筑、矿山等基础设施建设时，在大量的岩土体开挖施工中，都会遇到开挖修建高陡岩土边坡的情况。为了确保这些边坡工程的安全稳定，都可采用本项施工技术进行微型桩组合结构的施工。由于施工方便、快捷，不需要大型施工设备，特别适合于复杂山区或交通不便、施工场地困难的地方。除了用于边坡或滑坡支挡加固外，还特别适用于抢险救灾工程。一般要求边坡坡率缓于 $1:0.5$，即坡度小于 $64°$ 的各类岩土边坡。

11.1.3 工艺原理

1. 技术原理

本项施工的关键技术是在原有微型桩技术原理基础上，增加了倾斜布桩、多级微型桩和坡面布桩以及防腐技术等内容，其技术原理如下：

如图 11-2 所示的倾斜布桩，滑坡推力为 E，作用在桩上的荷载 F 为

$$F = E\cos\beta \qquad\qquad (11\text{-}1)$$

作用桩上的轴力为

$$T = E\sin\beta \qquad\qquad (11\text{-}2)$$

即滑坡推力 E 分解为垂直于微型桩的荷载 F 和沿桩轴线方向的荷载 T，荷载 F 用来计算微型桩的变位和内力，而荷载 T 用来验算桩的锚固深度。

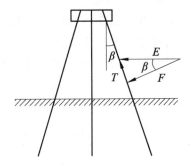

图 11-2　滑坡推力作用方向示意图

可见，倾斜布桩后作用在桩上的荷载 F 将小于滑坡推力 E，也可充分发挥桩的抗拔作用。施工中应制定倾斜布桩的工艺。设置多级微型桩时，每级微型桩都可分担一定的滑坡

推力，这样增加了微型桩抵抗滑坡推力的能力。如前所述，微型桩组合结构的加固机理是桩体的抗剪、抗弯作用以及桩-岩（土）复合体的共同支挡对坡体的稳定作用。因此，本项施工技术的技术原理就是除了实现微型桩组合结构的加固机理外，增加倾斜布桩和多级微型桩的内容，减小作用在桩上的滑坡推力、发挥桩的抗拔力，使这种结构能承受更大的滑坡推力。

在腐蚀性地层中，地层中的腐蚀液、气体会腐蚀微型桩的浆体和钢筋，本项施工技术采用了本项目的新成果：增强浆体抗裂性的添加剂和物理隔离技术，能有效防止浆体和钢筋的腐蚀。

2. 施工原理

微型桩施工应按照"分级开挖，逐级加固"的施工原则，尽量减少开挖施工对坡体的扰动，充分调动坡体开挖后的自稳能力。根据上述技术原理提出了成孔工艺、注浆工艺、顶板或顶梁浇注工艺等核心施工技术，确保本项施工技术的技术原理能通过施工加以实施。

11.2 微型桩结构施工

11.2.1 施工方法与主要流程

1. 施工方法

微型桩组合结构施工方法总体来说不是十分复杂，一般的专业化施工单位就可以实现施工。主要施工内容：

（1）一般采用潜孔风动钻机或其他成孔设备钻孔至稳定岩层内一定深度，钻孔的直径≤300 mm。

（2）将比钻孔直径小的单根微型桩插至钻孔底部，微型桩的材质和形状可以是多样性的，以满足设计需要为准。例如，微型桩可以是由一根或几根钢筋或其他钢构件组合而成的杆件，也可以由钢管或钢管内插入钢筋组成。

（3）微型桩桩材若是钢筋，采用物理隔离技术在钢筋外包裹钢筋网，钢筋和钢筋网之间留有约 2 cm 的距离，以便浆体充满此间隙。

（4）采用一定的注浆方法在钻孔内灌注掺入 MPC-Ⅰ型添加剂水泥砂浆或纯水泥浆。根据工程要求，采用孔底返浆或压力注浆，确保全孔注满浆液。

（5）为了使浆液凝固后不因浆体收缩而脱离孔壁，根据浆液配比情况，在浆液配制时掺入适量的膨胀剂。

（6）顶板或顶梁施工。在绑扎顶板或顶梁的钢筋时，出露在坡面的桩头的钢筋或其他钢构件或防腐钢材要与顶板或顶梁的主要受力钢筋牢固焊接，将桩头浇注在顶板或顶梁内，形成整体。

主要的施工方法和注意事项：

（1）注意事项。

尽量避免雨季施工，严禁在微型桩顶以上边坡设置施工便道、大量堆载等。

（2）施工顺序。

微型桩施工顺序对成功实施该类新型支挡结构也是十分重要的。一般工作程序为：开工前做好地表截排水措施的施工→分级开挖、边开挖边施作坡面防护→开挖至微型桩顶高程时停止开挖并施工微型桩→分段分层开挖其下边坡并施工相应工程措施。

（3）微型桩施工。

① 微型桩孔位应按设计图进行放线，但可根据地形地质情况做适当调整，锚孔必须采用风动潜孔钻机干钻，不得采用水钻，倾角、孔径、深度均应满足设计要求。钻孔时可以根据孔径、孔深选择 17 立方 7 公斤压力以上的柴油或电动空压机，无动力电的地方应优先选用前者；潜孔钻机可以选用 MD-50、MD-80 或类似性能者，钻机最大钻孔直径及深度的能力必须满足设计要求，所采用的潜孔冲击器宜为能配 ϕ130 mm 及以上直径钻头者。微型桩钻孔施工可以全面铺开，不需跳槽施工，这是它与抗滑桩施工的最大差别之一，施工单位可根据工期情况以及钻孔数量合理安排施工设备与人员。

② 微型桩钢筋的加工。根据设计图纸下料，当钢筋长度太大时，可采用套筒或焊接加长钢筋。焊接强度必须满足要求，微型桩组合件应点焊成捆，孔内居中件必须焊牢靠。加工完成满足要求后才能将其下入钻孔内，当微型桩组合件太重时可以借助自制的起吊设备（如手动葫芦等）将其吊起人工协助下入钻孔内，并按步骤③进行注浆。

③ 微型桩构件下入钻孔内后应及时注浆，间隔时间不宜超过 24 h。首先按设计配合比准备水泥、砂子、添加剂等材料，按顺序下料，采用搅拌机拌制浆液，接通注浆管，采用压浆泵自孔底往孔口压浆，直到孔口浆液浓度或颜色与拌浆机内的浆液一致时停灌。微型桩注浆应采用从孔底往上一次性注浆方式，中途不得停止灌浆，严禁从孔口往孔内自流或有压注浆。孔内注浆必须饱满密实，在第一次注浆后要对钻孔上部缩浆空间进行第二次或多次补浆。注浆材料可采用水泥砂浆，当难以获得合格的砂料时，砂浆质量难以保障，也可采用纯水泥浆，但均应满足浆体设计强度要求。如果工期紧迫时，可以在试验的基础上添加早强剂或速凝剂。

④ 微型桩大面积施工前宜选择相同的地层进行孔壁地层与浆体黏结力的拉拔试验，试验孔数不少于 3 孔，以验证微型桩的设计指标，确定合理的施工工艺及参数。采用单根长度 3 m 的 ϕ32 的 HRB335 或 HRB400 钢筋进行拉拔试验，试验钻孔采用设计孔径，要求单根 3 m 长的钢筋抗拔力不小于 90 kN。当有类似地层锚杆施工经验且工期紧张时，也可先进行微型桩施工以争取工期，然后补做拉拔试验，以积累数据。

（4）顶板或顶梁的施工。

钢筋混凝土顶板或顶梁的施工也是一个非常重要的环节。它将单根的小孔径钻孔桩联结成为一个复合结构，使得组合结构的抗滑、抗剪能力大为提高。

施工顺序为：测量放线→坡面开槽→支立模板→绑扎钢筋→主筋与桩头钢筋焊接→现浇混凝土→混凝土养护。施工时还要确保各桩头正确设置在混凝土顶板或顶梁中，并与之牢固连接。

2. 主要流程与操作要点

图 11-3 为微型桩施工工艺流程。

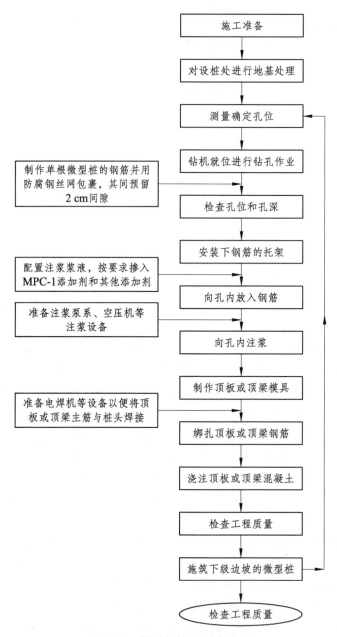

图 11-3　微型桩施工工艺流程

根据图 11-3 的工艺流程，本项施工技术的主要操作要点如下：

（1）施工准备。

做好工前施工组织设计，明确施工方法、施工工艺、工序流程、人员组织和施工设备、材料、试验、监测安排及安全措施和质量保证。申请单项工程开工，开工条件包括开工报告、钢材材料试验、浆体材料试验、配合比试验、相关机械设备性能测试等。做好施工场地的排水工作，材料、机械的防雨、防水工作，保证水、电、通信等畅通。将钻孔、注浆等设备调至工作面四周，待坡面整修工作面完成后，运至工作面。钢筋、微型桩钢材及注浆所需的水泥、砂、添加剂等各类材料必须符合要求，提供材料检验合格证书等资料。对

232

钢筋、微型桩钢材进行除锈，对微型桩钢材还应做防腐蚀处理。

（2）对设桩处进行地基处理。

微型桩的顶板或顶梁在工作时会受到弯曲变形，会给地基施加一定的压力。为了避免此压力作用下地基的沉降变形，应对设桩处顶板或顶梁下的地基进行处理，使之具有一定的承载能力。处理后的地基承载力的要求，应根据设计或具体工程情况确定。

（3）关于钻孔及下钢筋施工的注意事项。

钻孔时采用钻杆可倾斜的钻机，调整钻杆倾角使之与微型桩倾角 β 一致。钻孔后应进行检查，使之满足孔深、孔径、倾角等要求，无塌孔和缩孔现象。微型桩的钢材可以是钢筋、钢管、钢轨等。以钢筋为例，若用 3 根直径 32 mm 的螺纹钢筋组成一根微型桩的钢筋，3 根螺纹钢筋要焊接，焊点间距 1 m。外面再包裹防腐钢丝网，其断面如图 11-4 所示。向钻孔内下钢筋时要安装对中环，使钢筋不偏不倚地安放在孔中心。下到孔内的钢筋太长，需要接长时，应将待接长的钢筋吊在托架上，待接处与孔内钢筋的待接处对中并焊接，必要时在对中焊接处再做帮焊；或者采用等强度套筒连接，质量更能保证。孔口要预留一定长度的钢筋以便和顶板或顶梁连接。

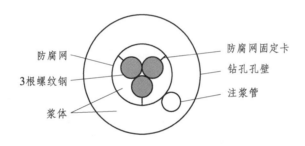

图 11-4　钻孔内钢筋及防腐网等布置图

（4）钻孔内注浆。

按设计要求的配合比配置注浆液，掺入 MPC-Ⅰ添加剂或其他添加剂。注浆管应和钢筋一起下到孔内，完成上述工作后，向孔内注入水泥砂浆或者纯水泥浆。根据情况可采用有压或无压力注浆，为保证孔内注满浆液，建议采用孔底返浆的注浆方法。根据情况，可采用二次或三次补注浆。待浆液凝固并达到一定强度后，检查注浆质量，提出检查报告。

（5）施工顶板或顶梁。

再次检查设桩处的地基承载力，必要时作补强处理。测量定位、立模具，绑扎顶板或顶梁的钢筋，将其主筋与孔口预留的微型桩桩头钢筋牢固焊接在一起。按照钢筋混凝土的浇注施工方法进行浇注。待浆液凝固并达到设计强度后，检查浇注质量，提出检查报告。

（6）施筑下级边坡的微型桩。

对于多级微型桩加固的边坡，上级坡体微型桩施工完毕后，重复上级坡体施工工序，施工下级坡体的微型桩。

以上是微型桩组合结构施工的一般要点，下面详细说明坡面布置的微型桩和平台布置且桩头用顶板或顶梁连接的微型桩的施工工艺。

11.2.2 主要工艺

1. 斜坡面微型桩

（1）一般原则。

在此以渝怀线 DK375 工点微型桩加固的施工方法来说明坡面布置微型桩组合结构的施工工艺，这种施工技术具有施工工期短、节省投资和保护环境等优点。具体工程措施如下：

① 边坡顶面首先进行小范围的顺层清方，主要采用爆破的方法处理地表不规则的风化岩石，清出顺层层面，然后采用 12 m 长的微型桩加固。微型桩垂直于坡面交错布置，水平间距 3 m，纵向间距 4 m，主要提高边坡岩层的抗滑力；同时，对岩体进行注浆，使浆液能有效地进入岩层溶蚀张开的层面和节理、裂隙面，以提高岩体的整体性和层间黏结力。

② 路堑边坡面的防护主要因为边坡是采用的光面爆破，坡比 1:0.5，位于顺层面上的岩体存在顺层滑塌的可能。为防止坡体的进一步风化剥落和关键块体脱落引起的局部失稳破坏，对边坡岩体采取以下喷锚加固方法：

A. 根据坡高的不同，设置 2~4 排锚杆（长 6~10 m），水平间距 2 m，纵向间距 3 m，垂直于坡面呈梅花型布置（其中每根大锚杆由 3 根 ϕ32 mm 的 Ⅱ 级钢筋加工而成，钻孔直径为 110 mm。锚杆孔内注浆采用孔底注浆法施工，砂浆必须饱满密实，注浆压力不小于 0.8 MPa，孔口需设止浆塞。下部边坡锚杆采用 M30 水泥砂浆注浆，注浆压力 0.2~0.4 MPa。

B. 坡面喷射 10 cm 厚 C20 混凝土，中间夹直径 ϕ8 mm、20 cm×20 cm 钢筋网以防止岩体表面的风化剥落。

C. 坡面按 4 m 间距上下交错设置泄水孔，内设 1.0 m 长弹塑软式透水管（ϕ42 mm）。

（2）施工准备。

通过前一道工序——边坡开挖光面爆破，达到控制好坡面平整度，减少嵌补工程量，增强山体整体性，防止路堑边坡滑动、坍塌的目的。在开挖局部完成后，进行大锚杆孔口的测量定位工作，要求定位必须准确，误差控制在规范规定的范围内。施工用水、用电按照施工组织设计，引接到工地。

（3）施工组织。

① 劳力配置：架子工 6 人，钻工 6 人，钢筋工 2 人，电（焊）工 2 人，普工 10 人。

② 机械设备配置：KQJ-100B 潜孔钻机 2 台，LGY25-17 空气压缩机 1 台，75 kW 发电机 1 台，WD150-1.5 注浆机 1 台，灰浆机 1 台，对焊机 1 台，30A 电焊机 1 台。

③ 所需材料：ϕ32 mm 的 Ⅱ 级钢筋 75 t，525 号普硅水泥 78 t，中粗砂 166 m³，30 mm×30 mm×2 cm 钢垫板 6 t，直径 ϕ8 mm、20 cm×20 cm 钢筋网 1 690 m²，ϕ42 mm 弹塑软式透水管 406 m。

（4）施工工艺。

① 工艺流程。

A. 坡顶面微型桩施工工艺流程：施工准备→表土清理→定位、钻孔→孔内安装锚杆即微型桩→注浆→C15 混凝土封孔（处理外锚头、外露端焊钢垫板）。

B. 边坡坡面施工工艺流程：边坡顶部锚杆施工完毕→开挖第一层路堑岩体、修整边坡→挂网、喷浆→定位、钻孔→孔内安装微型桩→注浆→C15 混凝土封孔→开挖第二层路堑岩体、修整边坡→重复上述步骤→至路基面。

②主要施工工序。

A. 施工准备。做好施工便道修筑，引水、接电，机械设备进场，材料进场等准备工作，及时进行测量放线。

B. 开挖坡面。按照设计位置顺岩石层面自上而下分级开挖，开挖坡面如图 11-5 所示。清除坡面覆土及溶蚀严重的岩层，爆破方式清方时，严格控制炮孔深度及装药量，严禁放大炮，以免超挖并减少对岩体的扰动，清方后形成平整的坡面。

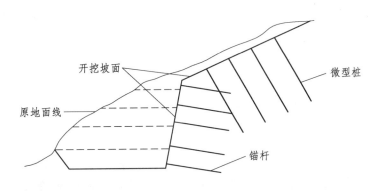

图 11-5　DK375 开挖坡面

C. 钻孔。首先在清方后的坡顶面上测量确定好微型桩孔位，安放钻机，调整好角度，确保钻孔与岩体层面垂直，然后按照设计深度成孔。在边坡坡面上钻孔时也要安设好钻机，保证成孔与坡面的垂直度和深度。每个成孔时要同时做钻孔记录，记录钻孔过程的进尺、层面及有关情况供注浆时参考。

D. 制作和安装微型桩。在钻孔的同时进行微型桩的加工制作，每根微型桩由 3 根 ϕ32 mm 的 II 级钢筋焊结在一起制作而成，沿长度方向每隔 1.5 m 焊上支架使之安放时能够在孔内居中，保证杆体外缘有至少 20 mm 的浆液保护层。单根钢筋的接长采用对焊工艺。

E. 注浆。图 11-6 为锚杆孔注浆示意图，在孔内安放锚杆的同时，注浆管随锚杆一起放入钻孔中，安放好后在孔口设止浆塞，然后进行孔底注浆。注浆压力一般为 0.8～1.5 MPa，要求注浆加固区内岩层与岩层之间的孔隙和节理裂隙均能被浆液所充填，使其凝结为一个整体。注浆一般分 2～3 次进行，第一次用灰水比 1：1 的稀浆，使之渗透于各个不同方向的缝隙中，起到润滑作用；第二次用灰水比 1：0.4～0.6 的浓浆，最后再注 1：（1～

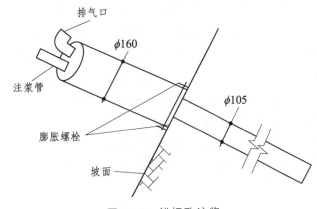

图 11-6　锚杆孔注浆

2)：0.45 的水泥砂浆，以确保岩层空隙和注浆孔内的浆液饱满、密实，达到加固防腐的目的。注浆过程中要注意记录注浆压力、注浆时间、注浆量、估算注浆的范围及有关情况。

F. 封锚。处理外锚头，外露端焊钢垫板，最后用 C15 混凝土封闭。

G. 待边坡顶面锚杆施工完毕，注浆也凝固产生强度后（一般约 15~20 天），开挖边坡岩石。开挖采用自上而下分层进行，每层高度不大于 3 m，边坡修整后及时挂钢筋网、喷混凝土、施作锚杆、注浆。第一级坡面施工完后，再进行第二层坡面的开挖施工，如此反复直至坡底。

施工必须严格按施工工艺安排进行，不能随意变更工序和时间，以免因为不能及时加固造成山体滑塌。

（5）注浆效果分析。

采用两种方法检查注浆效果：其一是在坡顶注浆完后，在开挖下级坡面时通过检查节理裂缝是否充满浆体来判断注浆的质量；其二采集注浆后的结构面内充填了浆体的岩样做剪切试验，测注浆后结构面的抗剪强度。图 11-7 和图 11-8 是采集的注浆后的岩块，可以看出浆液较好地充填了节理裂隙面，这对于提高岩体结构面的层间抗剪强度是很有作用的。

图 11-7　层面上注满浆体的岩块　　　　　　图 11-8　取出的注浆后的岩块

坡顶注浆结束后，开挖路堑坡面。DK375 和 DK225 的结构面抗剪强度的测试中，通过测试结构面充填物的抗剪强度来说明岩体结构面的抗剪强度特性，其中 DK375 结构面的主要充填物是砂黏土。为了进行比较也在 DK375 现场采集注浆后结构面内的充填物样品进行室内剪切试验，测注浆后结构面充填物的抗剪强度，用以对照注浆前后结构面岩体的抗剪强度特性，如表 11-1 所示。由表 11-1 可以看出，注浆后岩体结构面的力学性得到明显改善。在天然含水状态下注浆后的 C 值较 DK375 的 C 值提高了 27%，较 DK225 提高了 49%；对于 φ 值而言，则分别提高了 45% 和 23%。在饱水状态下注浆后的 C 值较 DK375 的 C 值提高了大约两倍，较 DK225 提高了 1 倍多；对于 φ 值而言，则分别提高了 62% 和 19%。在饱水状态下 C 值提高较多，可能是水泥浆体遇水不容易软化的原因。

表 11-1 注浆前后岩体结构面的抗剪强度

岩体		指标				
		天然重度	结构面充填物的抗剪强度			
			天然含水状态		饱水状态	
		kN/m³	C/kPa	φ/（°）	C/kPa	φ/（°）
注浆前	DK375	18.2	41	22	11	16
	DK225	18.5	35	26	15	21
注浆后		19	52	32	31	26

图 11-9 为该工点竣工照片及设计简图。

（a）竣工后照片

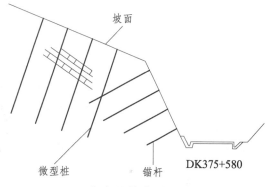
（b）设计简图

图 11-9 DK375 工点竣工照片及设计简图

2. 平台面微型桩

施工方法与坡面布置微型桩组合结构的施工方法基本相同，其差别是应在坡面平台处设置顶板或框架梁，以便将桩头预留的微型桩按照预定的方式连接起来形成微型桩组合结构。下面介绍顶板或框架梁式微型桩组合结构的施工工艺。

（1）一般原则。

顶板式微型桩组合结构指多根微型桩按一定方式组合，其桩顶与顶板刚性连接的结构，例如图 11-10 中的组合结构就是 9 根桩组成纵横三排，桩顶被板连接。单根微型桩系指组合结构中的某一根桩。这种组合结构是沿坡面走向间隔布置，间距 L 根据设计图确定，间距间可采用浆砌片石或恢复植被。框架梁式微型桩组合结构指多根微型桩按一定方式组合，其桩顶与各纵横梁刚性连接的结构，例如图 11-11 中的组合结构就是 12 根桩被 3 根纵梁和 4 根横梁连接而成。这种组合结构是沿坡面走向布置，其间仅留伸缩缝。

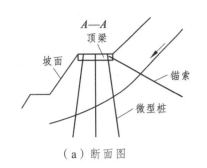 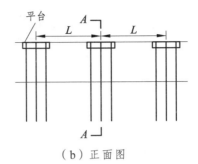 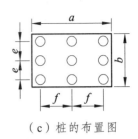

（a）断面图　　　　　　　（b）正面图　　　　　　（c）桩的布置图

图 11-10　平台上顶板连接的微型桩组合结构

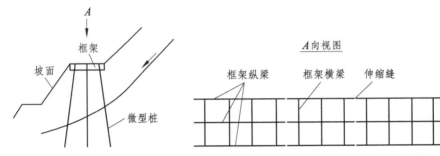

图 11-11　框架连接的微型桩组合结构

首先按坡面布置微型桩的施工工艺进行施工，顶板或框架梁施工时应满足以下要求：

① 与顶板或框架梁底部接触的岩土体表层若其承载力不够，应采用一定的地基处理方法使之达到要求。

② 顶板或框架梁与各微型桩的连接应保证牢固连接，使之是刚性连接。

（2）施工工艺。

① 放置顶板或框架梁的基础。按照设计的位置施工放置顶板或框架梁的基础，清除坡面覆土及溶蚀严重的岩土层。若采用爆破方式清方时，严格控制炮孔深度及装药量，严禁放大炮，以免超挖并减少对岩体的扰动，清方后应形成平整的坡面。

② 基础处理。按照设计要求检查与顶板或框架梁底部接触的岩土体表层是否有足够的承载力，必要时采取一定的地基处理方法使之满足地基承力要求。

③ 钻孔。在满足要求的基础面上按设计要求测量并确定各微型桩孔位，安放钻机，调整好角度，确保按设计角度和深度成孔。在边坡坡面上钻孔时也要安设好钻机，保证成孔的角度和深度。各孔施工时要同时做钻孔记录，记录钻孔过程的进尺、层面及有关情况供注浆时参考。

④ 制作和安装微型桩。按设计要求的材质和形状尺寸制作微型桩，按要求将微型桩安放在孔内，孔口要有足够的长度，以便和顶板和顶梁相连接。

⑤ 注浆。在孔内安放微型桩的同时，注浆管随之一起放入钻孔中，安放好后在孔口设止浆塞，然后进行孔底注浆。注浆压力一般为 0.8 ~ 1.5 MPa，要求注浆加固区内岩层与岩层之间的孔隙和节理裂隙均能被浆液所充填，使其凝结为一个整体。注浆一般分 2 ~ 3 次进行，第一次用灰水比 1∶1 的稀浆，使之渗透于各个不同方向的缝隙中，起到润滑作用；第二次用灰水比 1∶0.4 ~ 0.6 的浓浆；最后再注 1∶1 ~ 2∶0.45 的水泥砂浆，以确保岩层空隙

和注浆孔内的浆液饱满、密实，达到加固防腐的目的，注浆过程中要注意记录注浆压力、注浆时间、注浆量、估算注浆的范围及有关情况。

⑥ 微型桩质量检查。按规范要求抽检微型桩的质量，检查内容有抗拔力是否够、桩身是否有缺陷、浆液是否注满等。

⑦ 顶板或框架梁的施工。待孔内注浆已凝固并达到预定强度后，进行顶板或框架梁的施工。顶板或框架梁一般是现浇的钢筋混凝土结构，浇铸时，先清除表层污物，再次检查与顶板或框架梁底部接触的岩土体表层的承载力是否满足要求，必要时进行处理。按要求绑扎顶板或纵横梁的钢筋，此时应使顶板或梁内的钢筋与微型桩预留的部分牢固连接，将两者焊接起来。安装模板，按混凝土浇筑方法浇筑顶板或框架梁。

⑧ 待混凝土达到预定强度后拆模，进行其他的施工。

主要设备有：潜孔钻机、空压机、钢筋弯曲机、钢筋切断机、电焊机、水泥浆搅拌机、注浆泵、钻机配件。

主要材料有：钢筋、水泥、砂、碎石（均按设计文件要求选用）。

（3）部分工点的照片。

桩头顶板连接的微型桩组合结构施工的典型现场照片如图 11-12 ～ 图 11-15 所示。

图 11-12　正在进行钻孔　　　　　图 11-13　已制作好的微型桩

图 11-14　已制作好的顶板　　　　图 11-15　施工完毕的顶板式微型桩结构

框架梁式微型桩组合结构的典型现场照片如图 11-16 ～ 图 11-19 所示。

图 11-16　正在进行微型桩钻孔　　　　图 11-17　正在孔内安放微型桩

图 11-18　正在绑扎框架梁的钢筋　　　图 11-19　施工完毕的框架梁微型桩结构

11.3　微型桩结构质量检测

11.3.1　质量标准

1. 应执行的规范标准

本项施工技术严格按照《建筑边坡工程技术规范》（GB 50330—2002）、《混凝土结构设计规范》）（GB 50010—2002）、《岩土锚杆（索）技术规程》（CECS 22—2005），以及国家和行业现行有关技术标准实施。

2. 质量要求

（1）多级高边坡工程中，每级边坡工程的开挖高度一般不宜超过 8 m。对软弱破碎岩石边坡、堆积体土石混合边坡、松散土质边坡等类型边坡，8 m 高的开挖边坡的自稳性很差。在这类边坡坡面施筑微型桩组合结构时，坡体稳定和微型桩结构的施工质量控制尤为关键。应在坡体稳定的条件下施筑微型桩，因微型桩是抗弯和抗剪构件，必须确保浇筑的微型桩具有足够抗剪和抗弯性能。现场应评估坡体稳定性，检测浇筑质量。

检验方法：现场勘查、评估，抽样测试。

（2）所用钢材、水泥、砂、碎石等工程材料和相关技术参数必须符合有关设计标准。

检验方法：检查产品出厂合格证和现场抽样复检。

（3）钻孔内注浆浆液配比和技术参数必须符合有关设计标准。

检验方法：现场检查配合比和现场抽样复检。

（4）浇筑顶板或框架梁的混凝土及其工程质量应满足相关设计标准。

检验方法：对现场拌和的混凝土应检查其配比，现场观察、抽样并制作试件测试相关参数。现场观测、抽样检测顶板或框架梁的工程质量。

（5）坡体开挖、钻孔、注浆、浇注顶板或框架梁等施工工序，应避开雨季，防止雨水冲刷，造成坡体失稳。

检验方法：现场观察。

（6）基岩钻孔内的浆体质量、浆体与钢筋间以及浆体与岩土体间的摩阻力必须满足设计标准。

检验方法：现场观察、抽样进行拉拔试验。

（7）确保桩和顶板或框架梁满足设计标准。

检验方法：现场张拉测试。

11.3.2　拉拔检测方法

微型桩现场可采用拉拔测试方法进行质量检测。

1. 设计拉力

一束 3 根 HRB400 型 ϕ32 钢筋，设计拉力 $T = 400$ kN。

2. 所需仪器及设备

（1）千斤顶。

大孔径的穿心（空心）千斤顶，内径（中心孔径）不小于 64 mm，最大吨位至少不低于 60 t，建议采用承载吨位 100 t、内径为 79 mm 的空心千斤顶。

（2）工字钢梁。

需要一根 I22b 型宽缘工字钢（腹板高度 150 mm，翼缘宽度 300 mm），即柱式 H 型钢，梁体长度 2 m。

3. 试验方法

方法一：

在靠山侧的 3 根微型桩中选一束微型桩钢筋作为测试对象，以取中间一束为宜，如图 11-20 所示，主要操作步骤如下：

（1）在试桩顶部焊接接长为 110 cm 的同样束筋；

（2）在试桩顶板两侧各 80 cm 的范围内，对地基土局部夯实处理，然后在其上浇筑长 2.0 m、高 0.6 m 的 C30 混凝土平台；

（3）在混凝土平台上与试桩位置对应处各浇筑一个局部墩垫，尺寸为 60 cm×60 cm×20 cm；

（4）在 H 型钢翼缘中心附近钻孔，孔径 64 mm，以便接长束筋穿过；

（5）将 H 型钢置于墩垫上，其翼缘空中穿过接长束筋；

（6）把空心千斤顶置于 H 型钢中心附近，其孔中穿过接长束筋；

（7）在千斤顶顶部用螺帽将钢筋紧固于千斤顶上；

（8）用千斤顶逐级加压，每级为 40 kN，记录测试数据，直到千斤顶顶力超过设计拉力为止。

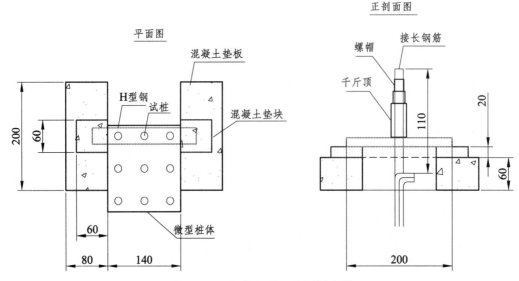

图 11-20 用空心千斤顶测试方法

方法二：

如图 11-21 所示，不需焊接接长钢筋，但需要采用两个普通千斤顶，每个最小吨位 40 t，建议采用两个 60 t 的千斤顶，注意同步加载。所需的微型桩周围垫板设置同前一方法，H 型钢可采用梁式（I12.6 型工字钢，腹板高度 150 mm，翼缘宽度 75 mm），长度需要不短于 2.6 m，以便安全操作。另外，需要 2 束 7φ5 的高强钢绞线（抗拉强度为 1 860 MPa），每束长度 2.5 m，用于绑接试桩钢筋和 H 型钢。

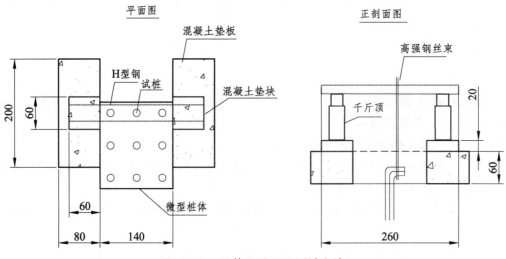

图 11-21 用普通千斤顶测试方法

4. 测试根数

参照锚杆检测规范进行操作，总数的 3% 与 5 根取较大值，作为检测数量。同一顶板（梁）下只能测试一根桩体。

11.3.3　检测指标

说明：涉及结构安全和使用功能的重要实测项目为关键项目（在文中以"*"标识），其合格率不得低于 90%，且检测值不得超过规定极值，否则必须进行返工处理。

1. 基本要求

（1）混凝土、砂浆所用的水泥、砂、石、水和外掺剂的规格和质量必须符合有关规范的要求，按规定的配合比施工。

（2）微型桩及压顶板的强度、质量和规格，必须满足设计和有关规范的要求，微型桩根数不得少于设计数量。

（3）成孔后必须清孔，测量孔径、孔深、孔位和沉淀层厚度，确认满足设计或施工技术规范要求后，方可进行下一步施工。

（4）微型桩应连续灌注，严禁有夹层和断桩。

（5）嵌入压顶板的锚固钢筋长度不得低于设计要求。

（6）选择有代表性的微型桩用无损法进行检测。

（7）混凝土、砂浆不得出现露筋和空洞现象。

（8）凿出桩头砂浆后，桩顶应无残余的松散砂浆。

2. 实测项目

微型桩孔、微型桩体、顶板、防渗平台等实测内容见表 11-2 ~ 表 11-6。

表 11-2　微型桩桩孔实测项目

项次	检查项目	规定值或允许偏差	检查方法和频率	权值
1*	桩位/mm	50	全站仪或经纬仪：每桩检查	2
2*	孔深/m	不小于设计	测绳量：每桩测量	3
3*	孔径/mm	不小于设计	探孔器：每桩测量	3
4*	钻孔倾斜度/mm	1%桩长	测斜仪：每桩测量	1
5	钢筋骨架底面高程/mm	±50	水准仪：测每桩骨架顶面高程后反算	1

表 11-3　微型桩体实测项目

项次	检查项目	规定值或允许偏差	检查方法和频率	权值
1*	钢筋（束筋）截面形心对中/mm	10	尺量：每桩测量	3
2*	砂浆强度/MPa	在合格标准内	按照《砖石工程施工及验收规范》（GBJ 203—1983）要求检查	3
3	长度	符合设计要求	尺量：每桩测量	2

项次	检查项目	规定值或允许偏差	检查方法和频率	权值
4	间距/mm	±20	尺量：每单元每桩测量	1
5	与面板连接	符合设计要求	目测：每单元检查	2
6*	抗拔力	抗拔力平均值≥设计值，最小抗拔力≥0.9设计值	拔力试验：每单元受拉侧检查一根桩体	3
7*	轴向压力	轴向压力平均值≥设计值，最小轴向压力≥0.9设计值	轴向压力试验：每单元受压侧检查一根桩体	3

表 11-4　顶板实测项目

项次	检查项目	规定值或允许偏差	检查方法和频率	权值
1*	混凝土强度/MPa	在合格标准内	按照《混凝土强度检验评定标准》（GBJ 107—1987）要求检查	3
2	边长/mm	±5 或 0.5%边长	尺量：长宽各量1次，每批抽查20%	2
3	两对角线差/mm	10 或 0.7%最大对角线长	尺量：每批抽查10%	1
4*	厚度/mm	+5，−3	尺量：检查2处，每批抽查20%	2
5	表面平整度/mm	4 或 0.3%边长	直尺：长、宽方向各测1次，每批抽查10%	1
6	板顶高程/mm	±10	水准仪：每20 m抽查3个	1
7	轴线偏位/mm	10	全站仪或经纬仪：每20 m检查3处	2

表 11-5　防渗平台实测项目

项次	检查项目	规定值或允许偏差	检查方法和频率	权值
1*	砂浆强度/MPa	在合格标准内	按照《砖石工程施工及验收规范》（GBJ 203—1983）要求检查	3
2	顶面高程/mm	±20	水准仪：每批抽查10%	1
3	竖直度或坡度	0.5%	吊垂线：每批抽查10%	2
4*	断面尺寸/mm	±50	尺量：每批抽查20%	2
5	表面平整度/mm	30	直尺：每批抽查10%	2
6	与相邻压顶板错台/mm	5	尺量：每批抽查10%，且不少于3处	1

表 11-6　其他实测项目

项次	检查项	规定值或允许偏差	检查方法和频率	权值
1	换填耕植土层厚度	不小于设计	每批抽查10%	2
2	换填耕植土层宽度	不小于设计	每批抽查10%	1
3	换填黏土层厚度	不小于设计	每批抽查10%	2
4	换填黏土层宽度	不小于设计	每批抽查10%	1

11.4　工程实例

1. 微型桩施工

以四川省广元至巴中高速公路 K51 工点路堑边坡微型桩施工为例,包括成孔、注浆、顶板钢筋笼及浇筑等主要施工环节在内的典型施工过程照片如图 11-22 所示。

（a）微型桩钻孔

（b）下钢筋与注浆

（c）顶板钢筋笼绑扎

（d）顶板浇筑

（e）竣工运营

图 11-22　广元至巴中高速公路 K51 工点微型桩施工过程

2. 微型桩检测

同样以四川省广元至巴中高速公路 K51 工点为例，该工点微型桩一根桩体拉拔力设计值为 300 kN，轴向压力设计值为 400 kN。现场拉拔检测试验如图 11-23 所示，代表性试桩的单桩拉力-位移曲线如图 11-24 所示。可见，当两根试桩的轴向拉力达到 400 kN 时，其桩顶轴向位移分别为 6 mm 和 6.5 mm，桩体整体性能良好，满足质量要求。

图 11-23　微型桩现场拉拔试验

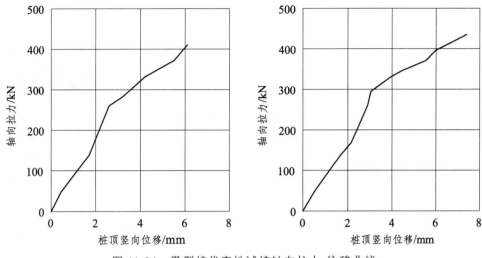

图 11-24　微型桩代表性试桩轴向拉力-位移曲线

11.5　本章小结

本章主要阐述了微型桩结构的施工技术和检测方法，主要操作技术方法包括：

（1）微型桩施工应按照"分级开挖，逐级加固"的施工原则，尽量减少开挖施工对坡体的扰动，充分调动坡体开挖后的自稳能力。

（2）采用一定的注浆方法在钻孔内灌注掺入 MPC-I 型添加剂水泥砂浆或纯水泥浆。根据工程要求，采用孔底返浆或压力注浆，确保全孔注满浆液。为了使浆液凝固后不因浆体收缩而脱离孔壁，根据浆液配比情况，在浆液配制时掺入适量的膨胀剂。

（3）微型桩一般工作程序为：开工前做好地表截排水措施的施工→分级开挖、边开挖边施作坡面防护→开挖至微型桩顶高程时停止开挖并施工微型桩→分段分层开挖其下边坡并施工相应工程措施。

（4）微型桩的单桩拉拔检测应取靠山侧桩体，检测数量取总数的 3%和 5 根的较大值，且同一顶板（梁）下只能测试一根桩体。拉拔试验可采用一个穿心千斤顶或两个普通千斤顶加载拉拔桩体，桩体顶端应预先焊接适当的长度以便于拉拔试验操作。

第 12 章

总 结

本书针对束筋微型抗滑桩群结构加固边坡或滑坡问题，依托均质土坡、基岩-覆盖层式边坡或滑坡两类典型边坡工程实例，采用三维数值模拟、弹塑性理论分析、刚架结构理论分析、室内模型试验、现场拉拔测试等方法，对微型桩组合结构加固边坡机理、顶板作用机制、组合结构计算分析方法、微型桩群-坡体整体稳定性分析方法、多级微型桩群的结构分析方法、微型桩结构的施工技术与检测方法等进行深入系统论述，主要得到如下结论：

1. 揭示出微型桩组合抗滑结构加固边坡机理

（1）微型桩组合抗滑结构主要通过复合加筋作用、桩体抗弯和抗剪作用、桩体抗拔与抗压作用、顶板组合作用等 4 种作用机制对边坡（滑坡）实施加固。随着滑坡推力的逐渐增大，微型桩可能在滑面附近产生塑性铰，使其受力模式由受剪转化为受拉，可进一步发挥微型桩中钢筋的抗拉能力，增大其加固边坡的整体抗滑性能。特别地，在桩长较大且桩位直立的情况下一般多呈现为"抗弯作用机制"，对于桩长较短且桩位倾斜的情况，一般多属于"锚固作用机制"。

（2）刚性顶板在桩顶有效协调与控制微型单桩的变形与受力，使得各微型单桩连成一体，整体协同抗滑，使得微型桩组合结构能够发挥"群桩大于各单桩之和"的力学效能。

（3）相对于无顶板情况，群桩顶部设置顶板后，桩身内力与水平位移均有所减小。实例分析结果显示，对于均质土坡，全桩最大弯矩、水平位移分别约减小 40%、25%；对于基覆式边坡，全桩最大弯矩、水平位移分别约减小 26%、3%。但是，顶板的设置同时会引起桩顶内力的增大，尤其是剪力增加幅度较大。

2. 建立了加固均质土坡的微型桩组合结构计算方法

对于加固均质土坡的微型桩组合结构，首先采用极限分析上限法求解作用于组合结构上的净推力大小，然后分别利用平面刚架理论与弹性地基梁理论（"m"法）对组合结构的受荷段与嵌固段分别建立分析模型，利用受荷段与嵌固段在滑面处的力与位移连续条件对全桩内力与变形进行解析。推导出了相应的微型桩组合结构内力与位移计算公式。

3. 给出了加固基覆式边坡的微型桩组合结构计算方法

对于加固基覆式边坡的微型桩组合结构，首先采用传递系数法求解边坡作用于组合结构桩后推力与桩前抗力，然后利用平面刚架理论与弹性地基梁理论（"k"法）对组合结构受荷段与嵌固段分别建立计算模型，利用受荷段与嵌固段在滑面处的力与位移连续条件对全桩内力与变形进行解析，并导出了微型桩组合结构内力与位移计算公式。

4. 得到了滑面的弱化抗剪强度对微型桩组合结构受力影响特征

（1）弱化强度对滑面形态（均质土坡）、组合结构受到的净推力、组合结构内力均具有较大影响。无论是均质土坡还是基覆式边坡，弱化强度的降低，对桩身内力的分布形状均无明显影响，但对其量值影响较大；相比于均质土坡，弱化强度的降低对基覆式边坡中组合结构所受推力的影响更大；在弱化强度降低幅度相同的情况下，基覆式边坡中的组合结构内力平均变化幅度大于均质土坡。

（2）对于微型桩组合结构加固的均质土坡，实例分析显示，随着弱化强度的降低，主要呈现为：滑面逐渐往深部发展，桩体内力沿轴向分布形状无明显变化，但其量值明显增大；弱化强度每降低 10%，桩体受荷段长度增大 10%～25%，结构上净推力增大 45%～75%，全桩最大弯矩与剪力增大 80%～100%。

（3）对于微型桩组合结构加固的基覆式边坡，实例分析显示，随着弱化强度的降低，桩体内力沿轴向分布形状没有明显变化，但其量值呈非线性增大，弱化强度每下降 10%，全桩最大弯矩与剪力增大 20%～90%。

5. 确定了主要因素对微型桩组合结构内力影响特征

（1）微型桩组合结构内力影响因素主要包括桩间距（横断面内、外）、桩体倾角、单桩刚度、单元布置型式、嵌固深度。其中，桩间距、桩体倾角、单桩刚度以及结构单元布置型式的影响较大。组合结构内力随着单桩刚度的增大而呈非线性增大，随桩体倾角、组合桩数的增大而呈非线性减小。实际工程设计中，应根据桩身内力较小且各排桩受力较为接近的原则选择合理的微型桩组合结构型式。

（2）对于均质土坡，合理的组合结构型式为：排间距、列间距为 d、$3d$；桩体倾角为 $20°～25°$；微型桩螺纹钢直径为 $28～32$ mm；组合桩数为 9（3 排×3 列）；嵌固比为 0.44 或 0.53。

（3）对于基覆式边坡，合理的组合结构型式为：排间距、列间距为 $5d$、$4d$；桩体倾角为 $20°～25°$；微型桩螺纹钢直径为 28 mm；组合桩数为 9（3 排×3 列）；嵌固比为 0.50 或 0.58。

6. 建立了 3 种微型桩组合结构加固边坡稳定性分析方法

（1）基于强度折减技术的快速收敛优化算法。根据数值模拟强度折减原理，采用二分法搜索边坡临界失稳时的剪切强度折减系数（稳定系数），使得在搜索计算过程中，每次强度折减计算的最多时步缩减为传统强度折减法的 50%；同时，以不平衡比率小于 $1.0×10^{-5}$ 作为每次强度折减计算的终止条件之一，从而大幅减少计算所用机时。

（2）基于双滑面的塑性极限分析上限法。对微型桩组合结构后侧、前侧坡体，通过强度折减方法将加固坡体稳定系数引入土体抗剪强度参数，进而分别采用塑性极限分析方法，考虑桩土之间协调作用模式，计算组合结构后侧坡体推力与前侧抗力，建立两者差值（推力-抗力）与稳定系数、滑面深度的函数关系，再由该差值最大原理确定出加固边坡的最小稳定系数。

（3）基于变形能与极值原理的能量法。将滑带土体视为理想弹塑性本构模型，采用滑带土体的极限变形能除以实际变形能的平方根定义坡体稳定系数，通过 Mohr-Coulomb 强度准则将该稳定系数转换为滑面上各点抗剪强度与剪应力的表达式，从而在获得微型桩组合结构加固坡体的自然应力场的条件下，可计算确定加固坡体的稳定系数。

（4）优化折减法较传统强度折减法克服了求解时间较长、断点无法续算等缺点，不需要预设滑面，且能考虑岩土体的应力应变关系，可适用于非均质边坡，但效率较低；双滑面极限分析法克服了传统的极限分析上限法假定桩前桩后滑面为同一个对数螺旋面的缺点，但不能考虑岩土体应力应变关系，不适用于非均质边坡，而效率较高；能量法可通过极限平衡或数值模拟实现，不需要预设滑面，可考虑岩土体的应力应变关系，相对于数值模拟强度折减法具有极高的计算效率。三种方法计算效率由高到低排序为：双滑面极限分析、能量法、优化折减法。

（5）实例分析表明，对于均质土坡，双滑面极限分析法得到的稳定系数最大，滑面也较深；能量法得到的稳定系数介于优化折减法与双滑面极限分析法之间，但滑面最浅；三种方法得到的稳定系数偏差不超过 6%，滑面深度最大相差约 40%；前两种方法计算时间比优化折减法减少约 90%。对于基覆式边坡，能量法得到的稳定系数比优化折减法约大 4%，滑面深度约减少 50%，而计算时间约减少 95%。

7. 建立了基于锚固机制的结构设计方法

微型桩属于细长构件，其组合抗滑结构具有类似于锚杆的锚固作用机制，尤其是在桩长较短且桩位倾斜的情况下这种作用更为突出。针对这种作用机制，微型抗滑桩对坡体所提供的沿滑面的抗滑力，包括桩体沿滑面向剪力与桩身轴力作用两部分，在通过传递系数法分析加固边坡稳定性时，两者共同以阻抗作用方式呈现于剩余推力计算表达式中。根据加固边坡稳定性设计安全系数要求，可计算确定微型桩设计剪力与轴力。

值得说明的是，对于微型桩结构加固边坡，在桩长较大且桩位直立的情况下可以采用抗弯作用机制，但必须合理确定桩前抗力，按传统的普通抗滑桩方法确定其桩前抗力，往往存在显著低估的问题。因此，工程实践中在抗弯作用机制难以合理量化分析的情况下，对于微型桩抗滑结构加固边坡的设计计算，建议立足于锚固作用机制进行设计。

8. 提出了多级微型桩结构分析方法

关于多级微型桩群的计算，关键在于确定作用在各级微型桩群上的滑坡推力荷载，提出采用侧向弹性地基约束法确定各级微型桩群上的滑坡推力荷载。即，将各级微型桩群受荷段前侧所受到的坡体约束视为侧向 Winkler 地基，利用桩土变形协调关系，确定作用于桩前的坡体抗力，待后一级微型桩群的前侧坡体抗力确定后，再利用传递系数法计算前一级微型桩群上的滑坡推力，以此类推，即可确定作用于各级微型桩群上的滑坡推力。确定出作用于各级微型桩群上的滑坡推力后，即可采用单级微型桩分析方法计算各桩的内力和变形。

实例模型试验结果表明，在三级微型桩群的情况下，后级桩的桩后坡体压力合力与中前级的比值为后级：中级：前级=1：0.61：0.13，后级桩承担的坡体压力最大，前级桩承担的最小。

9. 阐明了微型桩结构的施工技术和检测方法

微型桩施工应按照"分级开挖,逐级加固"的施工原则,尽量减少开挖施工对坡体的扰动,充分调动坡体开挖后的自稳能力。采用一定的注浆方法在钻孔内灌注掺入 MPC-I 型添加剂水泥砂浆或纯水泥浆。根据工程要求,采用孔底返浆或压力注浆,确保全孔注满浆液。为了使浆液凝固后不因浆体收缩而脱离孔壁,根据浆液配比情况,在浆液配制时掺入适量的膨胀剂。

微型桩一般工作程序为:开工前做好地表截排水措施的施工→分级开挖、边开挖边施作坡面防护→开挖至微型桩顶高程时停止开挖并施工微型桩→分段分层开挖其下边坡并施工相应工程措施。

微型桩的单桩拉拔检测应取靠山侧桩体,检测数量取总数的3%和5根的较大值,且同一顶板(梁)下只能测试一根桩体。拉拔试验可采用一个穿心千斤顶或两个普通千斤顶加载拉拔桩体,桩体顶端应预先焊接适当的长度以便于拉拔试验操作。

本书关于微型桩组合结构加固边坡(滑坡)问题的研究取得了上述主要成果,但条件所限,仍存在不足之处,有待后续深入研究和完善,主要包括:

(1)在分析微型桩组合结构时,嵌固段采用的仍是较为理想的 Winkler 地基梁模型,且没有考虑嵌固段地层的塑性性质;同时,受荷段采用平面刚架理论求解,其间对各排桩上的坡体压力分配尚存在假定其分布模式的问题。

(2)虽然给出了考虑滑体及滑面弱化抗剪强度的微型桩受力分析,也表明了抗剪强度弱化程度对微型桩受力具有较大的影响,但并没有涉及坡体的实际应变软化过程,抗剪强度是随着变形的发展逐渐降到残余强度的,因此有必要充分考虑坡体的变形发展特征以深入探究这一问题。

(3)对于加桩边坡的稳定性分析方法,书中只考虑了抗剪强度对稳定系数的贡献,并未考虑抗拉强度,而这在实际中的工程边坡,尤其在动力条件下,是一个应该要考虑的问题,即应该兼顾岩土体抗剪强度与抗拉强度对边坡稳定性的影响。

参考文献

[1] 吴越，陆新，刘东升，等. 中小型滑坡隐患点状态判别分析法及结果分析[J]. 重庆大学学报，2012，35（2）：128-134+142.

[2] 王唤龙. 微型桩组合抗滑结构受力机理与防腐性研究[D]. 成都：西南交通大学，2011.

[3] 朱本珍，孙书伟，郑静. 微型桩群加固堆积层滑坡原位试验研究[J]. 岩石力学与工程学报，2011，（S1）：2858-2864.

[4] 马鹏辉，彭建兵，王启耀，等. 泾阳南塬典型黄土滑坡成因、堆积及运动特征分析[J]. 工程地质学报，2018，26（4）：930-938.

[5] 许冲，王世元，徐锡伟，等. 2017年8月8日四川省九寨沟 MS7.0 地震触发滑坡全景[J]. 地震地质，2018，40（1）：232-260.

[6] 蒋权，陈希良，肖江剑，等. 云南黄坪库区滑坡运动及其失稳模式的离散元模拟[J]. 中国地质灾害与防治学报，2018，29（3）：53-59.

[7] 肖世国. 板连式束筋微型抗滑桩群加固滑坡机制及计算理论研究[J]. 学术动态，2012（3）：1-5.

[8] 朱宝龙. 类软土滑坡工程特性及钢管压力注浆型抗滑挡墙的理论研究[D]. 成都：西南交通大学，2005.

[9] 张倬元，王士天，王兰生. 工程地质分析原理[M]. 北京：地质出版社，1993.

[10] HUNGR O, LEROUEIL S, PICARELLI L. The varnes classification of landslide types, an update[J]. Landslides, 2014,11(2): 167-194.

[11] VARNES D J. Slope movement types and processes[C]. Washington D C: Transportation Research Board, National Academy Sciences, 1978.

[12] HUNGR O, EVANS S G. The occurrence and classification of massive rock slope failure[C]. Felsbau: Proceedings of the rock and soil engineering, 2004.

[13] HUTCHINSON J N, BROMHEAD E N, LUPINI J F. Additional observations on the Folkestone Warren landslides[J]. Quarterly Journal of Engineering Geology, 1980,13(1): 1-31.

[14] GUERRICCHIO A, DOGLIONI A, FORTUNATO G, et al. Landslide hazard connected to deep seated gravitational slope deformations and prolonged rainfall: Maierato landslide case history [J]. Società Geologica Italiana, 2012, 21: 574-576.

[15] ROBERTS N J, EVANS S G. The gigantic Seymareh (Saidmarreh) rock avalanche, Zagros Fold-Thrust Belt, Iran[J]. Journal of the Geological Society, 2013,170(4): 685-700.

[16] LUTTON R J, BANKS D C, STROHM W E. Slides in Gaillard Cut, Panama Canal Zone

[M]//BARRY V. Developments in Geotechnical Engineering. Amsterdam: Elsevier, 1979: 151-196, 201-224.

[17] FORLATI F, LANCELLOTTA R, SCAVIA C, et al. Swelling processes in sliding marly layers in the Langhe region, Italy [C]. Rotterdam: Proceedings of the the geotechnics of hard soils-soft rocks,1998.

[18] LARSEN M C, WIECZOREK G F. Geomorphic effects of large debris flows and flash floods, northern Venezuela, 1999[J]. Zeitschrift fur Geomorphologie, Supplementband, 2006, 145: 147-175.

[19] LACERDA W A. Landslide initiation in saprolite and colluvium in southern Brazil: Field and laboratory observations[J]. Geomorphology, 2007, 87(3): 104-119.

[20] GUADAGNO F M, FORTE R, REVELLINO P, et al. Some aspects of the initiation of debris avalanches in the Campania Region: the role of morphological slope discontinuities and the development of failure[J]. Geomorphology, 2005, 66(2): 237-254.

[21] 王恭先. 滑坡防治中的关键技术及其处理方法[J]. 岩石力学与工程学报，2005，24（21）：3818-3827.

[22] CASAGRANDE A. Characteristics of cohesionless soils affecting the stability of slopes and earth fills[C]. Proceedings of the Contributions to Soils Mechanics, 1940.

[23] 曾锦秀. 四川泸州岩窝头滑坡形成机制及稳定性评价[D]. 成都：西南交通大学，2014.

[24] 袁晓波，向波，赵丹，等. 四川广巴高速公路红层滑坡成因分析及防治措施[J]. 中国地质灾害与防治学报，2012,23（3）：13-17.

[25] 李兵. 广巴路木门至正直段滑坡特征及成因分析[J]. 四川建筑，2011，31（2）：62-63.

[26] TERZAGHI K. Mechanisms of landslides[J]. Geological Society of America, 1950: 83-123.

[27] SKEMPTON A W, LEADBEATER A D, CHANDLER R J. The Mam Tor landslide, North Derbyshire[J]. Philosophical Transactions of the Royal Society of London A: Mathematical, Physical and Engineering Sciences, 1989, 329(1607): 503-547.

[28] POPESCU M. A suggested method for reporting landslide remedial measures[J]. Bulletin of Engineering Geology and the Environment, 2001, 60(1): 69-74.

[29] URCIUOLI G, PIRONE M. Subsurface Drainage for Slope Stabilization[M]//MARGOTTINI C, CANUTI P, SASSA K. Landslide Science and Practice. Berlin: Springer, 2013: 577-585.

[30] STANIĆ B. Influence of Drainage Trenches on Slope Stability[J]. Journal of Geotechnical Engineering, 1984, 110(11): 1624-1636.

[31] COTECCHIA F, LOLLINO P, PETTI R. Efficacy of drainage trenches to stabilise deep slow landslides in clay slopes[J]. Géotechnique Letters, 2016, 6(1): 1-6.

[32] KANG G C, SONG Y S, KIM T H. Behavior and stability of a large-scale cut slope considering reinforcement stages[J]. Landslides, 2009, 6(3): 263-272.

[33] XIAO S, ZENG J, YAN Y. A rational layout of double-row stabilizing piles for large-scale landslide control[J]. Bulletin of Engineering Geology and the Environment, 2017,76(1): 309-321.

[34] 李凡，邵蒙新. 锚杆在膨胀土滑坡治理中的应用[J]. 土工基础，2002，16（4）：24-26.

[35] 蒋忠信. 预应力锚索加固松散体滑坡的机理与实践[J]. 铁道工程学报，1999（1）：76-81.

[36] 阮波. 预应力锚索桩加固滑坡机理及稳定性研究[D]. 长沙：中南大学，2005.

[37] 苏吉平. 预应力锚索抗滑桩滑坡治理设计与稳定性分析[D]. 长沙：中南大学，2008.

[38] 黄伟钦. 微型桩在边坡支护中的综合应用[J]. 岩石力学与工程学报，2001，20（A01）：1218-1220.

[39] JONES D K C, LEE E M, BRUNSDEN D. The landslide environment of Great Britain [M]//BROOMHEAD, EDDIE, DIXON, et al. Landslides in Research, Theory and Practice. London: Thomas Telford, 2000: 911-916.

[40] TURNER J P, JENSEN W G. Landslide stabilization using soil nail and mechanically stabilized earth walls: Case study[J]. Journal of Geotechnical and Geoenvironmental Engineering, 2005, 131(2): 141-150.

[41] TAN Y C, CHOW C M. Slope stabilization using soil nails: design assumptions and construction realities[C]. Bangi: Proceedings of the Malaysia-Japan Symposium on Geohazards and Geoenvironmental Engineering, 2004.

[42] BROWN D A, CHANCELLOR K, Instrumentation, Monitoring and Analysis of the Performance of a Type-A INSERT Wall-Littleville, Alabama[R]. Auburn: Highway Research Center, Harbert Engineering Center, Auburn University, 1997.

[43] PALMERTON J B. Stabilization of Moving Land Masses by Cast-in-Place Piles[R]. Washington D C: Federal Highway Administration, 1984.

[44] PEARLMAN S L, CAMPBELL B D, WITHIAM J L. Slope stabilization using in-situ earth reinforcements[C]. Proceedings of the Stability and Performance of Slopes and Embankments II, 1993.

[45] MORGAN R P C, RICKSON R J. Slope Stabilization and Erosion Control: A Bioengineering Approach[M]. London: Elsevier, 1994: 288.

[46] WU T H. Effect of vegetation on slope stability[J]. Transportation Research Record, 1984, 965: 37-46.

[47] BARKER D H. Vegetation and slopes: stabilisation, protection and ecology[C]. New York: Thomas Telford, 1995.

[48] POWELL G E. Recent changes in the approach to landslip preventive works in Hong Kong[C]. New Zealand：Proceedings of the Sixth International Symposium on Landslides Christchurch, 1992.

[49] GREENWAY D R. Vegetation and Slope Stability[J]. Slope Stability Geotechnical Engineering & Geomorphology, 1987.

[50] 史佩栋，何开胜. 小桩的起源、应用与发展（Ⅰ）[J]. 岩土工程界，2005, 8(8): 18-19.

[51] BRUCE D A, DIMILLIO A F, JURAN I. A primer on micropiles[J]. Civil Engineering, 1995, 65(12): 51-54.

[52] 何晖. 微型桩加固浅层堆积层膨胀土滑坡机理与应用研究[D]. 西安：西安科技大学，2013.

[53] SPLITSTONE D E, STONECHECK S A, DODSON R L, et al. Birmingham Bridge Emergency Repairs: Micropile Foundation Retrofit[C]. Orlando: Proceedings of the GeoFlorida, 2010.

[54] TRAYLOR R P, CADDEN A W, BRUCE D A. High capacity micropiles in karst: challenges and opportunities[C]. Orlando: Proceedings of the International Deep Foundations Congress, 2002.

[55] MOAYED R Z, NAEINI S A. Imrovement of loose sandy soil deposits using micropiles[J]. KSCE Journal of Civil Engineering, 2012, 16(3): 334-340.

[56] ARMOUR T, Micropile design and construction guidelines implementation manual[R]. Washington, D C: US Department of Transportation, Federal Highway Administration, 2000.

[57] 丁光文，王新. 微型桩复合结构在滑坡整治中的应用[J]. 岩土工程技术，2004, 18（1）: 47-50.

[58] 郑瑜. 国外微型桩发展概况[J]. 港口工程，1990（5）: 49-53.

[59] SABATINI P J, TANYU B, ARMOUR T, et al. Micropile Design and Construction[R]. Washington, D C: US Department of Transportation, Federal Highway Administration, 2005.

[60] 周德培，王唤龙，孙宏伟. 微型桩组合抗滑结构及其设计理论[J]. 岩石力学与工程学报，2009, 28（7）: 1353-1362.

[61] XIAO S G, CUI K, ZHOU D P, et al. Analysis of a New Combined Micropile Structure for Preventing Slope Slippage and Its Application in a Practical Project[C]. ICCTP, ASCE, 2009: 1-11.

[62] 孙书伟，朱本珍，郑静. 基于极限抗力分析的微型桩群加固土质边坡设计方法[J]. 岩土工程学报，2010, 32（11）: 1671-1677.

[63] SUN S W, ZHU B Z, WANG J C. Design method for stabilization of earth slopes with micropiles[J]. Soils and foundations, 2013,53(4): 487-497.

[64] BRUCE D A, DIMILLIO A F, JURAN I. Micropiles: the state of practice Part I: Characteristics, definitions and classifications[J]. Ground Improvement, 1997,1(1): 25-35.

[65] BRUCE D A, CADDEN A W, SABATINI P J. Practical advice for foundation design-micropiles for structural support[C]. Proceedings of the Contemporary Issues in Foundation Engineering, ASCE, 2005.

[66] HOWE W K. Micropiles for Slope Stabilization[C]. Denver: American Society of Civil Engineers, 2010: 78-90.

[67] SHARMA B, ZAHEER S, HUSSAIN Z. Experimental Model for Studying the Performance of Vertical and Batter Micropiles[C]. Atlanta: American Society of Civil Engineers, 2014: 4252- 4264.

[68] NOORZAD R, SAGHAEE G R. Seismic Analysis of Inclined Micropiles Using Numerical Method[C]. Orlando: American Society of Civil Engineers, 2009: 406-413.

[69] 王猛. 高烈度区加固路堑边坡的微型桩合理结构型式分析[D]. 成都：西南交通大学，2011.

[70] 闫金凯，殷跃平，门玉明，等. 滑坡微型桩群桩加固工程模型试验研究[J]. 土木工程学报，2011（4）：120-128.

[71] 孙书伟，朱本珍，马惠民，等. 微型桩群与普通抗滑桩抗滑特性的对比试验研究[J]. 岩土工程学报，2009（10）：1564-1570.

[72] 杜衍庆，白明洲，邱树茂，等. 集约式微型桩群水平承载性能试验研究[J]. 岩石力学与工程学报，2015（4）：821-830.

[73] 董彬彬. 双排抗滑桩土拱效应分析[D]. 重庆：重庆大学，2014.

[74] CHEN C Y, MARTIN G R. Soil-structure interaction for landslide stabilizing piles[J]. Computers and Geotechnics, 2002,29(5): 363-386.

[75] BYRNE P M, ANDERSON D L, JANZEN W. Response of piles and casings to horizontal free-field soil displacements[J]. Canadian Geotechnical Journal, 1984, 21(4): 720-725.

[76] POULOS H G. Design of reinforcing piles to increase slope stability[J]. Canadian Geotechnical Journal, 1995, 32(5): 808-818.

[77] LEE C Y, HULL T S, POULOS H G. Simplified pile-slope stability analysis[J]. Computers and Geotechnics, 1995, 17(1): 1-16.

[78] CHEN L T, POULOS H G. Piles Subjected to Lateral Soil Movements[J]. Journal of Geotechnical and Geoenvironmental Engineering, 1997, 123(9): 802-811.

[79] JEONG S, KIM B, WON J, et al. Uncoupled analysis of stabilizing piles in weathered slopes[J]. Computers and Geotechnics, 2003, 30(8): 671-682.

[80] BROMS B B. Lateral Resistance of Piles in Cohesive Soils[J]. Journal of the Soil Mechanics and foundations Division, 1964, 90(3): 27-64.

[81] BEER E E, WALLAYS M. Forces induced in piles by unsymmetrical surcharges on the soil around the piles[C]. Madrid: Proceedings of the 5th International Conference on Soil Mechanics, 1972.

[82] ITO T, MATSUI T. Methods to estimate lateral force acting on stabilizing piles[J]. Soils and foundations, 1975, 15(4): 43-59.

[83] VIGGIANI C. Ultimate lateral load on piles used to stabilize landslides[C]. Stockholm: Proceedings of the 10th International Conference on Soil Mechanics and Foundation Engineering, 1981.

[84] RANDOLPH M F, HOULSBY G T. The limiting pressure on a circular pile loaded laterally in cohesive soil[J]. Géotechnique, 1984, 34(4): 613-623.

[85] HASSIOTIS S, CHAMEAU J L, GUNARATNE M. Design method for stabilization of slopes with piles[J]. Journal of Geotechnical and Geoenvironmental Engineering, 1997, 123(4): 314- 323.

[86] 冯君，周德培，江南，等. 微型桩体系加固顺层岩质边坡的内力计算模式[J]. 岩石力学与工程学报，2006（2）：284-288.

[87] 苏媛媛，张占民，刘小丽. 微型抗滑桩设计计算方法综述与探讨[J]. 岩土工程学报，2010（S1）：223-228.

[88] POULOS H G. Analysis of piles in soil undergoing lateral movement[J]. Journal of the Soil Mechanics and Foundations Division, 1973, 99(5): 391-406.

[89] 赵明华，邹新军，罗松南，等. 横向受荷桩桩侧土体位移应力分布弹性解[J]. 岩土工程学报，2004，26（6）：767-771.

[90] 刘阳，史维宇，韩冬梅，等. 桩基础水平荷载研究方法综述[J]. 东北水利水电，2014，32（12）：9-10.

[91] 马志涛. 水平荷载下桩基受力特性研究综述[J]. 河海大学学报（自然科学版），2006，34（5）：546-551.

[92] 吴同情，褚广辉. 水平承载桩受力特性研究综述[C]// 重庆力学学会. 重庆力学学会2009 年学术年会论文集. 重庆：重庆大学出版社，2009.

[93] 戴自航，沈蒲生，张建伟. 水平梯形分布荷载桩双参数法的数值解[J]. 岩石力学与工程学报，2004（15）：2632-2638.

[94] 戴自航，苏美选，胡昌斌. 抛物线分布荷载推力桩双参数法的 2 种数值解[J]. 岩石力学与工程学报，2007（7）：1463-1469.

[95] 冯君. 顺层岩质边坡开挖稳定性及其支护措施研究[D]. 成都：西南交通大学，2005.

[96] 户巧梅. 微型桩加固边坡的内力计算[D]. 西安：长安大学，2009.

[97] 肖世国，鲜飞，王唤龙. 一种微型桩组合抗滑结构内力分析方法[J]. 岩土力学，2010（8）：2553-2559+2564.

[98] GUO W D. Simple Model for Nonlinear Response of 52 Laterally Loaded Piles[J]. Journal of Geotechnical & Geoenvironmental Engineering, 2012,139(2): 234-252.

[99] 孙书伟. 顺层高边坡开挖松动区研究及微型桩加固边坡的内力计算[D]. 北京：铁道部科学研究院，2006.

[100] 肖维民. 微型桩结构体系抗滑机理研究[D]. 成都：西南交通大学，2008.

[101] 吴文平. 抗滑微型桩组合结构的计算理论研究[D]. 成都：西南交通大学，2008.

[102] 孙宏伟. 刚性帽梁微型桩组合结构内力分析[D]. 成都：西南交通大学，2010.

[103] 向波. 小直径钢管排桩抗滑机理及计算方法研究[D]. 成都：西南交通大学，2013.

[104] 刘鸿，周德培，张益峰. 微型桩组合结构模型抗滑机制试验研究[J]. 岩土力学，2013（12）：3446-3452.

[105] TURNER J P, HALVORSON M. Design Method for Slide-Stabilizing Micropile Walls[C]. San Diego: American Society of Civil Engineers, 2013: 1964-1976.

[106] 安孟康，郑静，孟进宝，等. "人"字形微型桩体系内力计算方法比较研究[J]. 铁道工

程学报，2015（3）：16-20.

[107] 丁光文. 微型桩处理滑坡的设计方法[J]. 西部探矿工程，2001（4）：15-17.

[108] 史佩栋，何开胜. 小桩的起源、应用与发展（Ⅳ）[J]. 岩土工程界，2005（11）：22-26.

[109] JURAN I, BENSLIMANE A, HANNA S. Engineering analysis of dynamic behavior of micropile systems[J]. Transportation Research Record: Journal of the Transportation Research Board, 2001(1772): 91-106.

[110] SADEK M, SHAHROUR I. Three-dimensional finite element analysis of the seismic behavior of inclined micropiles[J]. Soil dynamics and earthquake engineering, 2004, 24(6): 473-485.

[111] SADEK M, SHAHROUR I. Influence of the head and tip connection on the seismic performance of micropiles[J]. Soil dynamics and earthquake engineering, 2006, 26(5): 461-468.

[112] SHAHROUR I, ALSALEH H, SOULI M. 3D elastoplastic analysis of the seismic performance of inclined micropiles[J]. Computers and Geotechnics, 2012, 39: 1-7.

[113] 陈正，梅岭，梅国雄. 柔性微型桩水平承载力数值模拟[J]. 岩土力学，2011（7）：2219-2224.

[114] SHAHROUR I, JURAN I. Seismic behaviour of micropile systems[J]. Proceedings of the Institution of Civil Engineers-Ground Improvement, 2004,8(3): 109-120.

[115] MISRA A, CHEN C H. Analytical solution for micropile design under tension and compression[J]. Geotechnical & Geological Engineering, 2004, 22(2): 199-225.

[116] ALSALEH H, SHAHROUR I. Three-Dimensional Nonlinear Finite-Difference Analysis for Seismic Soil-Micropile-Structure Interaction: Effects of Nonlinearity of Soil and Micropile- Soil Interface[C]. Atlanta: American Society of Civil Engineers, 2006: 1-6.

[117] WHITE D J, THOMPSON M J, SULEIMAN M T, et al. Behavior of slender piles subject to free-field lateral soil movement[J]. Journal of Geotechnical and Geoenvironmental Engineering, 2008, 134(4): 428-436.

[118] 向波，马建林，何云勇，等. 微型钢管排桩支挡结构原型试验研究[J]. 岩石工程学报，2013（11）：2131-2138.

[119] XIANG B, ZHANG L M, ZHOU L R, et al. Field Lateral Load Tests on Slope-Stabilization Grouted Pipe Pile Groups[J]. Journal of Geotechnical and Geoenvironmental Engineering, 2014,141(4): 04014124.

[120] DUNCAN J M, EVANS L T, OOI P S K. Lateral Load Analysis of Single Piles and Drilled Shafts[J]. Journal of Geotechnical Engineering, 1994, 120(6): 1018-1033.

[121] BASU D, SALGADO R, PREZZI M. Analysis of Laterally Loaded Piles in Multilayered Soil Deposits[R]. Indiana: Purdue University, 2008.

[122] GUO W D. Nonlinear response of laterally loaded piles and pile groups[J]. International Journal for Numerical and Analytical Methods in Geomechanics, 2009, 33(7): 879-914.

[123] GUO W D. Nonlinear response of laterally loaded rigid piles in sliding soil[J]. Canadian

Geotechnical Journal, 2014, 52(7): 903-925.

[124] CHOW Y K. Analysis of piles used for slope stabilization[J]. International Journal for Numerical and Analytical Methods in Geomechanics, 1996, 20(9): 635-646.

[125] CHOW Y K. Analysis of vertically loaded pile groups[J]. International Journal for Numerical & Analytical Methods in Geomechanics, 1986, 10(1): 59-72.

[126] LEUNG C F, CHOW Y K. Response of pile groups subjected to lateral loads[J]. International Journal for Numerical & Analytical Methods in Geomechanics, 1987, 11(3): 307-314.

[127] CHOW Y. Three-Dimensional Analysis of Pile Groups[J]. Journal of Geotechnical Engineering, 1987, 113(6): 637-651.

[128] 胡军，朱巨建. 应变软化模型在 FLAC～（3D）二次开发中的应用[J]. 水电能源科学，2009，27（3）：120-123.

[129] 胡新丽，王亮清，唐辉明，等. 三峡库区库岸滑坡抗滑桩设计的几个关键问题[J]. 地质科技情报，2005，24（z1）：121-125.

[130] 刘小丽，邓建辉，李广涛. 滑带土强度特性研究现状[J]. 岩土力学，2004，25（11）：1849-1854.

[131] 第三机械工业部勘测公司，冶金部成都勘察公司，铁道部科学研究院西北研究所. 滑坡滑带土残余强度的几种实验方法（滑坡文集（二））[M]. 北京：中国铁道出版社，1979.

[132] 张嘎，张建民. 基于瑞典条分法的应变软化边坡稳定性评价方法[J]. 岩土力学，2007（1）：12-16.

[133] ZHANG G, WANG L P. Stability Analysis of Strain-softening Slope Reinforced with Stabilizing Piles[J]. Journal of Geotechnical & Geoenvironmental Engineering, 2010, 136(11): 1578-1582.

[134] MIAO T D, MA C W, WU S Z. Evolution Model of Progressive Failure of Landslides[J]. Journal of Geotechnical & Geoenvironmental Engineering, 1999, 125(10): 98-99.

[135] CONTE E, SILVESTRI F, TRONCONE A. Stability analysis of slopes in soils with strain-softening behaviour[J]. Computers & Geotechnics, 2010, 37(5): 710-722.

[136] MOHAMMADI S, TAIEBAT H A. A large deformation analysis for the assessment of failure induced deformations of slopes in strain softening materials[J]. Computers & Geotechnics, 2013, 49(4): 279-288.

[137] LIU C N. Progressive failure mechanism in one-dimensional stability analysis of shallow slope failures[J]. Landslides, 2009, 6(2): 129-137.

[138] 沈华章，王水林，郭明伟，等. 应变软化边坡渐进破坏及其稳定性初步研究[J]. 岩土力学，2016，37（1）：175-184.

[139] LAW K T, LUMB P. A limit equilibrium analysis of progressive failure in the stability of slopes[J]. Canadian Geotechnical Journal, 1978, 15(1): 175-183.

[140] KHAN Y A, JIANG J C, YAMAGAMI T. Progressive failure analysis of slopes using

non-vertical slices[J]. Landslides, 2002, 39(2): 203-211.

[141] SKEMPTON A W. Long-Term Stability of Clay Slopes[J]. Géotechnique, 1964, 14(2): 77-102.

[142] SKEMPTON A W. Residual strength of clays in landslides, folded strata and the laboratory[J]. Géotechnique, 1985, 35(1): 3-18.

[143] RAMIAH B K, DAYALU N K, PURUSHOTHAMARAJ P. Influence of chemicals on residual strength of silty clay[J]. Soil & Foundation, 1970, 10: 25-36.

[144] MOORE R. Chemical and mineralogical controls upon the residual strength of pure and natural clays [J]. Géotechnique, 1991, 41(1): 35-47.

[145] MAKSIMOVIĆ M. On the residual shearing strengh of clays[J]. Géotechnique, 1989, 39(2): 347-351.

[146] TIKA T E, HUTCHINSON J N. Ring shear tests on soil from the Vaiont landslide slip surface[J]. Géotechnique, 1999, 49(1): 59-74.

[147] TIKA T E, VAUGHAN P R, LEMOS L J. Fast shearing of pre-existing shear zones in soil[J]. Géotechnique, 1996, 46(2): 197-233.

[148] DEWOOLKAR M M, HUZJAK R J. Drained Residual Shear Strength of Some Claystones from Front Range, Colorado[J]. Journal of Geotechnical & Geoenvironmental Engineering, 2005, 131(12): 1543-1551.

[149] KAYA A, KWONG J K P. Evaluation of common practice empirical procedures for residual friction angle of soils: Hawaiian amorphous material rich colluvial soil case study[J]. Engineering Geology, 2007, 92(1-2): 49-58.

[150] 戴福初，王思敬，李焯芬. 香港大屿山残坡积土的残余强度试验研究[J]. 工程地质学报，1998，6（3）：223-229.

[151] 陈晓平，黄井武，尹赛华，等. 滑带土强度特性的试验研究[J]. 岩土力学，2011，32（11）：3212-3218.

[152] 孙书伟，陈冲，丁辉，等. 微型桩群加固土坡稳定性分析[J]. 岩土工程学报，2014（12）：2306-2314.

[153] 郑振通. 微型桩加固边坡稳定性分析方法对比研究[D]. 重庆：重庆交通大学，2015.

[154] 杨志法，尚彦军，刘英. 关于岩土工程类比法的研究[J]. 工程地质学报，1997，5（4）：299-305.

[155] 吴景坤，方祁，蔡军刚，等. 堆积层滑坡稳定性评价专家系统方法[J]. 中国地质灾害与防治学报，1994，5（2）：8-16.

[156] 夏元友，柳鹏，刘裱颀. 基于GIS的三峡滑坡稳定性评价系统接口设计[J]. 武汉理工大学学报，2010，32（10）：49-52.

[157] 陈立强，张志军. 图解法和数值分析法在露天矿边坡稳定性评价中的应用[J]. 有色金属（矿山部分），2012，64（2）：73-79.

[158] 孙东亚，陈祖煜，杜伯辉，等. 边坡稳定评价方法RMR-SMR体系及其修正[J]. 岩石力学与工程学报，1997，16（4）：297-304.

[159] 周应华, 周德培, 张辉, 等. 楔形体破坏模式下红层边坡岩体质量 SMR 法评价[J]. 工程地质学报, 2005 (1): 89-93.

[160] 邱恩喜, 谢强, 石岳, 等. 修正 SMR 法在红层软岩边坡中的应用[J]. 岩土力学, 2009, 30 (7): 2109-2113.

[161] 白雪飞, 易鑫. 岩质边坡稳定性快速评价方法研究[J]. 铁道勘察, 2011, 37 (2): 79-82.

[162] 陈新民, 罗国煜, 夏佳. 边坡稳定性类比评价的定量实现[J]. 工程地质学报, 2000, 8 (2): 244-248.

[163] FELLENIUS W. Calculation of stability of earth dam[C]. Washington, D C: Proceedings of the 2nd Congress Large Dams, 1936.

[164] JANBU N. Slope stability computations[M]//HIRSCHFIELD E, POULOS S. Embankment Dam Engineering. New York: Wiley, 1973: 47-86.

[165] BISHOP A W. The use of the slip circle in the stability analysis of slopes[J]. Géotechnique, 1955(5): 7-17.

[166] SPENCER E. A Method of Analysis of the Stability of Embankments Assuming Parallel Inter-Slice Forces[J]. Géotechnique, 1967, 17(1): 384-386.

[167] MORGENSTERN N R, PRICE V E. The analysis of the stability of general slip surfaces[J]. Géotechnique, 1965, 15(1): 79-93.

[168] 郑颖人, 时卫民, 杨明成. 不平衡推力法与 Sarma 法的讨论[J]. 岩石力学与工程学报, 2004 (17): 3030-3036.

[169] LI X. Finite element analysis of slope stability using a nonlinear failure criterion[J]. Computers and Geotechnics, 2007, 34(3): 127-136.

[170] HUANG M, JIA C Q. Strength reduction FEM in stability analysis of soil slopes subjected to transient unsaturated seepage[J]. Computers and Geotechnics, 2009, 36(1): 93-101.

[171] 李建平, 熊传治. 岩石边坡安全系数的边界元解[J]. 岩石力学与工程学报, 1990, 9 (3): 238-243.

[172] CUNDALL P A, STRACK O D L. A discrete numerical model for granular assemblies[J]. Géotechnique, 1979, 29(1): 47-65.

[173] CUNDALL P A, HART R D. Numerical Modeling of Discontinua[J]. Engineering Computations, 1992, 9(2): 101-113.

[174] 雷远见, 王水林. 基于离散元的强度折减法分析岩质边坡稳定性[J]. 岩土力学, 2006 (10): 1693-1698.

[175] SHI G H, GOODMAN R E. Two dimensional discontinuous deformation analysis[J]. International Journal for Numerical and Analytical Methods in Geomechanics, 1985, 9(6): 541-556.

[176] SHI G, GOODMAN R E. Generalization of two-dimensional discontinuous deformation analysis for forward modelling[J]. International Journal for Numerical and Analytical Methods in Geomechanics, 1989, 13(4): 359-380.

[177] HE L, AN X, MA G, et al. Development of three-dimensional numerical manifold method for jointed rock slope stability analysis[J]. International Journal of Rock Mechanics and Mining Sciences, 2013, 64: 22-35.

[178] WANG T, WU H, LI Y, et al. Stability analysis of the slope around flood discharge tunnel under inner water exosmosis at Yangqu hydropower station[J]. Computers and Geotechnics, 2013, 51: 1-11.

[179] 刘春玲，祁生文，童立强，等. 利用 FLAC3D 分析某边坡地震稳定性[J]. 岩石力学与工程学报，2004（16）：2730-2733.

[180] LI L, WANG Y, CAO Z. Probabilistic slope stability analysis by risk aggregation[J]. Engineering Geology, 2014,176: 57-65.

[181] GRIFFITHS D, FENTON G. Probabilistic Slope Stability Analysis by Finite Elements[J]. Journal of Geotechnical and Geoenvironmental Engineering, 2004, 130(5): 507-518.

[182] 王艳霞. 模糊数学在边坡稳定分析中的应用[J]. 岩土力学，2010，31（9）：3000-3004.

[183] 刘沐宇，朱瑞赓. 基于模糊相似优先的边坡稳定性评价范例推理方法[J]. 岩石力学与工程学报，2002，21（8）：1188-1193.

[184] 弥宏亮，陈祖煜. 遗传算法在确定边坡稳定最小安全系数中的应用[J]. 岩土工程学报，2003，25（6）：671-675.

[185] 李素娟. 基于遗传算法的边坡稳定性分析研究[D]. 西安：西安建筑科技大学，2008.

[186] SHAHROKHABADI S, KHOSHFAHM V, RAFSANJANI H N. Hybrid of Natural Element Method (NEM) with Genetic Algorithm (GA) to find critical slip surface[J]. Alexandria Engineering Journal, 2014, 53(2): 373-383.

[187] SINHA A K, SENGUPTA M. Expert system approach to slope stability[J]. Mining Science and Technology, 1989, 8(1): 21-29.

[188] 吴景坤，方祁，蔡军刚，等. 堆积层滑坡稳定性评价专家系统方法[J]. 中国地质灾害与防治学报，1994，5（2）：8-16.

[189] 卢才金，胡厚田，徐建平，等. 改进的 BP 网络在岩质边坡稳定性评判中的应用[J]. 岩石力学与工程学报，1999，18（3）：303-307.

[190] WANG H B, XU W Y, XU R C. Slope stability evaluation using Back Propagation Neural Networks[J]. Engineering Geology, 2005, 80(3): 302-315.

[191] BISHOP A W, MORGENSTERN N R. Stability coefficients for earth slopes[J]. Géotechnique, 1960, 10: 129-150.

[192] MORGENSTERN N R, PRICE V E. A Numerical Method for Solving the Equations of Stability of General Slip Surfaces[J]. The Computer Journal, 1967, 9(4): 388-393.

[193] SPENCER E. Thrust line criterion in embankment stability analysis[J]. Géotechnique, 1973, 23(1): 85-100.

[194] SARMA S K. Stability analysis of embankments and slopes[J]. Géotechnique, 1973,23(3): 423-433.

[195] SARMA S K. A note on the stability analysis of slopes[J]. Géotechnique, 1987,37(1):

107-111.

[196] 陈祖煜，弥宏亮，汪小刚. 边坡稳定三维分析的极限平衡方法[J]. 岩土工程学报，2001，23（5）：525-529.

[197] 郑宏，刘德富. 弹塑性矩阵 D_{ep} 的特性和有限元边坡稳定性分析中的极限状态标准[J]. 岩石力学与工程学报，2005，24（7）：1099-1105.

[198] 张均锋. 三维简化 Janbu 法分析边坡稳定性的扩展[J]. 岩石力学与工程学报，2004，23（17）：2876-2881.

[199] 张均锋，丁桦. 边坡稳定性分析的三维极限平衡法及应用[J]. 岩石力学与工程学报，2005，24（3）：365-370.

[200] 郑宏，田斌，刘德富，等. 关于有限元边坡稳定性分析中安全系数的定义问题[J]. 岩石力学与工程学报，2005，24（13）：2225-2230.

[201] 朱大勇，邓建辉，台佳佳. 简化 Bishop 法严格性的论证[J]. 岩石力学与工程学报，2007，26（3）：455-458.

[202] 张雪东，陈剑平，黄润秋，等. 呷爬滑坡稳定性的 FLAC-3D 数值模拟分析[J]. 岩土力学，2003，24（S1）：113-116.

[203] 刘礼领，殷坤龙. 离散单元法在水库库岸滑坡稳定性分析中的应用[J]. 水文地质工程地质，2003（4）：63-66.

[204] 孙书勤，黄润秋，丁秀美. 天台乡滑坡特征及稳定性的 FLAC~（3D）分析[J]. 水土保持研究，2006，13（5）：30-32.

[205] 章广成，唐辉明，胡斌. 非饱和渗流对滑坡稳定性的影响研究[J]. 岩土力学，2007，28（5）：965-970.

[206] 刘茂. 土质滑坡稳定性影响因素的敏感性研究[D]. 成都：成都理工大学，2011.

[207] 陶丽娜，周小平，柴贺军. 用于边坡稳定分析的改进通用条分法[J]. 土木建筑与环境工程，2014，36（1）：106-113.

[208] XIAO S G, GUO W D, ZENG J X. Factor of Safety of Slope Stability from Deformation Energy[J]. Canadian Geotechnical Journal, 2018, 55(2): 296-302.

[209] 鲜飞. 微型桩组合结构模型试验研究[D]. 成都：西南交通大学，2010.

[210] RICHARDS T D, ROTHBAUER M J. Lateral Loads on Pin Piles (Micropiles)[C]. Orlando: American Society of Civil Engineers, 2004: 158-174.

[211] MACKLIN P R, BERGER D, ZIETLOW W, et al. Case History: Micropile Use for Temporary Excavation Support[C]. Orlando: American Society of Civil Engineers, 2004: 653-661.

[212] 黄恒恒. 微型桩-土受力分析研究[D]. 武汉：湖北工业大学，2015.

[213] 杨静. 微型桩加固边坡的动力响应特征及抗震计算方法研究[D]. 成都：西南交通大学，2012.

[214] POULOS H G, CHEN L T, HULL T S. Model Tests on Single Piles Subjected to Lateral Soil Movement[J]. Journal of the Japanese Geotechnical Society Soils & Foundation, 1995,35(4): 85-92.

[215] Itasca Consulting Group. FLAC3D users manual[Z]. Ontario: Itasca Consulting Group, 2012.

[216] ZIENKIEWICZ O C, HUMPHESON C, LEWIS R W. Associated and nonassociated visco-plasticity and plasticity in soil mechanics[J]. Géotechnique, 1975, 25(4): 671-689.

[217] CHEN W F. Limit analysis and soil plasticity[M]. Amsterdam: Elsevier, 1975.

[218] AUSILIO E, CONTE E, DENTE G. Stability analysis of slopes reinforced with piles[J]. Computers and Geotechnics, 2001, 28(8): 591-611.

[219] JONES G. Analysis of beams on elastic foundation[M]. London: Thomas Telford, 1997: 4-11.

[220] KRENK S, HØGSBERG J. Statics and Mechanics of Structures[M]. Dordrecht: Springer, 2013: 506.

[221] CONSTANDA C. Differential Equations[M]. New York: Springer, 2013.

[222] 重庆市设计院，中国建筑技术集团有限公司.建筑边坡工程技术规范：GB 50330—2013[S]. 北京：中国建筑工业出版社，2014.

[223] 沈尧亮，侯殿英. 传递系数法的原型与衍生[J]. 工程勘察，2010（S1）：477-486.

[224] 一机部勘测公司. 滑坡稳定性检算中几个问题的讨论[J]. 勘察技术资料，1975（14）：5-13.

[225] 苏爱军，冯明权. 滑坡稳定性传递系数计算法的改进[J]. 地质灾害与环境保护，2002（3）：51-55.

[226] 朱本珍，孔剑华，朱大勇，等. 对滑坡剩余推力计算方法的改进[J]. 工程勘察，2005（5）：12-14.

[227] 顾宝和，毛尚之. 滑坡稳定分析传递系数法的讨论[J]. 工程勘察，2006（12）：8-11+31.

[228] 张苏民，张旷成. 滑坡稳定性检算中几个问题的探讨[J]. 岩土工程技术，2008，22（6）：271-276.

[229] 王培勇，刘元雪，冉仕平，等. 基于传递系数法确定支护桩设计推力的新方法[J]. 四川大学学报（工程科学版），2010，42（6）：73-78.

[230] 赵尚毅，郑颖人，敖贵勇. 考虑桩反作用力和设计安全系数的滑坡推力计算方法-传递系数隐式解法[J]. 岩石力学与工程学报，2016，35（8）：1668-1676.

[231] 黄河勘测规划设计有限公司. 水利水电工程边坡设计规范：SL 386—2007[S]. 北京：中国水利水电出版社，2007.

[232] 建设部综合勘察研究设计院. 岩土工程勘察规范：GB 50021—2001[S]. 北京：中国建筑工业出版社，2001.

[233] 铁道第二勘察设计院. 铁路路基支挡结构设计规范：TB 10025—2006[S]. 北京：中国铁道出版社，2006.

[234] 中交第二公路勘察设计研究院有限公司.公路路基设计规范：JTG D30—2015[S]. 北京：人民交通出版社，2015.

[235] 张永兴，李波，王桂林. 高层建筑岩石边坡地基稳定性分析方法研究[J]. 重庆建筑大

学学报，1999（2）：1-4.

[236] 杨建，李同春，张丹，等. 紫坪铺水库区倒流坡库岸堆积体稳定性分析[J]. 水电站设计，2003（3）：54-57.

[237] 陈善雄，许锡昌，徐海滨. 降雨型堆积层滑坡特征及稳定性分析[J]. 岩土力学，2005，26（S2）：6-10.

[238] 高雄鹰. 南约沟隧道出口堆积层滑坡稳定性分析及防治[D]. 成都：西南交通大学，2005.

[239] 郑颖人，时卫民，刘文平，等. 三峡库区滑坡稳定分析中几个问题的研究[J]. 重庆建筑，2005（6）：6-17.

[240] 陈祖煜. 水利水电工程中的滑坡和防治[J]. 重庆建筑，2005（6）：22-29.

[241] 蒋爵光. 铁路工程地质学[M]. 北京：中国铁道出版社，1991.

[242] 戴自航. 抗滑桩滑坡推力和桩前滑体抗力分布规律的研究[J]. 岩石力学与工程学报，2002，21（4）：517-521.

[243] 刘晓燕. 考虑桩前土体抗力的抗滑桩内力计算方法研究及工程应用[D]. 西安：长安大学，2017.

[244] 梁斌，郑颖人，宋雅坤. 不同计算方法计算滑坡推力与桩前抗力的比较与分析[J]. 后勤工程学院学报，2008，24（2）：14-17.

[245] 杨波，郑颖人，赵尚毅，等. 双排抗滑桩在三种典型滑坡的计算与受力规律分析[J]. 岩土力学，2010（S1）：237-244.

[246] 铁道部第二勘测设计院. 抗滑桩设计与计算[M]. 北京：中国铁道出版社，1983.

[247] MOKWA R L，DUNCAN J M. Laterally loaded pile group effects and p-y multipliers[C]. Proceedings of the Foundations and ground improvement, 2001.

[248] 张建伟，刘汉龙，戴自航. 分布荷载推力桩计算的 $p\text{-}y$ 曲线法研究[J]. 岩土力学，2008，29（12）：3370-3374.

[249] 孙勇. 桩前预留土体对抗滑桩影响的分析与计算研究[J]. 水文地质工程地质，2008（1）：58-63.

[250] 孙立娟. 基于 $p\text{-}y$ 曲线的微型桩计算理论与应用[D]. 成都：西南交通大学，2011.

[251] BOECKMANN A, LOEHR J E. A Procedure for Predicting Micropile Resistance for Earth Slope Stabilization[C]. San Diego: American Society of Civil Engineers, 2013: 2027-2030.

[252] 夏艳华，白世伟. 传递系数法在滑坡治理削坡方案设计中的应用[J]. 岩石力学与工程学报，2008（S1）：3281-3285.

[253] 陈守义. 试论土的应力应变模式与滑坡发育过程的关系[J]. 岩土力学，1996（3）：21-26.

[254] 周平根. 滑带土强度参数的估算方法[J]. 水文地质工程地质，1998（6）：30-32.

[255] 张昆，郭菊彬. 滑带土残余强度参数试验研究[J]. 铁道工程学报，2007，24（8）：13-15.

[256] WEN B P, AYDIN A, DUZGOREN-AYDIN N S, et al. Residual strength of slip zones of

large landslides in the Three Gorges area, China[J]. Engineering Geology, 2007,93(3): 82-98.

[257] 许成顺，王馨，杜修力，等. 不同黏性土的残余强度及其抗剪强度指标特性研究[J]. 岩土工程学报，2017，39（3）：436-443.

[258] 任光明，聂德新，左三胜. 滑带土结构强度再生研究[J]. 地质灾害与环境保护，1996（3）：7-12.

[259] 郑宏，田斌，刘德富，等. 关于有限元边坡稳定性分析中安全系数的定义问题[J]. 岩石力学与工程学报，2005（13）：2225-2230.

[260] ZHENG H, THAM L G, LIU D. On two definitions of the factor of safety commonly used in the finite element slope stability analysis[J]. Computers and Geotechnics, 2006,33(3): 188-195.

[261] DUNCAN J M. Soil slope stability analysis[R]. Washington, D C: National Academy Press, 1996: 337-371.

[262] 朱大勇，李焯芬，黄茂松，等. 对3种著名边坡稳定性计算方法的改进[J]. 岩石力学与工程学报，2005，24（2）：183-194.

[263] JANBU N. Application of composite slip surfaces for stability analysis[C]. Stockholm：Proceedings of European conference on Stability of Earth Slopes, 1954.

[264] WANG D S, ZHANG L J, XU J J, et al. Seismic stability safety evaluation of gravity dam with shear strength reduction method[J]. Water Science and Engineering, 2009,2(2): 52-60.

[265] WEI W B, CHENG Y M. Strength reduction analysis for slope reinforced with one row of piles[J]. Computers and Geotechnics, 2009, 36(7): 1176-1185.

[266] DAWSON E M, ROTH W H, DRESCHER A. Slope stability analysis by strength reduction[J]. Géotechnique, 1999, 49(6): 835-840.

[267] GRIFFITHS D V, LANE P A. Slope stability analysis by finite elements[J]. Géotechnique, 1999, 49(3): 387-403.

[268] 连镇营，韩国城，孔宪京. 强度折减有限元法研究开挖边坡的稳定性[J]. 岩土工程学报，2001（4）：407-411.

[269] 郑颖人，赵尚毅，张鲁渝. 用有限元强度折减法进行边坡稳定分析[J]. 中国工程科学，2002（10）：57-61+78.

[270] CALA M, FLISIAK J, TAJDUS A. Slope stability analysis with modified shear strength reduction technique[C]. Proceedings of the Ninth International Symposium on Landslides, 2004.

[271] CHENG Y M, LANSIVAARA T, WEI W B. Two-dimensional slope stability analysis by limit equilibrium and strength reduction methods[J]. Computers and Geotechnics, 2007, 34(3): 137-150.

[272] WEI W B, CHENG Y M, LI L. Three-dimensional slope failure analysis by the strength reduction and limit equilibrium methods[J]. Computers and Geotechnics, 2009,36(1-2):

70-80.

[273] FU W, LIAO Y. Non-linear shear strength reduction technique in slope stability calculation[J]. Computers and Geotechnics, 2010, 37(3): 288-298.

[274] 张鲁渝，郑颖人，赵尚毅，等. 有限元强度折减系数法计算土坡稳定安全系数的精度研究[J]. 水利学报，2003（1）：21-27.

[275] SHUKHA R, BAKER R. Mesh geometry effects on slope stability calculation by FLAC strength reduction method-linear and non-linear failure criteria[C]. Proceedings of the 3rd International FLAC Symposium, 2003.

[276] SAZZAD M M, RAHMAN F I, MAMUN M A A. Mesh Effect on the FEM Based Stability Analysis of Slope[C]. Proceedings of the International Conference on Recent Innovation in Civil Engineering for Sustainable Development, 2015.

[277] 陈育民，徐鼎平. FLAC/FLAC3D 基础与工程实例[M]. 北京：中国水利水电出版社，2009.

[278] ZHENG H, LIU D F, LI C G. Slope stability analysis based on elasto-plastic finite element method[J]. International Journal for Numerical Methods in Engineering, 2005, 64(14): 1871-1888.

[279] SNITBHAN N, CHEN W F. Elastic-plastic large deformation analysis of soil slopes[J]. Computers & Structures, 1978, 9(6): 567-577.

[280] 刘金龙，栾茂田，赵少飞，等. 关于强度折减有限元方法中边坡失稳判据的讨论[J]. 岩土力学，2005（8）：1345-1348.

[281] DUNCAN J M, DUNLOP P. Slopes in Stiff-fissured Clays and Shales[J]. Journal of Soil Mechanics & Foundations Div, 1968, 95: 467-492.

[282] 赵尚毅，郑颖人，张玉芳. 极限分析有限元法讲座——Ⅱ有限元强度折减法中边坡失稳的判据探讨[J]. 岩土力学，2005（2）：332-336.

[283] GRIFFITHS D V, MARQUEZ R M. Three-dimensional slope stability analysis by elasto-plastic finite elements[J]. Géotechnique, 2007, 57(6): 537-546.

[284] ZHANG Y B, CHEN G Q, ZHENG L, et al. Effects of geometries on three-dimensional slope stability[J]. Canadian Geotechnical Journal, 2013, 50(3): 233-249(217).

[285] GRIFFITHS D V, KIDGER D J. Enhanced visualization of failure mechanisms by finite elements[J]. Computers & Structures, 1995, 55(2): 265-268.

[286] 肖世国. 岩石高边坡开挖松驰区及加固支挡结构研究[D]. 成都：西南交通大学，2003.

[287] 杨涛，周德培，罗阳明. 大变形有限元确定边坡潜在滑面的位移判据[J]. 四川建筑科学研究，2006（5）：98-101.

[288] ZENG J, XIAO S. Optimization Algorithm of the Strength Reduction Method for the Stability Analysis of Slopes Based On FLAC3D[J]. Electronic Journal of Geotechnical Engineering, 2017, 22(9): 3831-3843.

[289] NIAN T, CHEN G, LUAN M, et al. Limit analysis of the stability of slopes reinforced

with piles against landslide in nonhomogeneous and anisotropic soils[J]. Canadian Geotechnical Journal, 2008,45(8): 1092-1103.

[290] LI X P, PEI X J, GUTIERREZ M, et al. Optimal location of piles in slope stabilization by limit analysis[J]. Acta Geotechnica, 2012,7(3): 253-259.

[291] YAMAGAMI T, JIANG J C, UENO K. A Limit Equilibrium Stability Analysis of Slopes with Stabilizing Piles[C].Proceedings of the Geo-Denver, 2000.

[292] XIAO S G, HE H, ZENG J X. Kinematical limit analysis for a slope reinforced with one row of stabilizing piles[J]. Mathematical Problems in Engineering, 2016: 1-15.

[293] 陈仲颐，周景星，王洪瑾. 土力学[M]. 北京：清华大学出版社，1994.

[294] XIAO S, YAN L, CHENG Z. A method combining numerical analysis and limit equilibrium theory to determine potential slip surfaces in soil slopes[J]. Journal of Mountain Science, 2011, 8(5): 718-727.

[295] DENG D P, LIANG L, ZHAO L H. Limit-equilibrium method for reinforced slope stability and optimum design of antislide micropile parameters[J]. International Journal of Geomechanics, 2017, 17(2): 06016019.

[296] XIAO S G, ZENG J X. Discussion of "Limit-Equilibrium Method for Reinforced Slope Stability and Optimum Design of Antislide Micropile Parameters" by Deng Dong-ping, Li Liang, and Zhao Lian-heng[J]. International Journal of Geomechanics, 2018, 18(5): 1-5.

[297] ZENG J X, XIAO S G. A simplified analytical method for stabilizing micropile groups in slope engineering[J]. International Journal of Civil Engineering, 2020,18:199-214.

[298] 张益锋. 微型桩抗滑组合结构受力分析——基于低承台桩基理论的改进方法[D]. 成都：西南交通大学，2011.

[299] 曾锦秀. 板连式束筋微型抗滑桩群加固边坡机制与计算理论研究[D]. 成都：西南交通大学，2019.

[300] 中国地质环境监测院，中国地质科学院探矿工艺研究所，长安大学，等.滑坡防治设计规范：GB/T 38509—2020[S]. 北京：中国标准出版社，2020.

[301] XIAO S G. Improved limit analysis method of piled slopes considering the pile axial forces[J]. Proceedings of the Institution of Civil Engineers-Geotechnical Engineering, 2021, 174(1): 75-82

[302] 肖世国. 考虑桩间土体抗滑作用的单排抗滑桩分析方法[J].中国地质灾害与防治学报，2020，31（1）：89-94.

[303] 中铁第一勘察设计院集团有限公司. 铁路路基设计规范：TB 10001—2016[S]. 北京：中国铁道出版社，2017.

[304] 肖世国，蒋楚生. 土质边（滑）坡束筋型微型桩简化设计方法[J]. 高速铁路技术，2022.